Geographie

Band 3 C
9. Schuljahr

Die Umwelt gestalten

Ernst Klett Stuttgart

Geographie, 9. Schuljahr Hauptschulen · Die Umwelt gestalten

Herausgegeben von

Prof. Lothar Buck, Ludwigsburg
Dr. Max König, Stuttgart
Prof. Karl Mayer, Korntal
Prof. Dr. Arnold Schultze, Lüneburg
Prof. Dr. Alfred Vogel, Freiburg i. Br.
unter Mitwirkung der Verlagsredaktion „Geographie", Leiter K. G. Schröder
Mitarbeit an diesem Werk: Frithjof Altemüller, Redakteur

Die Autoren dieses Bandes sind

Dr. Volker Albrecht, Freiburg i. Br.
Prof. Lothar Buck, Ludwigsburg
Rektor Gerhart Frey, Weingarten
Dr. Manfred Geuting, Aachen
Dr. Max König, Stuttgart
Prof. Dr. Karl-Günther Krauter, Esslingen
Prof. Dr. Eberhard Kroß, Bochum
Prof. Karl Mayer, Korntal
Realschullehrer Ulrich Schröder, Clenze
Prof. Dr. Arnold Schultze, Lüneburg
Prof. Dr. Alfred Vogel, Freiburg i. Br.

Zeichenerklärung

□ Hier beginnt ein neuer Gedankengang.
⅄ Diese Aufgabe läßt sich ohne Hilfe des Lehrers, auch zu Hause, bearbeiten.
∞ Über diese Aufgabe sollte in der Klasse diskutiert werden.
(14) Diese Zahl in Klammern hinter einem Zitat weist auf den Quellennachweis im Anhang hin.

1. Auflage 1 5 4 3 2 1 | 1978 77 76 75 74

Alle Drucke dieser Auflage können im Unterricht nebeneinander benutzt werden. Die letzte Zahl bezeichnet das Jahr dieses Druckes.

Mit 115 Fotos und Zeichnungen, 76 Karten und Plänen, 50 Diagrammen und 30 Tabellen.
Zeichnungen: Gudrun Fessler; Karten: Gottfried Wustmann; Umschlag: Hans Lämmle.
Filmsatz und Druck: Ernst Klett, 7000 Stuttgart, Rotebühlstraße 77.
ISBN 3-12-285400-7 (Linson) ISNB 3-12-285480-5 (kartoniert)

Inhaltsübersicht

Zentrale Orte versorgen die Bevölkerung

Chancengleichheit für alle Bürger

□ Im Artikel 3 Absatz 3 des Grundgesetzes heißt es: „Niemand darf wegen seines Geschlechtes, seiner Abstammung, seiner Rasse, seiner Sprache, seiner Heimat und Herkunft, seines Glaubens, seiner religiösen und politischen Anschauungen benachteiligt oder bevorzugt werden.“ Das Grundgesetz garantiert dem Bürger noch mehr, etwa im Artikel 12 Absatz 1 Satz 1: „Alle Deutschen haben das Recht, Beruf, Arbeitsplatz und Ausbildungsstätte frei zu wählen.“ Und der Artikel 2 Absatz 2 sagt: „Jeder hat das Recht auf die freie Entfaltung seiner Persönlichkeit, soweit er nicht die Rechte anderer verletzt und nicht gegen die verfassungsmäßige Ordnung oder das Sittengesetz verstößt.“

Für viele Menschen in der Bundesrepublik stehen diese Grundrechte nur auf dem Papier. Äußere Umstände – etwa fehlende Arbeits- und Ausbildungsmöglichkeiten in einem abgelegenen Gebiet – erschweren ihnen die Ausübung ihrer Grundrechte. Die Lebensbedingungen sind keineswegs so einheitlich, daß jeder die gleichen Entfaltungsmöglichkeiten vorfindet. Ein Beispiel dafür ist Bleckede, eine kleine Stadt an der Grenze zur DDR, 25 km östlich von Lüneburg. Der Zeitungsartikel unten berichtet von ihren Problemen.

1 Haben die Schülerinnen ein Recht, sich so zu beklagen? Überprüfe ihre Aussagen. Vergleiche dazu die Einrichtungen von Bleckede und von Lüneburg (Liste S. 6).

2 In welchen Punkten entsprechen die Verhältnisse in Bleckede nicht dem Anspruch des Grundgesetzes?

3 Kreuze an, welche der Einrichtungen in der Liste für dich wichtig sind. Voraussetzung ist, daß du weißt, wozu die Einrichtungen da sind.

∞ **4** Vergleicht und diskutiert eure Ergebnisse.

5 Bleckede unterscheidet sich von Lüneburg nicht nur durch die geringe Zahl der Einrichtungen. Man kann an die vorhandenen Einrichtungen auch nicht so hohe Anforderungen stellen. Vergleiche die beiden Fotos auf Seite 7.

Eine Stadt wehrt sich gegen das Aussterben

Bleckede. Fünf Realschülerinnen in Bleckede sprechen es offen aus: „In dieser Gegend ist einfach nichts los. Keine Möglichkeiten zur Berufsausbildung, keine Freizeitstätten, keine vernünftigen Geschäfte, schlechte Verkehrsverbindungen." Diese fünf jungen Mädchen, die zwar noch ihre ersten Tanzversuche im Saal einer Gastwirtschaft in der Elbestadt machten und heute an jedem Wochenende der Kleinstadt den Rücken kehren, werden Bleckede verlassen, um in einer Großstadt weiterzukommen. Viele andere tun dasselbe.

Droht Bleckede, der romantischen Kleinstadt an der Elbe, die Gefahr der Überalterung? Verliert die 1209 von Herzog Wilhelm von Lüneburg gegründete „Löwenstadt“ ihre jahrhundertelang bewahrte Zentralität? Wird das heute noch so lebendige Städtchen irgendwann einmal ein Museum für den Fremdenverkehr werden?

Statistiken sagen Negatives über die Altersstruktur Bleckedes. Denn: Seit mehr als zehn Jahren sinkt der Anteil der Erwerbstätigen unter 65 Jahren ständig. Auch wandern jährlich mehr Bleckeder ab, als neue Bürger zuziehen. Allein im Jahre 1971 verließen 222 Bleckeder die Hafenstadt, und nur 187 zogen zu.

Nach einem jahrzehntelangen Dornröschenschlaf machen sich Politiker und Stadtväter gleichermaßen schlaflose Nächte, denn die Zentralität der Löwenstadt ist bedroht.

Das Amtsgericht wird aufgelöst, die Kreisfreiheit ist schon lange verloren, die Ansiedlung neuer Industriebetriebe bereitet unter den ungünstigen Verkehrsanbindungen Schwierigkeiten. (1)

6 Bei einem Vergleich Bleckede – Lüneburg schneidet Lüneburg gut ab. Ein Vergleich Lüneburg – Hamburg aber würde zeigen, daß selbst in Lüneburg Einrichtungen fehlen, auf die manche Menschen Wert legen. Was bietet eine Großstadt wie Hamburg mehr?

7 Nenne fünf Orte in der Umgebung deines Schulortes, wo den Einwohnern noch weniger Einrichtungen zur Verfügung stehen als in Bleckede.

□ Nicht nur einzelne Orte, sondern ganze Gebiete der Bundesrepublik sind benachteiligt, sogar noch stärker als im Raum um Bleckede. Es sind die ländlichen Gebiete in der Eifel, im Bayerischen Wald, in Ostfriesland ... Die Dörfer und kleinen Städte dort bieten der Bevölkerung wenig Entfaltungsmöglichkeiten. Deshalb wandern immer mehr Menschen in die größeren Städte ab. Die Raumplaner versuchen nun, auch für die Bevölkerung der abgelegenen Gebiete Chancengleichheit herzustellen. An leicht erreichbaren Punkten – zentralen Orten – fördern sie den Ausbau von Einrichtungen, die die Lebensverhältnisse in diesen Gebieten verbessern.

Bleckede und Lüneburg auf der Karte 1 : 500 000 (Ortsgrößen siehe Kartenerklärung S. 15) **5**

Einrichtungen für die Bevölkerung in Bleckede (Einwohner: 3859, Arbeitsplätze 1542)		**in Lüneburg** (Einwohner: 60211, Arbeitsplätze 29286)	
Verwaltung			
Stadtverwaltung Arbeitsamt (Zweigstelle) Polizei-Station Zollgrenzkommissariat Wasser- u. Schiffahrtsamt (Zweigstelle) Straßenmeisterei		Stadtverwaltung Kreisverwaltung Bezirksverwaltung Arbeitsamt Polizeiabschnitt Hauptzollamt Zollkommissariat Finanzamt Amtsgericht	Landgericht Arbeitsgericht Sozialgericht Verwaltungsgericht Oberverwaltungsgericht Staatshochbauamt Straßenbauamt Straßenmeisterei Gewerbeaufsichtsamt
Kirche			
Ev.-luth. Kirche Röm.-kath. Kirche		8 Ev.-luth. Kirchen 2 Röm.-kath. Kirchen 4 Kirchen anderer Religionsgemeinschaften	
Schulen und andere Bildungseinrichtungen			
Mittelpunktschule Sonderschule Realschule Öffentl. Bücherei mit 3 250 Bänden		10 Volksschulen 2 Sonderschulen 2 Realschulen 4 Oberschulen Abendschulen des zweiten Bildungsweges	12 Berufs- u. Berufsfachschulen Pädagog. Hochschule Volkshochschule Öffentliche Bücherei mit 94 000 Bänden Theater
Geschäfte, Büros und ähnliche Einrichtungen			
Einzelne Fachgeschäfte u. a. 5 Textil-, 2 Schuh-, 3 Blumen-, 2 Uhrengeschäfte	3 Sparkassen Notar u. Rechtsanwalt Steuerberater	Ausgeprägtes Geschäftszentrum mit mehreren Geschäftsstraßen: 3 Warenhäuser, Textil- und Möbelkaufhäuser	5 Bankfilialen 3 Sparkassen 46 Rechtsanwälte u. Notare 37 Steuerberater
Gesundheitswesen			
2 Prakt. Ärzte 2 Zahnärzte 2 Apotheken		27 Prakt. Ärzte 44 Fachärzte 45 Zahnärzte Krankenhaus m. 4 Fachabteilungen	6 Spezialkliniken 14 Apotheken 11 Krankenkassen Gesundheitsamt
Sport			
Sportplatz Tennisplatz Turnhalle		Sportplätze 8 Tennisplätze 19 Turn- u. Sporthallen	beheiztes Freibad Hallenbad
Unterhaltung			
Gasthäuser Tanzlokal		Gasthäuser Restaurants Cafés Tanzlokale Nachtklubs	Kinos Bowlingbahn Minigolf Mehrzweckhalle
Verkehr			
Postamt Bahnhof m. Verbindung nach Lüneburg, 10mal werktägl. (25 km, 30 Min.)	13 km zur nächsten Bundesstraße 49 km zum nächsten Autobahnanschluß	Postamt Bahnhof m. D-Zugstation, allein 47mal werktägl. n. Hamburg (50 km, 30 Min.)	3 Bundesstraßen 24 km zum nächsten Autobahnanschluß Stadtomnibuslinien

Die Hauptgeschäftsstraße in Bleckede ▲ und Lüneburg ▼ am Sonnabend, 15. 9. 1973, jeweils um 12.00 Uhr

Ein Warenhaus und sein Einzugsbereich

□ Zeigt das Bild nicht einen auffallenden Gegensatz? Bauernhöfe, Wiesen und Weiden, eingestreute Äcker – und mitten dazwischen die großen Gebäude und Parkplätze eines Warenhauses. Es ist das Warenhaus Dodenhof in Posthausen, einem Ort mit 1 500 Einwohnern. Normalerweise findet man ein Warenhaus im Kern einer großen Stadt. Was hat also ein Warenhaus mit über 600 Angestellten, über 100 000 Artikeln und mehreren Millionen Mark Umsatz in einem Dorf zu suchen? Gibt es dort überhaupt genügend Käufer? Anzeige und
8 Karte ermöglichen bereits eine Antwort.

⅄ **1** Wieviele Kilometer kann ein Kunde für die Preisersparnis bei den angepriesenen Waren fahren, wenn er den Kilometerpreis für sein Auto mit 0,20 DM ansetzt?

⅄ **2** Wieviel DM müssen die Kunden aus den entferntesten Gebieten beim Einkauf mindestens sparen, damit sie ihre Fahrkosten herausbekommen?

3 Das Gebiet, aus dem die Kunden kommen, bezeichnet man als „Einzugsbereich". Beschreibe die Größe und Form. Versuche zu begründen, a) warum die Käuferzahl nach außen hin abnimmt, b) warum der Einzugsbereich nach Osten weiter reicht als nach Westen.

∞ **4** In welcher Weise wird sich der Einzugsbereich des Warenhauses verändern, a) wenn es in der Lage ist, durch Einsparungen die Preise um 3 % zu senken, b) wenn es wegen gestiegener Lohnkosten gezwungen ist, die Preise um 5 % mehr als die Konkurrenz anzuheben, c) wenn im Kreis Harburg ein Warenhaus mit ähnlich günstigem Angebot eröffnet wird?

∞ **5** Natürlich kaufen sehr viele Einwohner aus dem Einzugsbereich in anderen Warenhäusern oder Fachgeschäften ein. So war am 3. 3. 1973 nur jeder fünfhundertste Haushalt aus dem Kreis Soltau zum Einkauf bei Dodenhof. Was müßte das Warenhaus tun, um den bisherigen Umsatz zu halten, wenn die Kunden aus den entfernten Gebieten wegen gestiegener Benzinkosten ausbleiben sollten?

□ **6** Untersucht geeignete Warenhäuser oder Fachgeschäfte in eurem Gebiet auf Größe und Kundeneinzugsbereich. Als Untersuchungsmethoden bieten sich an: a) eine Zählung der Pkw auf einem Kundenparkplatz nach dem hier vorgestellten Beispiel, b) eine Kundenbefragung; dabei wird etwa jeder zehnte Kunde, der aus dem Geschäft kommt, gefragt: „Woher kommen Sie? Wie sind Sie hergekommen? Wie häufig kaufen Sie hier ein? Für welchen Betrag haben Sie heute eingekauft?"

TREFF PUNKT

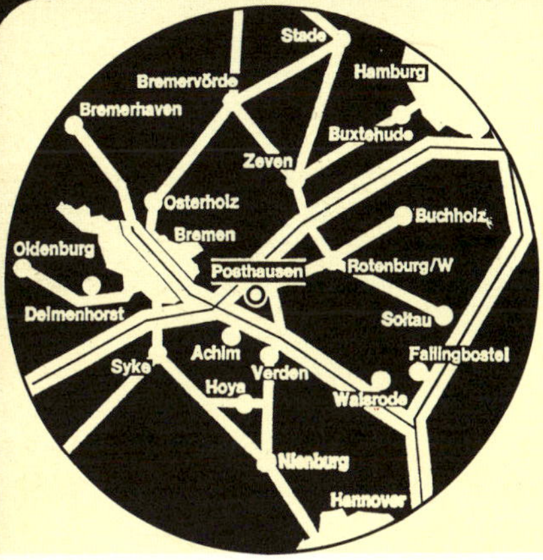

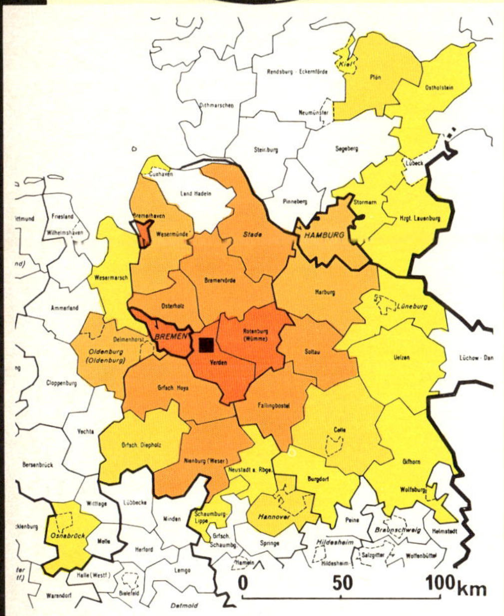

Der Einzugsbereich des Warenhauses Dodenhof am 3.3.1973 (Sonnabend)

- über 100 Pkw
- 25 – 100
- 5 – 25
- 2 – 5
- 1

insgesamt 1210 Pkw

Jugendlicher Damen-Mantel

IWS-Jersey-Flanell, mit weitschwingender Rückenpartie, in den aktuellen Frühjahrsfarben

79,-

Eleganter Nerz-Mantel

ausgelassen verarbeitet, aus kostbarstem Pelzwerk

Der Dodenhof-Tip für höchste Ansprüche

Einmalig in Qualität und Preis ~~3650,-~~ **2290,-**

Herren-Hose

Diolen-Schurwolle, mit einem Jahr Tragegarantie, in modischen Farben

35,-

Kinder-Trainingsanzug

Helanca/Baumwolle, mit verschiedenen Kontraststreifen ~~49,50~~

25,-

Altdeutsche Wohnwand

Nußbaum antik, 300 cm breit, mit Fernsehfach

Dodenhof-Sensationspreis

795,-

„Bosch" Waschvollautomat

Trommel u. Laugenbehälter Edelstahl, 4,5 kg, 11 Programme ~~619,-~~

539,-

„Braun" Rasierer 6006 Sixtant

in Spiegelkassette, 3 Jahre Garantie

Ein Super-Dodenhof-Preis ~~100,-~~

65,-

Luxus-Rennrad

10gang, komplett mit Beleuchtung und Parkstütze, 10 Jahre Garantie auf Rahmen und Gabel

179,-

2801 Posthausen, Tel. 04 20 17 / 31, Sonnabend, den 3. März 1973, FAMILIENEINKAUFSTAG, von 9–18 Uhr geöffnet!

dodenhof

Das schönste Einkaufserlebnis für die ganze Familie.

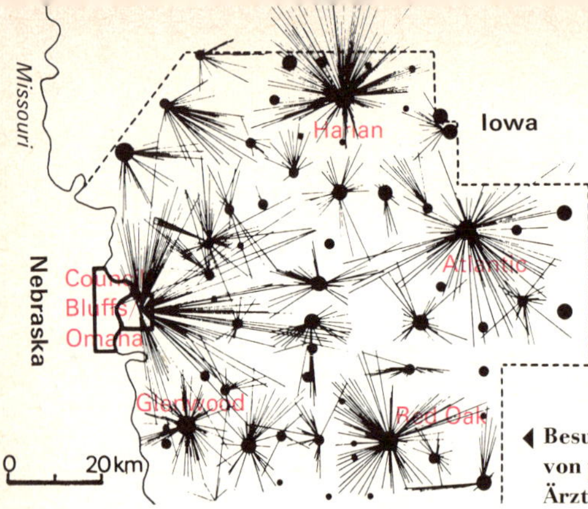

◀ Besuch von praktischen Ärzten

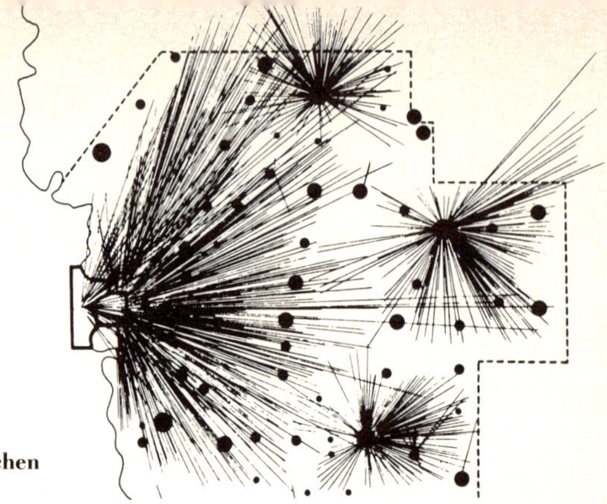

▲ Besuch von Krankenhäusern

Zentrale Orte und ihre Einrichtungen

☐ In einem recht gleichmäßig besiedelten Gebiet im Mittelwesten der USA hat man Farmer befragt, in welche Orte sie fahren, wenn sie einkaufen wollen, wenn sie einen praktischen Arzt, ein Krankenhaus usw. aufsuchen müssen. Nach ihren Antworten wurden Karten gezeichnet (Beispiele oben).

1 Was bedeuten die Striche (Richtung, Anzahl und Länge)?

2 Manchmal überschneiden sich die Striche. Wie ist das zu erklären?

3 Grenze auf beiden Karten die vier bedeutendsten Einzugsbereiche mit Linien ab.

4 Warum gibt es bei den Krankenhäusern weniger, aber dafür größere Einzugsbereiche als bei den praktischen Ärzten?

5 Der Einzugsbereich der Doppelstadt Council Bluffs/Omaha ist in beiden Fällen größer als der von Harlan, Atlantic oder Red Oak. Woran kann das liegen?

☐ Versorgungseinrichtungen wie das Krankenhaus oder die Arztpraxis nennt man „zentrale Einrichtungen“: Sie liegen ungefähr im Mittelpunkt (Zentrum) ihrer Einzugsbereiche. Die wichtigsten zentralen Einrichtungen hast du auf Seite 5 kennengelernt.
Bei einer Besorgungsfahrt will man möglichst viele Einrichtungen auf einmal aufsuchen können. Die zentralen Einrichtungen liegen deshalb gewöhnlich gut erreichbar an einem Ort beieinander. Man nennt ihn den „zentralen Ort“. Die zentralen Orte lassen sich ebenso wie die zentralen Einrichtungen ihrer Bedeutung nach stufen. Man kann zentrale Orte unterer Stufe, zentrale Orte mittlerer Stufe und zentrale Orte oberer Stufe voneinander unterscheiden. Zu jedem gehören einige kennzeichnende Einrichtungen, nach denen man sie einordnen kann.

Kennzeichnende Einrichtungen

für ein Unterzentrum
Gemeindeverwaltung
Kirche
Mittelpunktschule
SB-Laden
Fachgeschäft für Textilien
Reinigung
Friseur
landwirtschaftliche Bezugs- und Absatzgenossenschaft
praktischer Arzt, Zahnarzt
Apotheke
Kino
Postamt

für ein Mittelzentrum
Kreisverwaltung
Amtsgericht
Oberschule, Berufsschule
Theatersaal
Einkaufsstraße mit Fachgeschäften
Textil- und Möbelkaufhäuser
Rechtsanwalt
Steuerberater
Fachärzte
Krankenhaus mit Spezialabteilungen
Mehrzweckhalle

für ein Oberzentrum
Bezirksverwaltung, evtl. Landesverwaltung
Hoch- und Fachschulen
Theater
Spezialgeschäfte für Brautmoden, Juwelen u. ä.
Warenhäuser
Verwaltungen von Versicherungsgesellschaften
Spezialkliniken
Sporthalle
Stadion

Natürlich kann man in einem Mittelzentrum auch die Einrichtungen finden, die ein Unterzentrum kennzeichnen. Sie sind im Mittelzentrum nur zahlreicher und besser. In einem Oberzentrum wiederum findet man zusätzlich alle Einrichtungen, die ein Mittelzentrum und ein Unterzentrum haben. Das zeigt auch das Modell der zentralen Orte und ihrer Einzugsbereiche unten auf dieser Seite.

6 Welche Einrichtungen stehen in C insgesamt zur Verfügung?

7 Welche Einrichtungen werden der Einwohner 1, der Einwohner 2 und der Einwohner 3 in A vor allem aufsuchen? Stelle zusammen.

8 Warum kauft Einwohner 4 die Kleider für seine Tochter in D, das Hochzeitskleid aber in A?

9 Beschreibe die Versorgungsmöglichkeiten für Einwohner 5.

10 Vergleiche die Versorgungsmöglichkeiten von Einwohner 6 und 7.

11 Zu welcher Zentralitätsstufe würdest du Bleckede zählen, zu welcher Lüneburg?

12 Welche Vorteile bietet die recht gleichmäßige Verteilung der Unterzentren für die Bevölkerung?

13 „Wenn die zentralen Orte einer Stufe gleich viele und gleich gute Einrichtungen haben sollen, müssen ihre Einzugsbereiche auch gleich viele Einwohner haben." Begründe diese Aussage.

14 Stellt euch gegenseitig weitere Fragen nach dem Muster: a) „Was kauft Einwohner ... in ...?", b) „Wohin wird Einwohner ... gehen, wenn er ... braucht?"

Zentrale Orte und ihre Einzugsbereiche

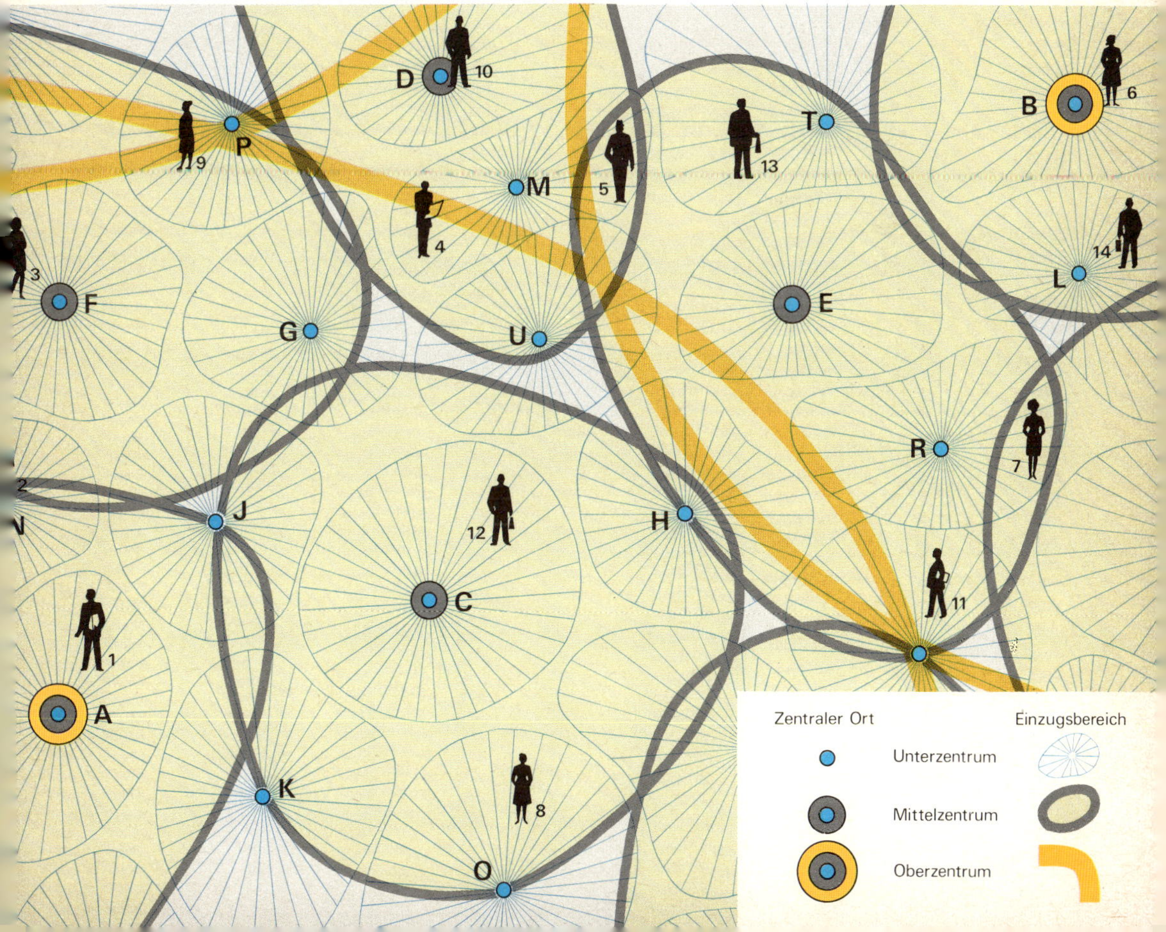

Modell ①: Versorgung durch A-, B- und C-Zentren

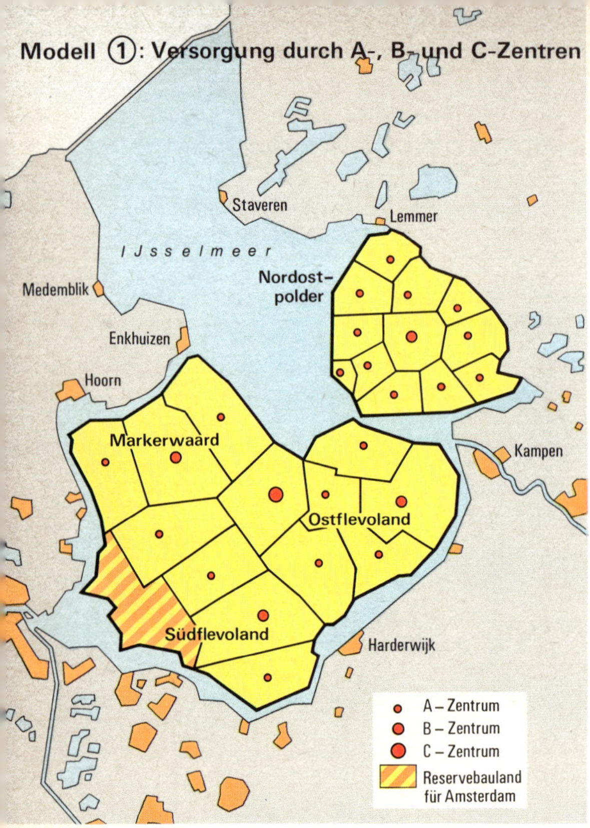

12

Modell ②: Versorgung durch B- und C-Zentren

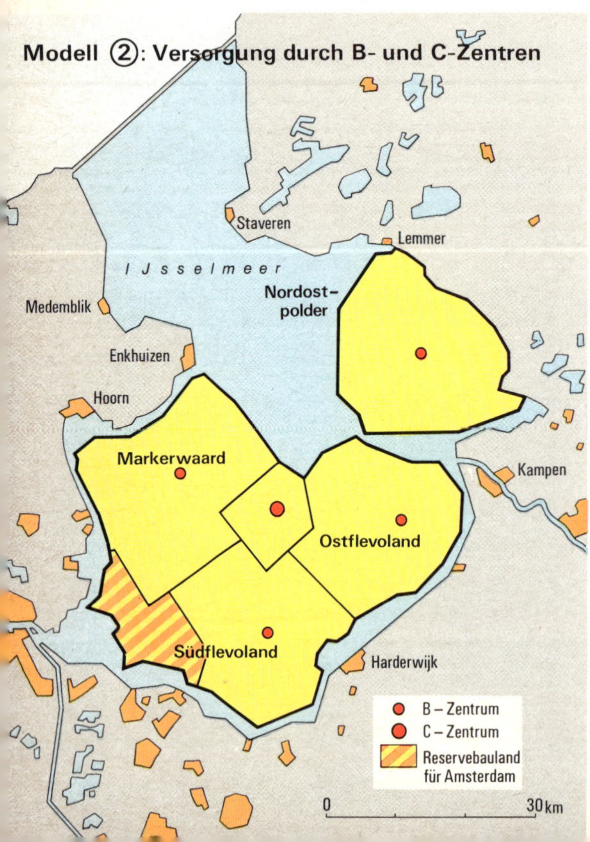

Planung der zentralen Orte in den IJsselmeer-Poldern

□ Zentrale Orte sind für die angemessene Versorgung der Bewohner ländlicher Gebiete dringend notwendig. In den Niederlanden entstehen durch die Trockenlegung großer Teile der Zuiderzee 225 000 ha Neuland – ein Gebiet von der Größe des Saarlandes. Der Boden eignet sich hervorragend für Ackerbau. Die Gehöfte liegen – wie das Foto zeigt – recht gleichmäßig über das Gebiet verteilt. Das Straßennetz ist engmaschig. Es ergibt sich die Möglichkeit, in idealer Weise die Standorte der Versorgung für die Bevölkerung zu planen – aber: Wie viele zentrale Orte soll man bauen? Wie groß sollen ihre Einzugsbereiche sein? Wo sollen sie liegen?

Drei Fragen helfen bei der Lösung des Problems: 1. Welche Anforderungen stellt die Bevölkerung an ihre Versorgungseinrichtungen? 2. Wie häufig fährt man in den zentralen Ort? 3. Welche Entfernungen will man höchstens zurücklegen?

Die Planer haben zur Lösung zwei verschiedene Modelle für die Anordnung zentraler Orte entworfen: Modell ① und Modell ②. Die A-Zentren mit ungefähr 3 000 Einwohnern im Einzugsbereich sollen Geschäfte für Lebensmittel, Tabakwaren und Zeitschriften sowie Café, Tankstelle, Postamt, Volksschule und Kirche erhalten, die B-Zentren mit etwa 35 000 Einwohnern im Einzugsbereich dagegen Fachgeschäfte für Textilien, Möbel, Bücher, Uhren usw., außerdem Fachärzte, Krankenhaus, Gymnasium, Berufsschulen, Theatersaal und Schwimmbad. Das C-Zentrum soll darüberhinaus weitere höhere Einrichtungen erhalten.

1 Stelle die größte Entfernung zum nächsten A- oder nächsten B- und C-Zentrum fest.

2 Welche Zentren erreicht man bequem mit dem Fahrrad? Wo braucht man das Auto?

∞ **3** Stelle die Vor- und Nachteile von Modell ① und ② zusammen. Welches Modell er-

Blick über das A-Zentrum Luttelgeest nach Osten

scheint danach am zweckmäßigsten? Berücksichtige folgende Punkte:
a) Die Einrichtungen müssen von einer hinreichend großen Kundenzahl tatsächlich aufgesucht werden. b) Die landwirtschaftliche Bevölkerung nimmt ab, die Höfe werden größer. c) Die Ansprüche an die Versorgungseinrichtungen nehmen zu.

□ Ideale Pläne kann man selten vollständig verwirklichen. Das tatsächlich gebaute Netz von zentralen Orten im Nordostpolder (besiedelt 1942–1962) und in Ostflevoland (besiedelt seit 1957) zeigt die Karte ③. Was sie nicht zeigt: Manche A-Zentren im Nordostpolder haben nicht mehr als 1 500 E. im Einzugsbereich. Dagegen ist das B-Zentrum Emmeloord auf Kosten der A-Zentren schneller gewachsen als erwartet.

4 Welchem Modell entspricht das Netz der zentralen Orte im Nordostpolder und welchem das in Ostflevoland?

5 Welche Gefahr droht den zentralen Einrichtungen in den A-Zentren?

∞ **6** Versucht, Abweichungen von den Planungsvorstellungen zu erklären.

Bestehende zentrale Orte im Nordostpolder und in Ostflevoland

Zwei Städte streiten um ein Hallenbad

☐ In Deutschland kann man nicht das ganze Jahr im Freien baden; das Klima ist zu ungünstig. Um trotzdem nicht auf das Baden verzichten zu müssen, baut man Hallenbäder. Die Öffentlichkeit, die Schulen und die Sportvereine als die wichtigsten Benutzergruppen erwarten, daß Hallenbäder für die Erholung und für den Sport zur Verfügung gestellt werden.
Nur – Hallenbäder sind überaus kostspielige Anlagen. Eine Kleinschwimmhalle mit einem Schwimmerbecken von 10 m × 25 m kostete 1970 bereits 3 Millionen DM. Außer den Baukosten belastet die Unterhaltung den Gemeindehaushalt Jahr für Jahr mit Ausgaben, die sonst für Schulen oder Kindergärten verwendet werden könnten. Nur ein Hallenbad, das viel benutzt wird, kann sich mit den Eintrittsgeldern weitgehend selber tragen. Eine gute Benutzung ist gewährleistet, wenn genügend Einwohner im Einzugsbereich wohnen. Bei einer Normalschwimmhalle mit einem Schwimmerbecken von 12,5 m × 25 m rechnet man mit 40000 Einwohnern, bei einer Kleinschwimmhalle mit 30000 Einwohnern. Während eine Normalschwimmhalle für große Schwimmwettkämpfe geeignet ist, dienen Kleinschwimmhallen vor allem der Erholung und dem Training.

☐ Walsrode am Südrand der Lüneburger Heide wünschte sich ein Hallenbad. Der Bedarf war da. Walsrode hatte als Schulzentrum 4500 Schüler zu versorgen und als Einkaufsstadt einen Einzugsbereich mit über 35000 Einwohnern zu betreuen. Das Hallenbad sollte die vielseitigen Einrichtungen des vorhandenen Sportzentrums ergänzen. Man wollte der Bevölkerung des Gebietes etwas Besonderes bieten. Bis dahin hatten, abgesehen von einigen Fremdenverkehrsorten, nur größere zentrale Orte Hallenbäder aufzuweisen. Die Planungen der Stadt Walsrode waren gut, sie hatten nur einen Nachteil: Man hatte nicht genügend Geld zum Bau.
Da kam plötzlich aus der 7 km entfernten Nachbarstadt Fallingbostel die Nachricht, daß man dort ebenfalls ein Hallenbad plane. Baupläne und Gelände seien vorhanden. Man hätte auch genügend Geld, um den Bau sofort zu beginnen.
Damit war ein neuer Anlaß gegeben, den schon über 100 Jahre alten Streit zwischen Walsrode und Fallingbostel um die Führung in diesem Raum wieder zu beleben.

Walsrode ist eine alte Handwerks- und Handelsstadt. Sie besitzt ein ausgeprägtes Geschäftszentrum mit Kaufhäusern, Supermärkten und Fachgeschäften. Sie besitzt Banken, weiterführende Schulen, Fachärzte, Krankenhaus und Amtsgericht – aber kaum Industrie. Mit 14300 Einwohnern ist Walsrode das Mittelzentrum des Kreises Fallingbostel.

Fallingbostel ist Unterzentrum mit einzelnen Aufgaben eines Mittelzentrums. Es ist Sitz der Kreisverwaltung. Seit der Jahrhundertwende herrscht am Ort reger Fremdenverkehr. Fallingbostel ist eine junge Stadt mit heute 6000 Einwohnern. Durch die Ansiedlung bedeutender Industriebetriebe ist sie zu einer reichen, rasch wachsenden Gemeinde geworden, die viele kostspielige Einrichtungen anbieten kann.

Für den Bau des Hallenbades war man allerdings noch auf Zuschüsse des Landes angewiesen, und an diesen Zuschüssen war auch Walsrode interessiert. Welches Projekt sollte die Landesregierung unterstützen? Das sind die Argumente der streitenden Parteien:

Walsrode: Wir sind die größte Stadt im Kreis. Wir haben unseren Sportvereinen und unseren Schülern Übungsmöglichkeiten zu bieten. Als wichtigste Einkaufsstadt des Kreises werden wir täglich von vielen Auswärtigen aufgesucht, die auch als Benutzer des Hallenbades in Frage kommen. Innerhalb unseres Sportzentrums wird das Hallenbad am besten genutzt.

Fallingbostel: Wir sind die Kreisstadt. Eine solch zentrale Einrichtung wie ein Hallenbad kann nur in der Kreisstadt gebaut werden. Wir haben einen regen Fremdenverkehr, der unbedingt auf ein Hallenbad angewiesen ist. Unser Ort liegt äußerst verkehrsgünstig. Vor allem bereiten uns die Finanzierung und die Unterhaltung des Hallenbades keine Schwierigkeiten.

∞ **1** Bildet drei Gruppen. Gruppe 1 streitet für Walsrode, Gruppe 2 für Fallingbostel. Beide Gruppen entwerfen Zeitungsartikel, um die öffentliche Meinung für sich zu gewinnen, und stellen Anträge an die Regierung und bitten sie um Unterstützung. Gruppe 3 bemüht sich im Namen der Regierung um eine gerechte Entscheidung und setzt schließlich eine entsprechende Begründung auf.

□ Im Endergebnis wurden in Walsrode und in Fallingbostel Hallenbäder gebaut, allerdings nur Kleinschwimmhallen mit den Beckengrößen 10 m × 25 m. Die Zeitung schrieb über das Walsroder Bad: „Kein Hallenbad der Superlative.“ Auch Fallingbostel hat seine Schwierigkeiten. Ein sehr großer Teil der Benutzer kommt aus der Umgebung. Man braucht einen weiten Einzugsbereich, denn Walsrode zieht viele Gäste ab. Die Einwohner im Nordteil des Kreises Fallingbostel allerdings sind weit und breit am besten mit Hallenbädern versorgt.

In dieser Auseinandersetzung gab keiner nach. Und so wird der Konkurrenzkampf zwischen Walsrode und Fallingbostel um die höhere Zentralität weitergehen.

∞ **2** Ein Streit um eine zentrale Einrichtung kommt häufig vor, besonders dort, wo zwei zentrale Orte nahe beieinander liegen und ähnliche Bedeutung haben. Es muß nicht immer um ein Hallenbad gehen. Hier ist es eine Stadthalle, dort ein Krankenhaus, eine Schule oder ein Warenhaus. Sammelt Zeitungsberichte über solche Vorfälle. Welche Bedeutung haben sie für die weitere Entwicklung der betroffenen Orte?

Walsrode und Fallingbostel auf der Karte 1 : 500 000

Industriestandorte

Länder und Gemeinden werben um Industrie

□ Immer wieder liest man, daß Industrien unsere Umwelt gefährden. Und doch bemühen sich viele Gemeinden, Kreise und sogar Länder um die Ansiedlung von Industriebetrieben. Sie werben mit erheblichem Aufwand und versprechen viele Vorteile.

1 Hat das Land Schleswig-Holstein so wenig Industrie, daß geworben werden muß? Die Karte der Beschäftigten in der Industrie (unten) gibt eine Antwort.

2 Die Karte „Lohn- und Gehaltsunterschiede“ zeigt, daß es in der Bundesrepublik Deutschland erhebliche Unterschiede in den Verdienstmöglichkeiten gibt. Suche die Gebiete mit den höchsten und mit den niedrigsten Einkommen; errechne den Unterschied.

3 Allgemein sagt man, daß die Gebiete mit geringen Verdienstmöglichkeiten auch die Gebiete mit wenig Industrie sind. Wo stimmt das und wo nicht? Vergleiche die beiden Karten miteinander.

4 Die Planer wollen in den zurückgebliebenen Gebieten die Verdienstmöglichkeiten verbessern, indem sie neue Fabriken herbeiholen. a) Welche Gebiete in Schleswig-Holstein haben eine Industrieansiedlung besonders nötig? b) Gibt es in der Bundesrepublik Deutsch-

Industriebeschäftigte in der BRD auf 1000 E. am 1. 7. 1971

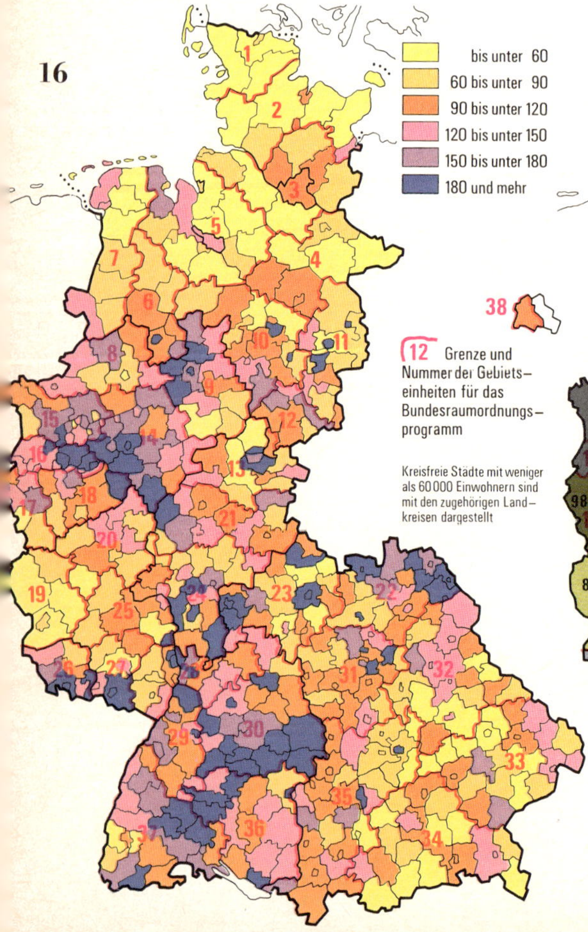

Lohn- und Gehaltsunterschiede in der BRD 1969

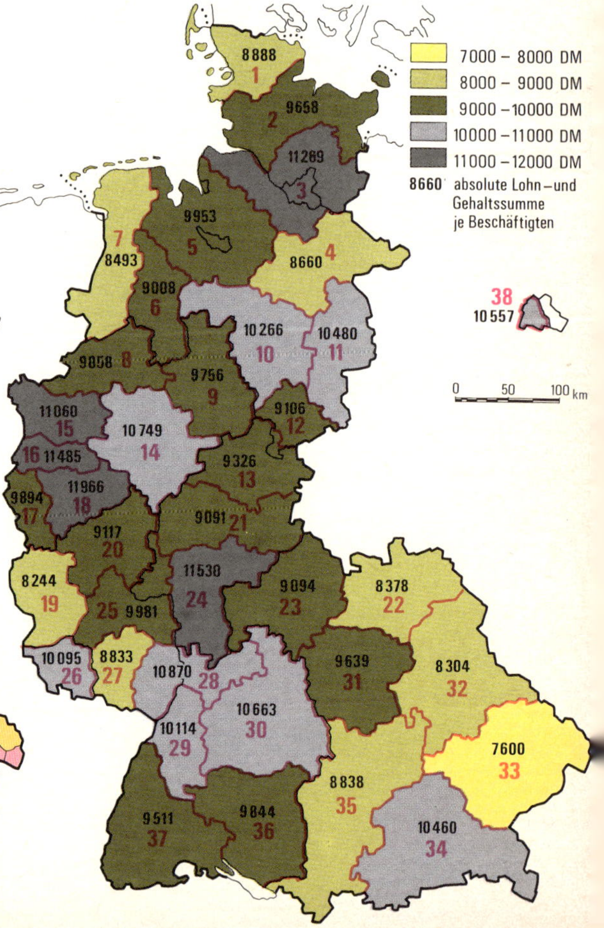

Werbung für Schleswig-Holstein

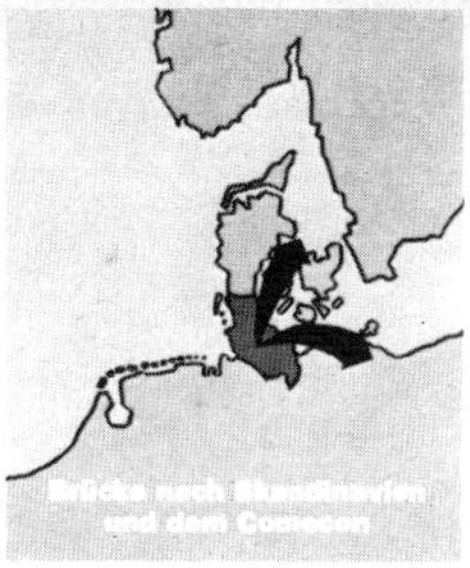

EINE NEUE FABRIK IN SCHLESWIG-HOLSTEIN

ES GIBT SO VIELE GRÜNDE, DIE DAFÜR SPRECHEN.

Wenden Sie sich wegen genauer Auskünfte bitte an den Minister für Wirtschaft und Verkehr des Landes Schleswig-Holstein, Referat 36, 23 Kiel, Düsternbrooker Weg 94—100, Telefon (0431) 5963036

oder die Wirtschaftsförderungsgesellschaft mbH Schleswig-Holstein, 23 Kiel, Prüner Gang 16—20, Telefon (0431) 505771.

1 Schleswig
2 Mittelholstein-Dithmarschen
3 Hamburg
4 Lüneburger Heide
5 Bremen
6 Osnabrück
7 Ems
8 Münster
9 Bielefeld
10 Hannover
11 Braunschweig
12 Göttingen
13 Kassel
14 Dortmund-Siegen
15 Essen
16 Düsseldorf
17 Aachen
18 Köln
19 Trier
20 Koblenz
21 Mittel-Osthessen
22 Bamberg-Hof
23 Aschaffenburg-Schweinfurt
24 Frankfurt-Darmstadt
25 Mainz-Wiesbaden
26 Saarland
27 Westpfalz
28 Rhein-Neckar-Südpfalz
29 Oberrhein-Nordschwarzwald
30 Neckar-Franken
31 Ansbach-Nürnberg
32 Regensburg-Weiden
33 Landshut-Passau
34 München-Rosenheim
35 Kempten-Ingolstadt
36 Alb-Oberschwaben
37 Oberrhein-Südschwarzwald
38 Berlin (West)

land Gebiete, für die eine Industrieansiedlung noch dringender ist?

□ Bei der Ansiedlung von Fabriken gibt es allerdings eine besondere Forderung: Der Standort muß stimmen. Man kann z. B. eine Schiffswerft nicht fern vom Wasser bauen. Man nennt die Ansprüche der Fabriken an ihren Standort „Standortfaktoren". Wichtige Standortfaktoren sind: Lage zu Rohstoffen, Lage zu Absatzmärkten, Vorhandensein von Arbeitskräften, Verkehrslage, staatliche Hilfen, Betriebsgelände.

⅄ **5** Mit welchen Worten wird in der Anzeige auf einzelne Standortfaktoren hingewiesen?

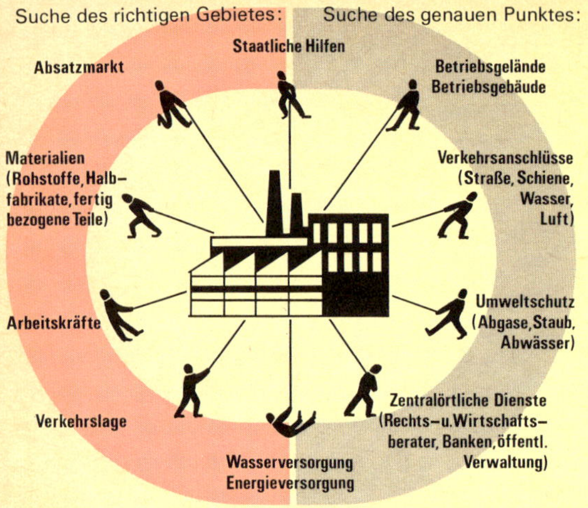

Standortschema (Nach welchen Standortfaktoren soll sich eine Fabrik richten?)

Die Industriezweige in fünf großen Gruppen

Bergbau
- Kohlenbergbau
- Erzbergbau
- Kali- und Steinsalzbergbau
- Erdöl- und Erdgasgewinnung
- sonstiger Bergbau

Grundstoff- und Produktionsgüterindustrien
- Industrie der Steine und Erden
- Eisenschaffende Industrie
- Ziehereien und Kaltwalzwerke
- Nichteisen-Metallindustrie
- Chemische Industrie
- Mineralölverarbeitung
- Gummi- und asbestverarbeitende Industrie
- Zellstoff-, papier- und pappeerzeugende Industrie

Investitionsgüterindustrien
- Stahl- und Leichtmetallbau
- Maschinenbau
- Straßenfahrzeugbau
- Schiffbau
- Luftfahrzeugbau
- Elektrotechnische Industrie
- Feinmechanische, optische und Uhrenindustrie
- Eisen-, Blech- und Metallwarenindustrie
- Büromaschinenindustrie

Verbrauchsgüterindustrien
- Feinkeramische Industrie
- Glasindustrie
- Holzverarbeitende Industrie
- Musikinstrumente-, Spiel- und Schmuckwarenindustrie
- Sportgeräteindustrie
- Papier- und pappeverarbeitende Industrie
- Druckerei- und Vervielfältigungsindustrie
- Kunststoffverarbeitende Industrie
- Ledererzeugende Industrie
- Lederverarbeitende Industrie
- Schuhindustrie
- Textilindustrie
- Bekleidungsindustrie

Nahrungs- und Genußmittelindustrien
- Mühlenindustrie
- Margarineindustrie
- Zuckerindustrie
- Brauereiindustrie
- Getränke- und Spirituosenindustrie
- Milchverwertende Industrie
- Süßwarenindustrie
- Tabakverarbeitende Industrie
- Fischverarbeitende Industrie
- sonstige Nahrungs- und Genußmittelindustrie

Paßt jede Fabrik an jeden Ort?

□ **1** a) In diesem Kapitel werden vier Fabriken beschrieben. Studiere die Beispiele. Prüfe dann mit Hilfe des Standortschemas die Bedeutung der einzelnen Standortfaktoren für jede Fabrik. Am besten geschieht dies in Form einer Tabelle:

Standort-faktor	sehr wichtig	weniger wichtig	unwichtig	nicht zu entscheiden
Absatzmarkt				
Materialien				
...				

b) Die Opelwerke in Rüsselsheim z. B. haben im Laufe ihrer Entwicklung drei verschiedene Produkte hergestellt. Warum hat die Fabrik trotz der Produktionsänderung den Standort

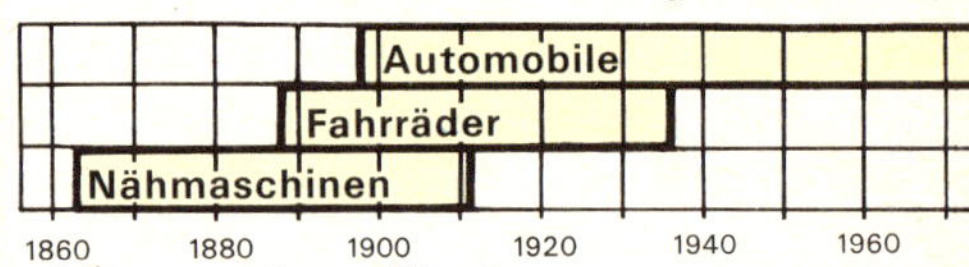

nicht verändert? Überlege.

□ **2** Für statistische Angaben faßt man einzelne Fabriken zu Industriezweigen zusammen. In der Liste links sind solche Industriezweige aufgezählt.

⅄ a) Zu welchen Industriezweigen gehören die vier beschriebenen Fabriken?

⅄ b) Ordne folgende Fabriken ebenfalls einzelnen Industriezweigen zu: Walzwerk, Süßmosterei, Fabrik für elektrische Meßgeräte, Schraubenfabrik, Brikettfabrik, Zigarettenfabrik, Waschmaschinenfabrik, Teppichweberei, Reifenfabrik, Wellpappefabrik, Düngemittelfabrik.

c) Bildet fünf Schülergruppen. Jede Schülergruppe bearbeitet eine große Gruppe der Industriezweige. Für jeden Industriezweig sind zwei verschiedene Fabriken zu nennen. Beispiel Straßenfahrzeugbau: Automobilfabrik, Motorradfabrik. (Für diese Arbeit solltet ihr ein Lexikon benützen.)

∞ **3** Die einzelnen Industriezweige haben sehr verschiedene Standortansprüche. Nicht jeder Ort erfüllt sie. Was für Fabriken könnte dein Heimatort anziehen?

Beispiel 1: Das Werk Geisingen der „Breisgauer Portland-Cementfabrik" (Produktionsbeginn 1971) ▲

Zur Herstellung von Zement benötigt man vor allem zwei Rohstoffe: Kalk (zu 70%) und Ton (zu 22%). Beide Bestandteile werden vermahlen, gemischt und bei Temperaturen zwischen 1400 und 1450 °C zu „Klinker" gebrannt. Dabei verliert das Brenngut rund ein Drittel seines Trockengewichts. Der „Klinker" wird anschließend zu verschiedenen Zementsorten feingemahlen.

Der Energieverbrauch ist erheblich. Für eine Tonne Zement werden rund 100 kWh Strom und rund 100 kg Heizöl verbraucht. Die Produktion im Werk Geisingen liegt bei 400000 t Zement im Jahr. Der Betrieb arbeitet weitgehend automatisch. Es werden 100 Personen beschäftigt. Zementwerke belästigen die Umwelt durch Staub und Lärm. In Geisingen beträgt der Staubauswurf 0,1% der Produktion.

Zement ist ein Massengut, das man nicht mit hohen Transportkosten belasten darf. 80% der Zementproduktion werden deshalb im Nahverkehr abgesetzt. Der Zementverbrauch liegt in der Bundesrepublik bei 680 kg pro Einwohner.

Standorte der Zementwerke in der Bundesrepublik ▶

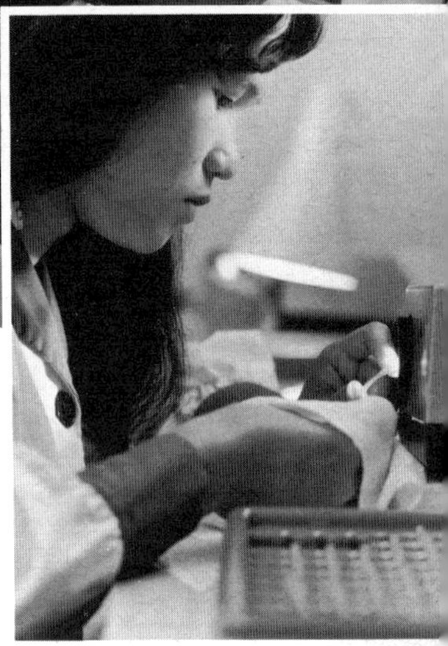

20

▲ **Beispiel 2: Kameramontage bei Rollei-Singapur, Werk Chai Chee Road**

Kameras bestehen aus unzähligen Einzelteilen. 90% dieser Teile werden von Rollei selbst hergestellt. Die Einzelteile müssen von Hand zusammengebaut werden, daher sind die Lohnkosten entsprechend hoch. Sie betragen im Durchschnitt 35% des Endpreises einer Kamera. Bei teuren Apparaten liegen sie höher, bei billigen niedriger. Bei Objektiven, Verschlüssen und elektronischen Bauelementen steigen die Lohnkosten sogar auf 85%.

Die Firma Rollei hat sich 1971 auch in Singapur angesiedelt. Sie hat fünf Produktionsstätten aufgebaut. Im Werk Chai Chee Road sind gegenwärtig 1870 Personen beschäftigt, nur 70 davon sind Ausländer. Im Vergleich zu Deutschland betragen die Lohnkosten in Singapur nur ein Sechstel, im Vergleich zu Japan nur ein Drittel. Singapur ist ein Entwicklungsland. Seine Regierung war sehr an dieser Fabrikansiedlung interessiert und hat sie gefördert. In Singapur haben bereits zahlreiche andere europäische und amerikanische Firmen Zweigwerke. Die Stadt hat den viertgrößten Hafen der Welt und einen internationalen Flughafen. Über beide Häfen exportiert Rollei-Singapur 99% der Waren in alle Teile der Welt, zumeist nach den USA und nach Westeuropa.

Beispiel 3: Fischindustrie Bremerhaven der Nordsee GmbH ▶

Frischer Fisch verdirbt leicht. Er muß sofort nach der Anlandung verarbeitet werden. Hauptprodukte sind: Frischfisch (geköpfter, enthäuteter oder filetierter Fisch), Räucherfisch, Tiefkühlfisch und Fischkonserven. Ein Drittel bis zur Hälfte der Rohware ist Abfall. Er wird in Fischmehlfabriken zu Futtermitteln verarbeitet. Die Kosten für die Rohware wirken sich im Durchschnitt zu 50% auf den Endpreis aus (bei Frischfisch zu 70%), die Kosten für Löhne zu 15% (bei Fischkonserven zu 20%). Die aus Fisch hergestellten Nahrungsmittel werden überwiegend in Deutschland verbraucht. Der Export ist gering. Neuerdings werden Fabrikschiffe eingesetzt, die den Fisch bereits auf hoher See zu Filet verarbeiten und tiefgefrieren.

Beispiel 4: Standorte der Coca-Cola-Abfüllbetriebe in Westfalen ▶

Coca-Cola ist ein Markenartikel, der überall in der Welt in gleicher Qualität ausgeliefert wird. Dennoch wird Coca-Cola nicht in **einer** Fabrik hergestellt. Im Gebiet der Bundesrepublik sind die Abfüllbetriebe recht gleichmäßig verteilt. Dem Coca-Cola-Konzentrat werden Zucker, Kohlensäure und Wasser zugesetzt. Coca-Cola besteht zu fast 90% aus Wasser. Wasser erhält man überall, es muß nur nach bestimmten Vorschriften aufbereitet werden. Den Zucker liefert die nächste Zuckerfabrik. Der Extrakt – mengenmäßig der kleinste Teil – kommt aus Essen. Glasflaschen und Transportkisten, die viel Lager- und Transportraum beanspruchen, brauchen nur einmal angeschafft und dann ergänzt zu werden. In dünner besiedelten Gebieten können die Vertriebskosten bis zu 50% des Endverkaufspreises ausmachen. Verbraucher von Coca-Cola sind vor allem Jugendliche.

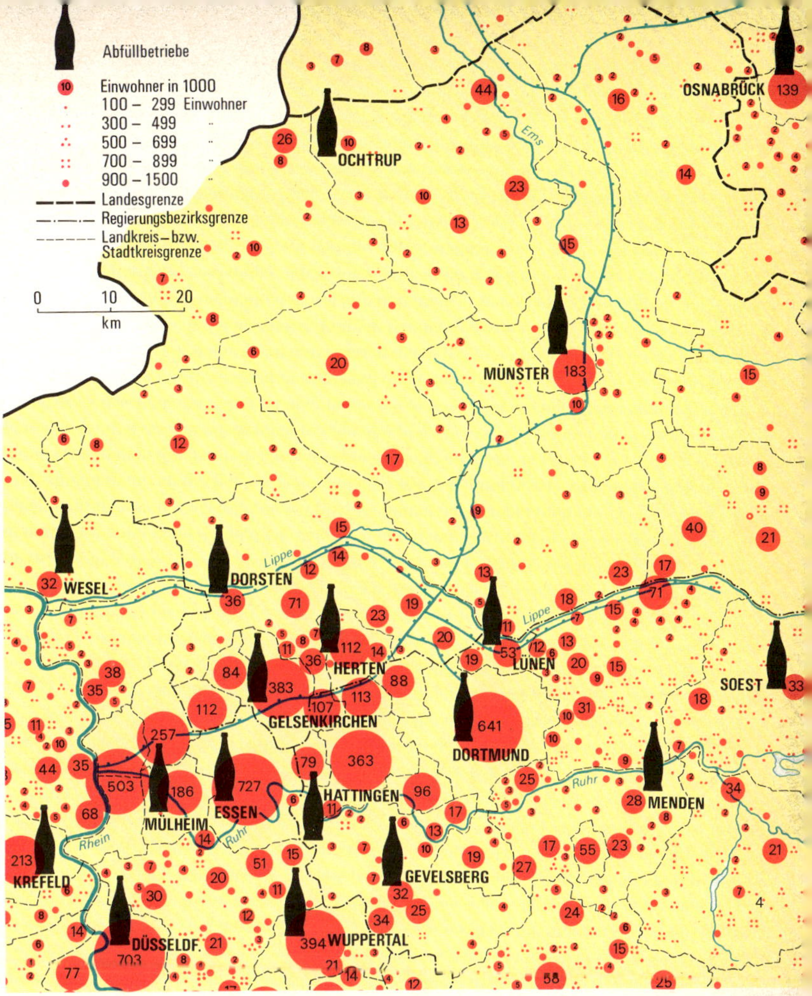

Wohin mit der neuen Großmühle?

□ An vielen Orten gab es früher Wassermühlen oder Windmühlen. Es waren kleine Betriebe. Viele vermahlten nicht mehr als 5 Zentner Getreide pro Tag. Dann kam der Motor auf, und größere Mühlen wurden rentabler. Heute können einzelne Betriebe 15000 Zentner Getreide pro Tag verarbeiten. Doch die Nachfrage nach Mehl ist erheblich gesunken. 1935 verbrauchte jeder Einwohner des Bundesgebietes 108 kg, gegenwärtig sind es noch 62 kg. Um den schrumpfenden Absatzmarkt entbrannte der Konkurrenzkampf. Der Staat mußte ausgleichend eingreifen. Durch Prämien erleichterte er die Stillegung von Mühlen. Für jede Mühlenerweiterung und jeden Neubau müssen Genehmigungen erteilt werden.
Unser Planspiel: Die Weizenmühlen AG hat mehrere ältere Mühlen aufgekauft. Sie will die wenig gewinnbringenden Mühlen durch einen Neubau ersetzen. Doch an welchem Standort läßt sich der größte Gewinn erzielen? Der Betriebsleiter beauftragt die drei Abteilungsleiter für Produktion, für Einkauf und für Verkauf, Standortvorschläge auszuarbeiten, jeder aus seiner Sicht. Sie müssen von folgenden Voraussetzungen ausgehen:

Allgemeine Angaben. Die neue Mühle soll eine reine Weizenmühle werden. Man plant eine Verarbeitungskapazität von 500 t Weizen täglich. Zu 50% soll loses Mehl hergestellt werden, zu 20% abgepacktes Mehl in Pfund- und Kilopaketen für die Haushalte und zu 10% Spezialmehle für Brötchen- und Kuchenbäckereien. Die restlichen 20% der Erzeugung werden Futtermehle sein.

Produktion: 1. Man benötigt ein ungefähr 15000 m² großes, preiswertes Grundstück.
2. Man benötigt möglichst vielseitige Verkehrsanschlüsse: a) Hafenanschlüsse, denn das Schiff ist das billigste Transportmittel, b) Bahnanschlüsse, denn die Bahn eignet sich gut für den Transport über weite Landstrecken, c) Straßen- und Autobahnanschlüsse, denn mit dem Lkw können verstreut liegende Abnehmer gut beliefert werden. Umladen der Waren sollte vermieden werden, weil sich dadurch die Transportkosten erhöhen.
3. Man rechnet mit 150 Beschäftigten in der neuen Mühle. Sie sollen weitgehend aus den alten Mühlen übernommen werden. Die Unterbringung der Familien ist in einer Großstadt am leichtesten möglich.
4. Gesichtspunkte des Umweltschutzes brauchen nicht berücksichtigt zu werden, weil man moderne Produktionstechniken einsetzt. Das Getreide wird mit Druckluft gereinigt. Nachts findet kein Lkw-Verkehr statt.
5. Staatliche Fördermaßnahmen sind sehr erwünscht, damit eigenes Kapital gespart wird.

Einkauf: 1. Weizen läßt sich bei sachgemäßer Handhabung leichter lagern und transportieren als Mehl.
2. Weizen, auch importierter Weizen, hat in der Europäischen Gemeinschaft einen garantierten Mindestpreis. Nur bei den Transportkosten gibt es Unterschiede, die man nutzen muß.
3. Die Transportkosten sind bei kurzen Entfernungen und bei Benutzung von Schiffen niedrig. Jedes Umladen kostet zusätzliches Geld, selbst wenn es mit Hilfe von Saugern leicht und schnell geht.
4. Die Produktionsanlagen sollen das ganze Jahr über gleichmäßig ausgenutzt werden. Die zuverlässige Belieferung mit Weizen ist wichtig. Sie ist in der Nähe der Produktionsgebiete oder der Einfuhrhäfen mit ihren Getreidesilos am ehesten gewährleistet.
5. 20% des Weizens sollen in Frankreich gekauft werden. Ferner will man, um Qualitätsvorteile gegenüber der Konkurrenz zu haben, 10% kanadischen Weizen hinzukaufen. Diese Lieferungen kommen per Schiff.

Verkauf: 1. Für die einzelnen Produkte der Mühle ergeben sich unterschiedliche Absatzgebiete mit unterschiedlichen Marktbedingungen. Die ergiebigsten Absatzmärkte liegen aber in jedem Fall in den großstädtischen Verdichtungsgebieten.
2. Die Spezialmehle und das unter dem Namen „Weizengold" vertriebene Haushaltsmehl sind Qualitätsartikel. Sie vertragen größere Lieferentfernungen. Die Spezialmehle gehen an kleinere Abnehmer, das Haushaltsmehl wird nur an Großhändler geliefert.
3. Bei losem Mehl ist der Konkurrenzkampf besonders hart. Die Verdienstmöglichkeiten sind gering. Man muß vor allem an Verpackungs- und Transportkosten sparen. Loses Mehl sollte möglichst in Kesselwagen an nahe Großabnehmer geliefert werden.
4. Futtermehle sind Nebenprodukte, die man nicht über große Entfernungen transportieren will.
5. Wegen der schwierigen Marktlage in Deutschland soll loses Mehl nach Übersee verkauft werden. Der Transport erfolgt per Schiff.

1 Die Aufgabe: Die Klasse bildet drei Gruppen. Jede Gruppe übernimmt die Rolle eines Abteilungsleiters. Sie hat ein oder zwei Standorte vorzuschlagen und ihre Wahl schriftlich zu begründen. Anschließend übernehmen drei Schüler die Aufgabe des Betriebsleiters. In einer gemeinsamen Sitzung des Betriebsleiters und der Abteilungsleiter sind die Standortvorschläge zu diskutieren. Der Betriebsleiter trifft abschließend auf der Grundlage der Vorschläge und der Diskussionsergebnisse seine Entscheidung.

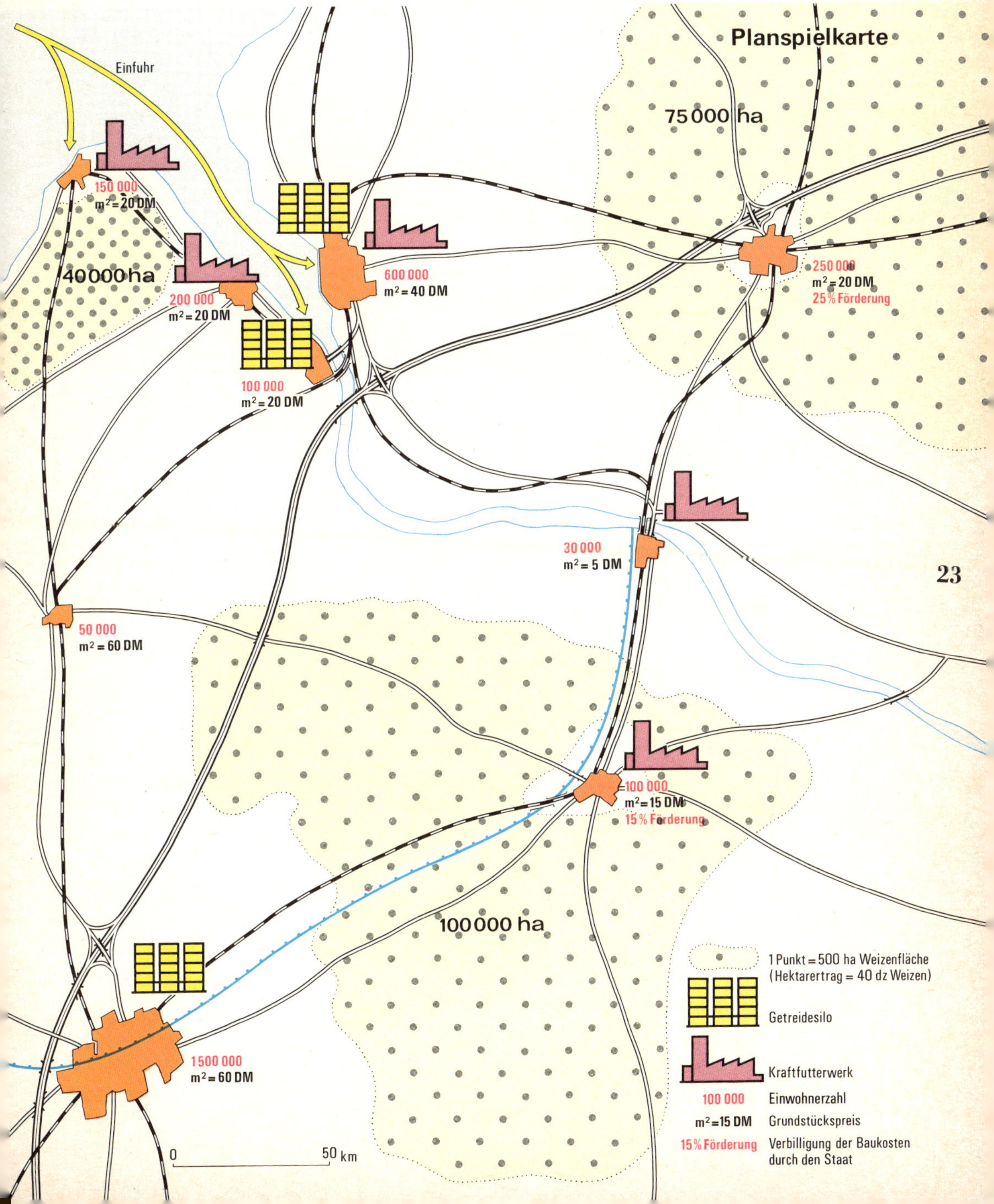

„Massenflucht" aus dem Ruhrgebiet

1972 sind 22 000 Menschen abgewandert

be. **Dortmund** (Eigener Bericht) — Die jüngsten Ergebnisse der Bevölkerungsstatistik für das Ruhrgebiet weisen für 1972 einen Wanderungsverlust von 22 027 Personen aus. Die auf Grund der Wanderungsgewinne für 1970 und 1971 (8891 bzw. 182 Menschen) ausgesprochene Vermutung, daß im Ruhrgebiet die langjährige Phase der Wanderungsverluste überwunden sei, hat sich damit nicht bestätigt. Vielmehr ist der Wanderungsverlust 1972 größer als in den Jahren 1962—1965, in denen er durchschnittlich bei 19 606 gelegen hatte. Zusammen mit dem gegenüber dem Vorjahr auf das 3fache angestiegenen „Sterbeüberschuß" von 10 310 Menschen schrumpfte die Bevölkerungszahl des Ruhrgebietes 1972 um 32 337 auf 4 898 964. Das Land Nordrhein-Westfalen verzeichnete im Gegensatz zum Ruhrgebiet auch 1972 wieder einen Wanderungsgewinn, der allerdings mit 58 095 bedeutend niedriger ausfiel als ein Jahr zuvor (100 494). (2)

Entwicklung der Produktion im Bundesgebiet (1960 = 100)

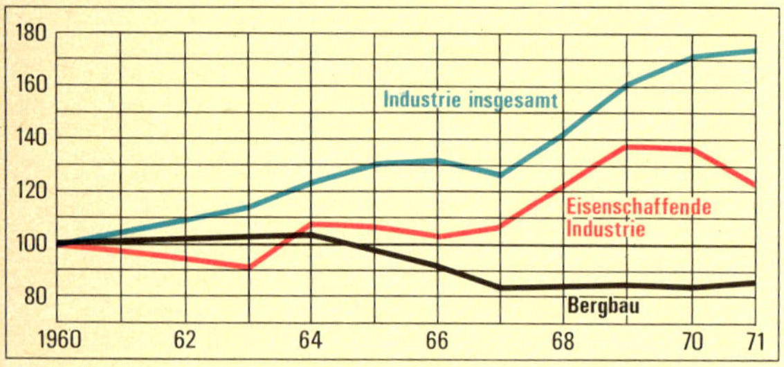

Entwicklung der Beschäftigtenzahlen im Bundesgebiet (1966 = 100)

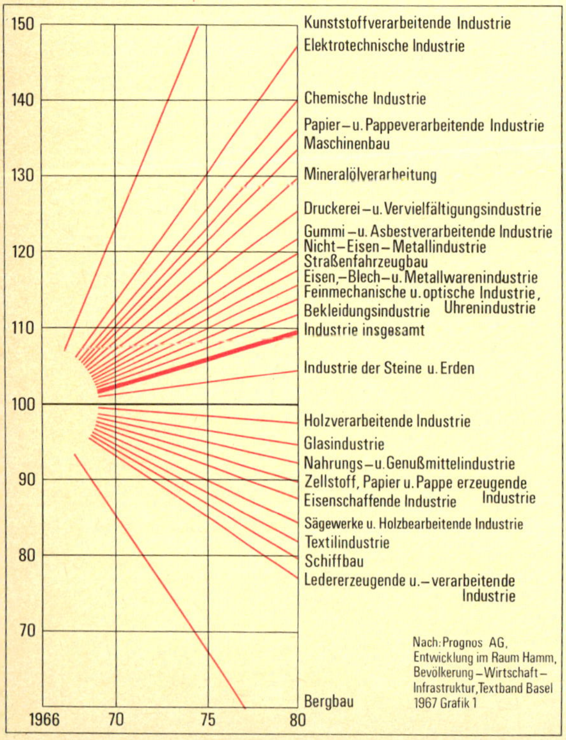

Arbeitsplätze gefährdet: Strukturwandel im Ruhrgebiet

☐ Die Anzeige rechts erschien Mitte 1973 in den Tageszeitungen des Ruhrgebietes. Nach Angaben von BMW war sie erfolgreich. Im Ruhrgebiet selbst hat sie die Verantwortlichen in Politik, Wirtschaft und Verwaltung schockiert. Bietet das Ruhrgebiet wirklich so wenig, daß man dort Arbeitskräfte über 500 km weit abwerben kann? Gibt es im größten Industriegebiet der Bundesrepublik etwa keine sicheren Arbeitsplätze mehr?

1 Was sagt der Zeitungsartikel dazu?

2 Allein von Ende 1970 bis Mitte 1973 ging die Belegschaftszahl der Ruhrkohle AG um 34 000 Mitarbeiter zurück. Auch in der eisenschaffenden Industrie „kriselt" es; die Hüttenwerke suchen bessere Standorte im Ausland. Erläutere das Diagramm Mitte links.

3 Die Industriezweige wachsen unterschiedlich. Neue Erfindungen, andere Verbrauchsgewohnheiten, Konkurrenz des Auslands – das sind nur einige der Ursachen, die das Wachstum beeinflussen. Neben wachstumsstarken gibt es wachstumsschwache und sogar schrumpfende Industriezweige. Die Sicherheit der Arbeitsplätze hängt davon ab. Beurteile mit Hilfe des Diagramms unten links die mögliche Entwicklung der Beschäftigtenzahlen im Ruhrgebiet, im Raum Dingolfing und im Raum Ingolstadt.

☐ Um 1960 hatten fast alle Städte und Kreise des Ruhrgebietes eine einseitige Wirtschaftsstruktur. Mehr als 40% ihrer Industriebeschäftigten waren in einem einzigen Industriezweig tätig: entweder im Kohlenbergbau oder in der eisenschaffenden Industrie. Gebiete mit einseitiger Wirtschaftsstruktur sind bei Wachstumskrisen besonders betroffen. Wachstumskrisen kann man kaum verhindern, man kann sich aber vor den Folgen schützen: Man muß einen Strukturwandel herbeiführen; man muß möglichst vielseitige Industrien ansiedeln.

BMW-Facharbeiter Auswanderungsprogramm

Jupp, komm nach Bayern!

Nach Dingolfing. Zu BMW.

Noch nie was von Dingolfing gehört? Macht nichts – werden wir gleich haben. Dingolfing (der Standort unseres neuen Automobil-Werkes) ist eine kleine Stadt mitten in Niederbayern. Mit hübschen Häusern, Geschäften, Kirchen, Wirtshäusern natürlich, einem Stadtplatz und immerhin 14000 Einwohnern. Liegt an der grünen Isar, nah der schönen blauen Donau, umgeben von Wiesen und Wäldern. Ehrlich – is' richtig wie im Touropa-Prospekt.

Jupp hier kann man's aushalten.

Mit den Kohlen geht's schon mal los. Die stimmen hier noch. Da gibt's mehr Bier für's Geld - und das Schweinefleisch kostet 8 Mark per Kilo (beim Metzger Huber) und nicht 13 wie in Gelsenkirchen. Die Luft kann man richtig atmen und in der Donau sogar schwimmen, ohne gleich Blasen auf der Haut zu kriegen.

Jupp, Frau und Kinder haben's hier schöner.

Hat Dein Sohn schon mal 'ne Kuh gesehen, außer im Zoo? Und wie isses mit der Wäsche? Hier bleibt sie nicht nur 3 Stunden persilweiß. Na – und eines Tages kannst Du sogar feststellen, daß Dein Erpel nicht graue, sondern weiße Federn hat.

Und noch was, die Bayern fressen längst schon keine Preußen mehr.

Ganz im Gegenteil, die Verständigung klappt ausgezeichnet. Und wenn der Alfons erst mal „Saupreiß, damischer", sagt, dann heißt das, er hält Dich für einen ganz duften Typ. Uuuund schließlich bist Du ja auch nicht gerade auf den Mund gefallen, oder?

Jupp, bis Italien sind's nur 250 Kilometer - und bis zum eigenen Häuschen nur 4 Jahre.

Ganz richtig gelesen: eigenes Häuschen. Unsere Firmensoziologen haben nämlich speziell für Dich einen Weg ausgeknobelt, wie Du mit Bausparvertrag, Steuervorteilen und BMW Unterstützung schnell zum eigenen Häuschen kommst. Ist das ein Wort?

BMW-Dingolfing. Ein Platz für's Leben. Facharbeiter aller Berufe finden im neuen BMW-Werk Dingolfing einen Arbeitsplatz, der Sicherheit und Zukunft bietet. Weil wir auf das richtige Auto-Konzept gesetzt haben: aktive Sicherheit. Darum ist ein Arbeitsplatz bei uns ein Stammplatz. Und wenn Du Ehrgeiz hast, Jupp, ein Startplatz. Zum Meister – und so weiter.

Jupp, Du lebst nur einmal!

Diese Chance wird es nie wieder geben. Jupp, schick den Coupon. Dir zuliebe. Deiner Frau zuliebe. Deinen Kindern zuliebe.

„Nein" sagen kannst Du immer noch, „Ja" nur jetzt.

JA-Coupon Ich möchte die BMW-Informationsbroschüre. Über Dingolfing, BMW und meine Zukunft.

Name: ____________________

Jetziger Beruf: ____________________

Postleitzahl/Ort: ____________________

Straße: ____________________

Bitte einsenden an: Bayerische Motoren Werke AG, Personalabteilung, 8312 Dingolfing, Bahnhofstraße, Telefon 08731/86217

Laß knacken, Jupp: ausschneiden, in einen Umschlag stecken und nach Bayern schicken!

Bayerische Motoren Werke AG
8312 Dingolfing, Bahnhofstraße

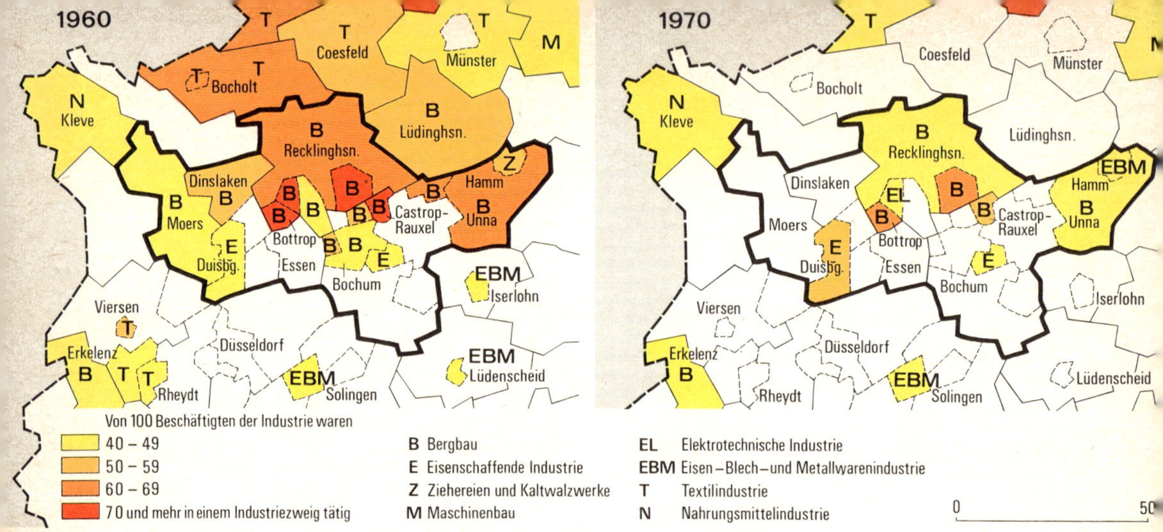

4 Vergleiche die beiden Karten oben, und kommentiere das Ausmaß des Strukturwandels.

5 In einem alten Industriegebiet gibt es nur wenig freie Flächen für die Ansiedlung neuer Fabriken. Wie hilft man sich? Vergleiche auf der rechten Seite Luftbild und Karte und beschreibe die Veränderungen.

6 Herr B. (40 J.) war Bergmann. Er ist durch die Wachstumskrise, in der der Bergbau steckt, arbeitslos geworden. Er ist verheiratet, hat zwei Kinder (13 u. 15) und bewohnt ein zecheneigenes Haus. Er steht vor der Wahl, sich umschulen zu lassen, wenn er im Ruhrgebiet bleiben will, oder abzuwandern. Wie würdet ihr entscheiden? Begründung?

Ausbildungszeiten für Angelernte

Werkzeugschleifer	2–3	Jahre
Revolverdreher	1–2	Jahre
Lochkartenbüroangestellte	1	Jahr
Hobler	6	Monate
Zeichnungskopist	4–8	Monate
Verputzer	3–6	Monate
Kernmacher	2–6	Monate
Ausbildungszeit für Lehrberufe in der Regel	3–3½	Jahre

□ Im Ruhrgebiet reicht es nicht aus, daß durch Ansiedlung neuer Fabriken sichere Arbeitsplätze geschaffen werden. Viele Menschen wandern trotzdem ab. Man muß auch ihre Lebensbedingungen verbessern. Die Abbildungen unten zeigen zwei Beispiele.

Projekte gegen die Abwanderung: Luftverbesserung ▼, Spielplatz in einem Revierpark bei Gelsenkirchen ▼

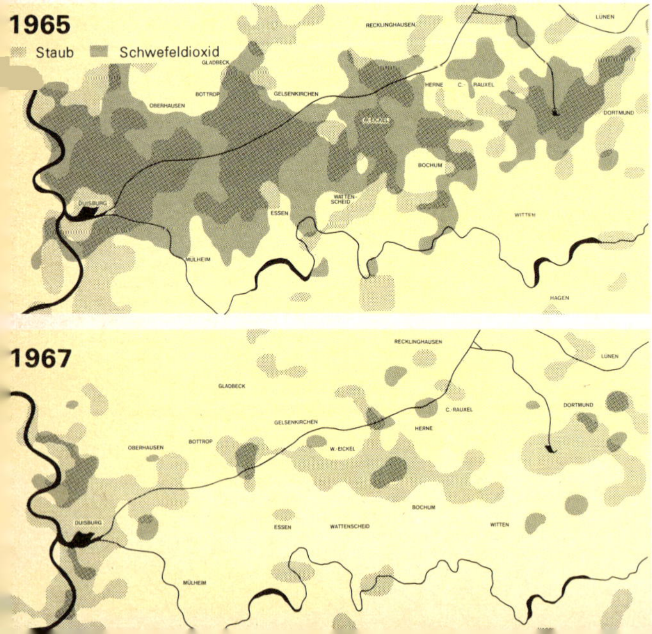

Strukturwandel im Gebiet Bottrop-Essen
Luftbild: 8. 9. 1971, Maßstab etwa 1:16000
Karte: 1. 10. 1969, Maßstab 1:25000

Eigentümer der freien Industrieflächen:

- G L B — Gemeinde, Land, Bund
- Bergbau
- Eisen- und Metallindustrie
- Sonstiges Eigentum
- Genutzte Industrieflächen
- Für betriebliche Zwecke gebunden
- Nur mit erheblichen Aufwendungen zu nutzen (Bergschäden, Halden)

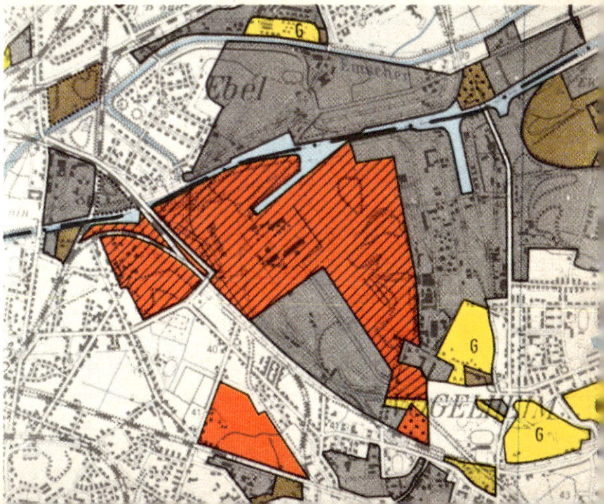

Süditalien „exportiert“ Gastarbeiter

☐ Kurz vor Weihnachten fahren Sonderzüge für Gastarbeiter nach Süditalien. Der Sonderzug Köln–Neapel mit Kurswagen Bari–Brindisi bringt 1000 italienische Arbeitnehmer zurück zu ihren Familien in die großen Dörfer Apuliens und Kalabriens. Viele haben ihre Heimat schon vor Jahren verlassen, weil sie zu Hause keine Arbeit finden konnten. Nach dem Urlaub kehren die meisten wieder in die Bundesrepublik zurück. Manche bleiben in ihrer Heimat und kaufen mit dem ersparten Geld ein Grundstück oder eröffnen ein kleines Geschäft. Warum arbeiten diese Menschen im Ausland als „Gastarbeiter“?

In den industriereichen Nachbarländern finden sie meistens, was sie in ihren Dörfern zu Hause nicht haben, z. B. ein gutes Einkommen, ärztliche und soziale Versorgung, Ausbildungsmöglichkeiten für ihre Kinder. Eine ausreichende Hilfe für ihre armen Heimatländer ist der „Export“ von Gastarbeitern nicht.

1 Kommentiere die Karten „Industrie“ und „Energiewirtschaft“ und achte dabei auf die Unterschiede zwischen Nord- und Süditalien.

2 Vergleiche die Karten „Bevölkerungsdichte“ und „Industrie“. Du kannst wichtige Zusammenhänge zwischen Siedlungsdichte und Industrieansiedlung entdecken.

3 Wir empfinden es bereits als unzumutbar, wenn manche Pendler nur einmal in der Woche zu ihren Familien fahren können oder wenn täglich Entfernungen über 30 km zurückgelegt werden müssen. Vergleiche dies mit der Lage der Gastarbeiter.

4 Während ihres Arbeitsaufenthaltes im Ausland überweisen viele Gastarbeiter regelmäßig einen Teil ihres Verdienstes nach Hause, um den Lebensunterhalt ihrer Familie zu sichern. Kommentiere die Zeichnung „sparsame Gastarbeiter“.

Italien: Bevölkerungsdichte und Industrieverteilung

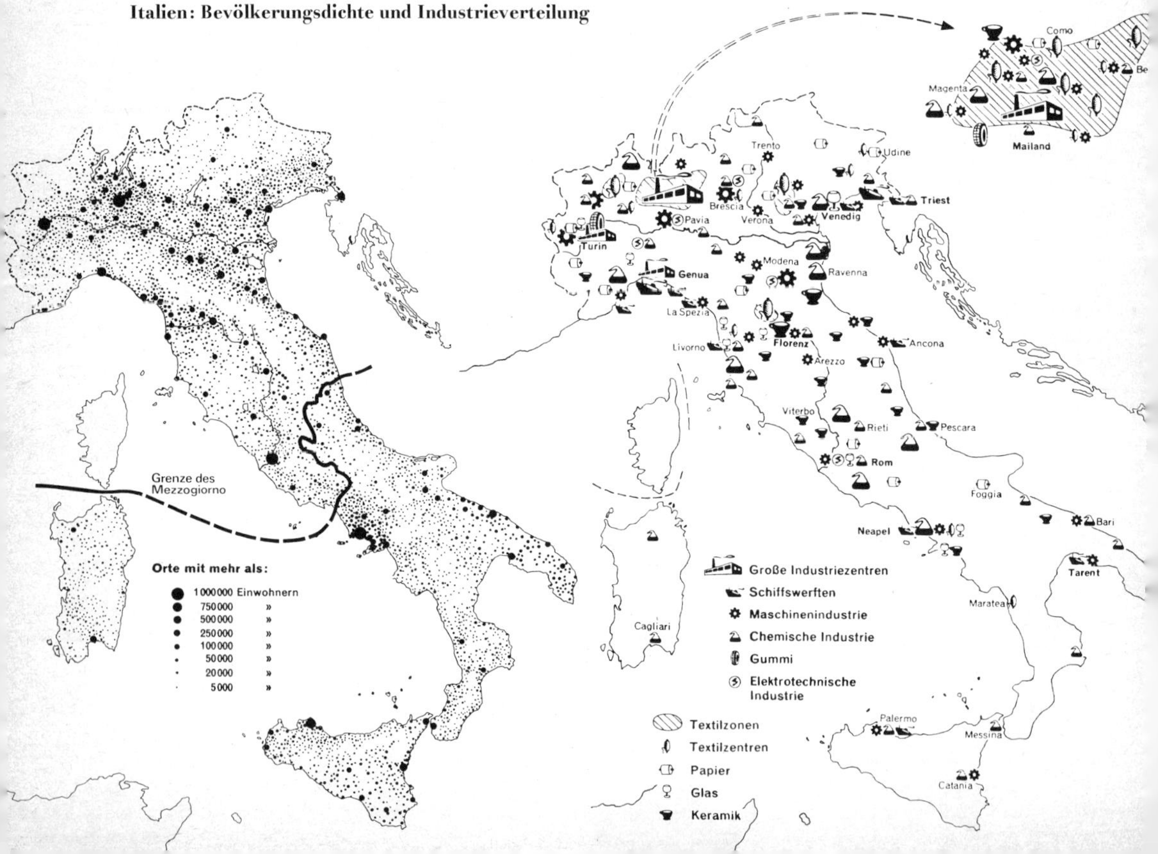

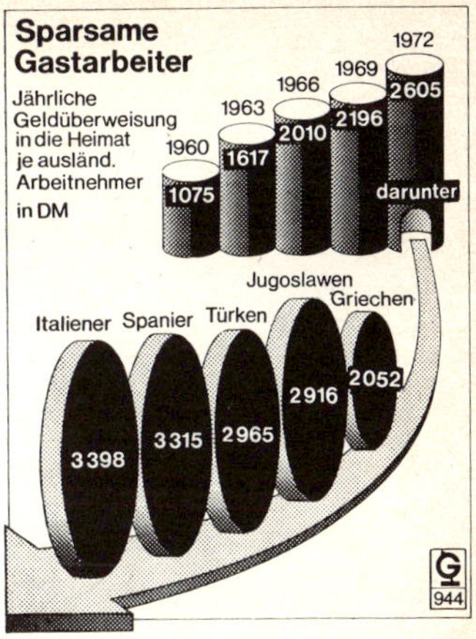

□ Der Mezzogiorno (= Süden: it. mezzo = halb; giorno = Tag) umfaßt 7 von 19 italienischen Provinzen südlich der Linie Rom–Ancona. Er ist typisch für ein unterentwickeltes Gebiet und seine Entwicklung und Förderung. Die wirtschaftliche Lage des Mezzogiorno konnte durch dreierlei Maßnahmen in den letzten Jahren verbessert werden: a) Ausbau der Landwirtschaft, b) Ansiedlung von Industrie, c) Förderung des Tourismus. Bis 1973 waren 82 landwirtschaftliche Fördergebiete, 42 Zonen industrieller Entwicklung und 29 Tourismus-Entwicklungszonen eingerichtet (siehe Karte unten).

5 Seit Beginn der Fördermaßnahmen der italienischen Regierungen (1950) hat sich der Anteil der Erwerbstätigen im Mezzogiorno stark verändert. Kommentiere die Tabelle.

Erwerbstätige im Mezzogiorno

	Landwirtschaft	Industrie	Dienstleistungen
1950	57 %	20 %	23 %
1970	35 %	32 %	33 %

Die Zukunft des Landes liegt im Tourismus, sagen die Experten. Auf der 1973 fertiggestellten „Autostrada del Sole“ kann der Urlauber bis an die Südspitze Italiens durchfahren. Während in Nord- und Mittelitalien Autobahngebühren bezahlt werden müssen, ist die Strecke von Salerno bis Reggio di Calabria gebührenfrei. Motels, Tankstellen und Geschäfte werden vom Staat gebaut. Mit staatlichen Beihilfen werden Geschäftsleute veranlaßt, sich im Mezzogiorno niederzulassen.

6 Der Tourismus bringt neben Entwicklung auch Probleme. Bestimme die Lage der Tourismuszonen zum Meer. Vergleiche damit den Grad der Verschmutzung entlang den Stränden Süditaliens.

7 Von 1951 bis 1969 wurden im Mezzogiorno 1095000 neue Arbeitsplätze geschaffen. Dennoch wanderten in dieser Zeit 1700000 Menschen von dort ab. Viele von ihnen leben als Gastarbeiter im Ausland.

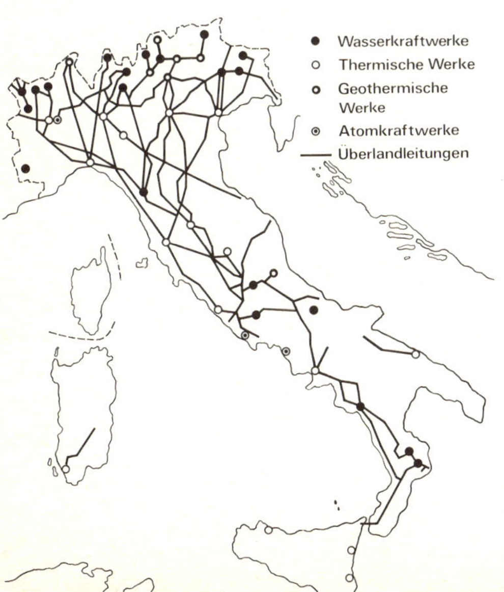

Entwicklungszonen im Mezzogiorno

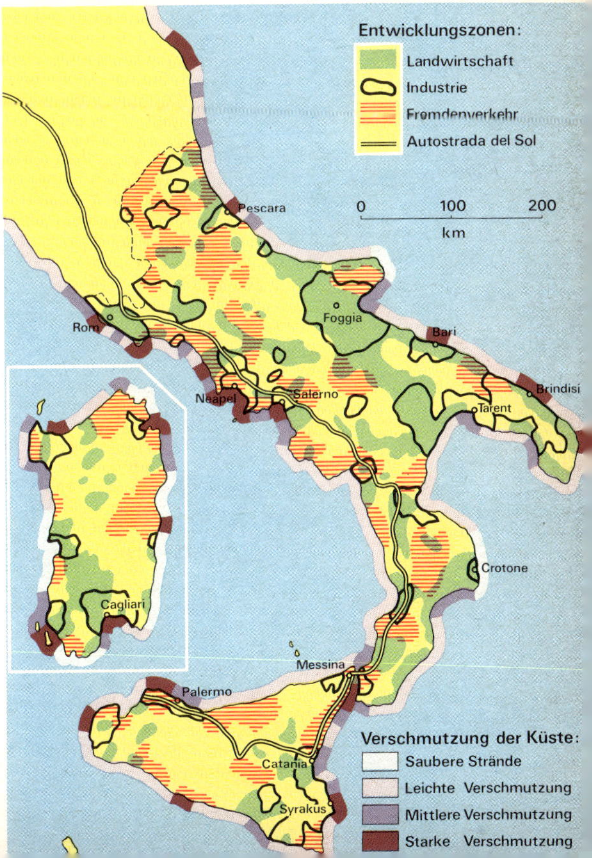

①

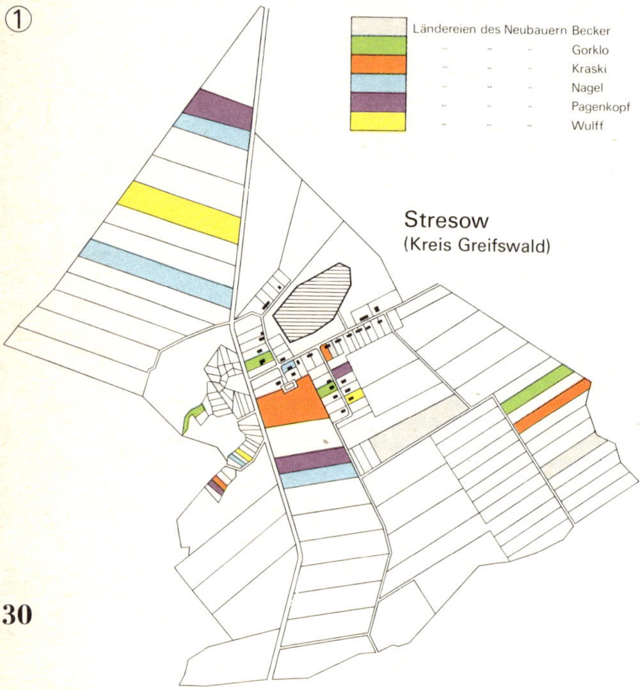

②

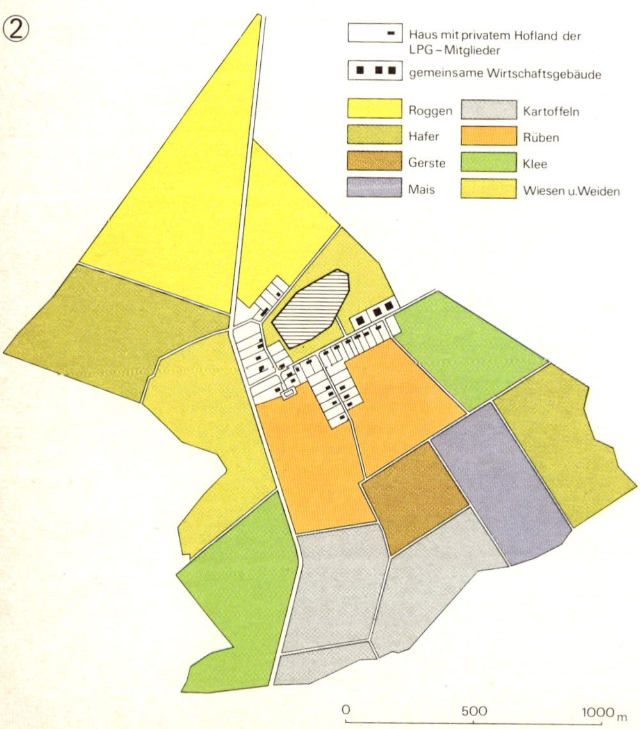

Agrarreform in der DDR

☐ Das wichtigste Ziel der Agrarpolitik in der DDR nach dem Zweiten Weltkrieg war die Bildung von Landwirtschaftlichen Produktionsgenossenschaften (LPG). Nach Kriegsende wurde privater Grundbesitz von mehr als 100 ha Fläche enteignet (28 % der landwirtschaftlichen Nutzfläche). Dieses Land verteilte man an Kleinbauern und Flüchtlinge. So entstanden 5–10 ha große Betriebe mit kleinen Flurstücken in Gemengelage (Karte ①). 1952 beschloß die Sozialistische Einheitspartei Deutschlands: „Die Landwirtschaftlichen Produktionsgenossenschaften sind der neue Weg der Entwicklung der Landwirtschaft in der DDR, der die werktätigen Bauern und Landarbeiter zum Sozialismus führt.“ Daraufhin setzte Anfang der fünfziger Jahre die Kollektivierung ein, zunächst auf freiwilliger Grundlage: Die Besitzgrenzen wurden beseitigt, die Grundbucheintragungen gelöscht und gemeinsam bewirtschaftete Großbetriebe von mehreren hundert Hektar Fläche geschaffen. Die neuen LPGs wurden bevorzugt mit Düngemitteln, Maschinen, Saatgut und Zuchtvieh versorgt. Ihre Mitglieder brauchten keine Steuern zu zahlen und erhielten günstige Kredite für den Bau von Wohnhäusern und Wirtschaftsgebäuden. 1960 wurden die bis dahin noch selbständigen Bauern (45 %) gezwungen, einer LPG beizutreten.

1 Vergleiche Karte ① und ②. Nenne drei Kennzeichen der Planung.

□ Alltag auf einer LPG: Herr Lüth ist eines der 400 Mitglieder der LPG „Neues Leben“ in Mestlin im Kreis Schwerin. Um sieben Uhr morgens versammeln sich die Mitglieder vor den Wirtschaftsgebäuden. Die Brigadeleiter teilen die Arbeit für den Tag ein. Herr Lüth gehört mit 24 anderen Arbeitskräften zur Abteilung Kartoffelbau, die über 4 Rodemaschinen und 4 Sortierer verfügt. Heute wird Herr Lüth mit einer Kartoffelrodemaschine zur Ernte eingeteilt. Studentinnen helfen ihm beim Einsammeln der Kartoffeln.
Frau Lüth arbeitet in der Milchabteilung der Viehwirtschaftsbrigade. Die 1 500 Rinder sowie die 2 300 Schweine und 60 Pferde der LPG sind in großen Gemeinschaftsställen am Rande des Dorfes untergebracht. Beim Mittagessen trifft Frau Lüth ihren Mann in der Dorfkantine. Ihre Kinder Astrid und Gunther Lüth besuchen die zehnklassige Polytechnische Oberschule in Mestlin. Einen Tag in der Woche verbringen die Schüler in den verschiedenen Abteilungen der LPG. In den letzten beiden Jahren werden sie neben dem Schulunterricht gleichzeitig zu landwirtschaftlichen Facharbeitern ausgebildet, damit sie sofort nach Schulabschluß auf der LPG arbeiten können.
Gegen 18 Uhr treffen sich alle Angehörigen der Familie Lüth zu Hause. Viele LPG-Mitglieder wohnen inzwischen in städtisch wirkenden Wohnblocks im neuen Teil von Mestlin. Dort gibt es auch moderne Geschäfte, die neue Krankenstation, die Post, ein Tagesheim für Säuglinge und einen Kindergarten. Herr und Frau Lüth freuen sich über den Feierabend. Fast jede Woche einmal gehen sie zu einer Theateraufführung, zu einer Vollversammlung, einem Vortrag oder einem politischen Fortbildungskurs ins Kulturhaus. Astrid und Gunther besuchen am Dienstag und Sonnabend die Veranstaltungen der FDJ.
Die Großeltern bestellen noch das kleine Stück Privatland von 0,5 ha, auf das jedes LPG-Mitglied Anspruch hat.

Aufbau einer LPG

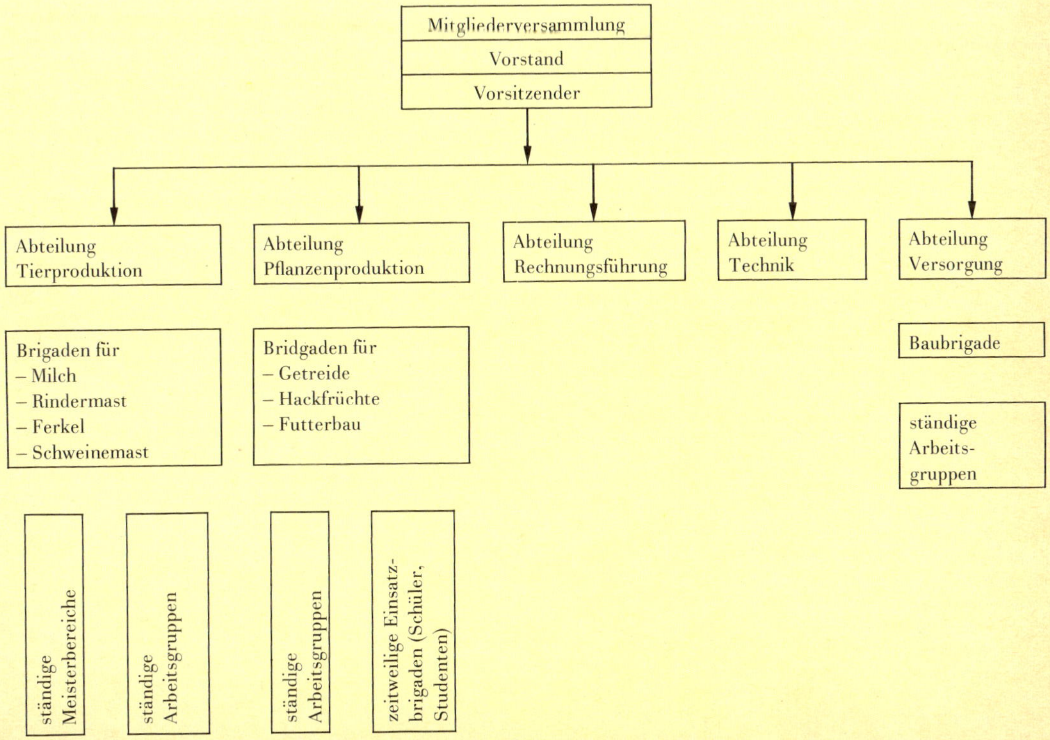

Einen Teil der auf einer LPG erwirtschafteten Einnahmen erhält der Staat. Etwa ein Viertel wird für den Kauf neuer Maschinen, für Zuchtvieh, für den Bau von Wirtschaftsgebäuden, Gemeinschaftshäusern, Kindergärten und Sportstätten verwendet. Ungefähr die Hälfte wird verwandt für Lohngelder sowie für Prämien und Versicherungsbeiträge für die Mitglieder. Alle auf einer LPG Beschäftigten sollen einander gleichgestellt sein, doch wirken sich besondere Kenntnisse oder die höhere Leistung und Verantwortung eines Mitglieds bei der Lohnzahlung schon aus. Eine der wichtigsten Aufgaben der Mitgliedervollversammlung ist die Bewertung der Arbeit des einzelnen nach Arbeitseinheiten. Wer acht Stunden leichte Feldarbeit verrichtet, erhält eine Arbeitseinheit gutgeschrieben. Ein Traktorfahrer kann während der Erntezeit dagegen auf vier bis sechs Einheiten täglich kommen. Herr Lüth bringt es monatlich im Durchschnitt auf 40 Arbeitseinheiten. Der Mittelwert einer Einheit liegt zur Zeit bei 13 DM Ost, umgerechnet 3–6 DM West. Hierbei ist zu berücksichtigen, daß auch Frau Lüth mitverdient, wie fast alle Frauen in der DDR. Die 40-Stundenwoche wird einigermaßen eingehalten. LPG-Mitglieder müssen keine Steuern, Renten- und Sozialversicherungsbeiträge abgeben (die Altenversorgung geschieht durch den Staat), und sie erhalten einen bezahlten Jahresurlaub. Auch die Betreuung und Ausbildung der Kinder ist kostenlos.

2 Vergleiche die Arbeit eines Bauern in der BRD, der einen gemischtwirtschaftlichen Betrieb hat, mit der eines LPG-Mitglieds (siehe dazu auch das Schema „Aufbau einer LPG“ auf Seite 31).

3 Nenne Vorteile, die ein Mitglied auf einer gut geführten LPG gegenüber einem selbständig wirtschaftenden Bauern auf einem Aussiedlerhof in der BRD hat.

4 Wie hat sich das Ortsbild von Mestlin seit der Kollektivierung verändert?

∞ **5** Die Schulausbildung in der DDR ist stark auf das spätere Berufsleben hin ausgerichtet. Wie denkt ihr darüber? Versetzt euch in die Lage von Astrid und Gunther.

□ Nach dem Grad der Kollektivierung unterscheidet man bei den LPGs drei Typen: Bei Typ I wird nur das Ackerland kollektiv genutzt, bei Typ II auch das Grünland sowie Maschinen und ein Teil des Viehs. Im LPG-Typ III werden die gesamte land- und forstwirtschaftliche Nutzfläche, der Viehbestand, Maschinen und Wirtschaftsgebäude gemeinschaftlich genutzt. In jedem Fall darf jedes Genossenschaftsmitglied 0,5 ha Hofland, 1 Kuh, 1 Schwein, 5 Schafe und Geflügel zur privaten Bewirtschaftung behalten. Heute gehören über zwei Drittel aller LPGs dem Typ III an.

Die folgenden Aussagen sind offizielle und private Äußerungen zu der Einrichtung der LPGs in der DDR aus den Jahren 1958 bis 1969.

1958, „Neues Deutschland“ (offizielles Presseorgan der DDR-Regierung):
„Der Eintritt in die Produktionsgenossenschaft geschieht auf freiwilliger Grundlage. Die Bauern sind in geduldiger Überzeugungsarbeit zu gewinnen. Doch der Sieg des Sozialismus auf dem Lande ist unaufhaltsam.“ (3)

1959, Bauer E.
„Im Nachbardorf war eine LPG, ‚Neue Zeit‘ hieß sie. Gegründet wurde sie von drei Neubauern und von Otto P. Dieser ließ den Hof seines Vaters verkommen ... Wenn wir als Einzelbauern so gewirtschaftet hätten wie die LPG, wir wären schon 1950 pleite gegangen.

Da hat doch kein Mensch Interesse an der Arbeit. Und selbst, wenn der eine oder andere etwas davon versteht – was hilft's, wenn zwanzig andere die Zeit totschlagen." (4)

1960, ein Flüchtling aus dem Landkreis Frankfurt/Oder:
„Vor Weihnachten kam ein Funktionär auf den Hof. Er werde so lange bleiben, hat er gesagt, bis ich der neuen LPG beigetreten sei. Einen anderen Bauern haben fünf Kriminalbeamte nach Frankfurt gebracht, zwölf Stunden verhört und dann gesagt, er werde aus der Haft entlassen, wenn er unterschreibe." (5)

1969, ein LPG-Mitglied aus Königswusterhausen, 42 Jahre alt:
„Wenn ich ehrlich bin, muß ich zugeben, daß ich Vaters Hof allein gar nicht mehr bewirtschaften könnte. Die großen Maschinen, die nötig sind, kann ein einzelner nicht bezahlen. Der Achtstundentag ist bei uns garantiert. Außerdem ist für meine Frau selbstverständlich, was meine Mutter nie erfuhr, nämlich wie schön Urlaub und ein freies Wochenende sind. Aus unserer Generation will kaum noch jemand wirklich zurück in die Schufterei des privaten Bauerntums." (6)

1969, LPG-Mitglied Siegmann, 36 Jahre alt:
„Immerhin hat unser Staat zehn bis fünfzehn Milliarden in die Landwirtschaft gesteckt. Auch in der BRD tut der Staat viel für die Bauern. Aber wenn ich die westdeutschen Politiker höre, die dauernd von der Gesundschrumpfung der Landwirtschaft reden, und befürchten müßte, tagsüber in die Fabrik zu gehen und abends auf meinen Acker, dann bleibe ich lieber auf der LPG." (7)

∞ **6** Nenne drei Gründe, warum viele Bauern sich weigerten, einer LPG beizutreten. Diskutiert diese Gründe.

7 Der LPG-Typ III war von vornherein das Ziel der DDR-Regierung. Überlege, warum auch die Typen I und II geschaffen wurden.

∞ **8** Was ist zu den Methoden zu sagen, mit denen die Kollektivierung in der DDR durchgeführt wurde?

∞ **9** Was versteht Herr Siegmann unter „Gesundschrumpfung der westdeutschen Landwirtschaft"? (Vgl. hierzu die Tabelle auf der nächsten Seite links.)

□ Obwohl selbst die kleineren Betriebe in der DDR weit über 100 ha groß sind, werden die landwirtschaftlichen Produktionsgenossenschaften ständig weiter vergrößert (vgl. Tabelle nächste Seite rechts). Die Parole auf dem Lande heißt gegenwärtig „Kooperation". Die Zusammenarbeit großer LPGs wird ebenfalls verstärkt. Man baut gemeinsame Wirtschaftsgebäude und Silos. Auch die Beschaffung neuer Maschinen wird gegenseitig abgestimmt, um Kosten zu sparen.
Obwohl die LPG-Mitglieder ein sicheres Einkommen haben, wandern viele junge Leute in die Städte ab. Die Regierung der DDR versucht das zu verhindern, indem sie auch auf dem Lande moderne Wohnsiedlungen für viele tausend Einwohner plant, die zugleich Zentren der Verwaltung, der Ausbildung und der Unterhaltung sein sollen. Solche „Agrostädte" gibt es in der Sowjetunion bereits.

10 Die linke Tabelle der folgenden Seite zeigt die Entwicklung der Betriebsgrößen in der BRD zwischen 1960 und 1980. Zeichne ein Diagramm (auf der waagerechten Achse für jedes Jahr 0,5 cm; auf der senkrechten Achse für je 20000 Betriebe 1 cm Höhe).

11 Warum nehmen die einzelnen Betriebsgrößenklassen zwischen 0,5 und 10 ha am stärksten ab? Gib den Rückgang in Prozent an.

12 Die Zahl der landwirtschaftlichen Betriebe geht in der BRD stark zurück, die landwirtschaftliche Nutzfläche bleibt nahezu gleich. Wie ist dies zu erklären?

13 Erkläre die auffallenden Veränderungen der Gesamtzahl der LPGs seit 1952 (siehe Tabelle unten rechts).

14 Vergleiche die durchschnittlichen Betriebsgrößen in der BRD und DDR.

15 Nenne mindestens vier Vorteile agrarischer Großbetriebe. Beachte auch das Bild unten.

Landwirtschaftliche Betriebe in der BRD
nach Größenklassen (ab- bzw. aufgerundet)

Größenklasse	Zahl der Betriebe 1960	1971	1980 (Schätzung)
0,5– 2 ha	460000	280000	150000
2– 5 ha	385000	225000	100000
5–10 ha	345000	215000	100000
10–20 ha	285000	250000	215000
20–50 ha	120000	170000	205000
über 50 ha	15000	20000	25000
durchschnittl. Betriebsgröße	8,1 ha	11,0 ha	etwa 16 ha

Die Entwicklung der Landwirtschaftlichen Produktionsgenossenschaften in der DDR

Jahr	Zahl der LPGs	durchschnittl. Betriebsgröße	Anteil an der landwirtschaftlichen Nutzfläche
1952	1906	113 ha	3,4 %
1955	6047	212 ha	19,7 %
1960	19261	280 ha	85,0 %
1964	15861	341 ha	85,6 %
1967	14216	417 ha	85,8 %
1971	8327	650 ha	85,8 %

Weizenernte auf einer LPG

Aussiedlerhöfe, Birkach bei Stuttgart

Neue Lösungen in der westdeutschen Landwirtschaft

☐ **Maschinenringe.** Bei den meisten Flurbereinigungsmaßnahmen in der Bundesrepublik seit 1945 hatten die Planer die Absicht, bäuerliche Betriebe von 15–30 ha zu schaffen. Der Besitz sollte möglichst geschlossen in Hofnähe liegen. Deshalb mußte man Aussiedlerhöfe bauen. Man glaubte, nur eine vielseitige Produktion könne das Absatzrisiko verringern und dem Landwirt ein sicheres Einkommen garantieren. Solche gemischten Betriebe ließen sich damals ohne fremde Arbeitskräfte als sogenannte Familienbetriebe bewirtschaften. Herr W. ist ein solcher Aussiedler. Jetzt, zehn Jahre nach der Aussiedlung, klagt er:

„Durch den Kauf vieler Spezialmaschinen habe ich meinen Betrieb stark verschuldet. Ich habe jetzt 2 Schlepper, 1 Sämaschine, 1 Mähdrescher, 2 Ackerwagen, 1 Rübensetzmaschine, 1 Kartoffellegemaschine, 1 Kartoffelvollernter, 1 Anhängepflug, 1 Egge und 1 Dungstreuer – und das bei einer Nutzfläche von nur 17 ha! Hinzu kommt, daß selbst nach der Flurbereinigung die Feldstücke für eine rentable maschinelle Bewirtschaftung nach den heutigen Erkenntnissen zu klein sind."

Herr O. ist vor sechs Jahren einem Maschinenring beigetreten. Obwohl er seine Getreideanbaufläche auf 40 ha erweitert hat, besitzt er keinen eigenen Mähdrescher. Zur Erntezeit fordert er telefonisch einen Mähdrescher mit Fahrer an. Die Maschine gehört seinem Nachbarn, der sie auch selbst bedient und für die übrigen Mitglieder des Maschinenrings die Ernte einbringt. Herr O. weiß im voraus, was er für eine Arbeitsstunde zu bezahlen hat. – Außer Getreide baut er noch Kartoffeln, Zuckerrüben und Mais an. Auch die Aussaat und die Ernte dieser Ackerfrüchte übernimmt für ihn ein Mitglied des Maschinenrings. Er selbst besitzt außer einem neuen Schlepper nur einen Hochleistungshäcksler für Gras und Mais. Er ist Spezialist in der Bedienung dieser Maschine und schneidet im Herbst für seine Kollegen vom Maschinenring das Silofutter für den Winter. Mit dem Erlös kann er die Kosten für alle übrigen Maschinen, die er in seinem Betrieb braucht, bezahlen.

1 Ein gut geführter Maschinenring mit hundert oder mehr Mitgliedern braucht einen hauptamtlichen Geschäftsführer. Überlege, welche Aufgaben er hat.

2 Was muß Herr O. für die Getreideernte bezahlen? Vergleiche seine Ausgaben mit denjenigen von Herrn W. (Tabelle nächste Seite).

Betriebskostenvergleich	Betriebseigener Mähdrescher Beispiel: Betrieb W.	Einsatz eines Mähdreschers mit Fahrer für den Maschinenring Beispiel: Betrieb O.
Anschaffungspreis	15 900 DM	15 900 DM
Jährliche Leistung der Maschine	10 ha	200 ha
Gesamtkosten für die Bearbeitung von 10 ha	2 670 DM	1 350 DM

3 Seit seinem Beitritt zum Maschinenring kann Herr O. rentabler wirtschaften als früher. Führe mindestens drei Gründe dafür an.

4 Der Hochleistungshäcksler von Herrn O. wird im Herbst sechs bis acht Wochen lang eingesetzt. Nenne wenigstens drei Vorteile, die sich durch die bessere Auslastung der Maschine für die Mitglieder des Maschinenrings ergeben.

Betriebsgrößen der Mitglieder des Maschinenrings Neu-Ulm 1971

Größe	Zahl der Betriebe		Landwirtschaftliche Nutzfläche
bis 10 ha	60	19,0 %	450 ha
10–15 ha	83	26,4 %	1 104 ha
15–20 ha	82	26,0 %	1 410 ha
über 20 ha	90	28,6 %	2 513 ha

5 Wie hoch ist bei den Mitgliedern des Maschinenrings Neu-Ulm der Anteil der Klein- und Mittelbetriebe unter 20 ha?

6 Betrachte die graphische Darstellung unten. Wie hat sich der Bestand an eigenen Maschinen bei diesem Betrieb im Laufe von zehn Jahren verändert?

7 Viele Landwirte müssen für den Kauf neuer Maschinen Geld aufnehmen; die Zinsbelastung ist oft hoch. Bei welchem Maschineneinsatz sind in diesem Nebenerwerbsbetrieb die Betriebskosten am niedrigsten?

8 Seit 1972 hat der unten dargestellte Betrieb keine eigenen Maschinen mehr. Wie wirkt sich diese Umstellung auf die Betriebskosten und den Arbeitsablauf aus?

9 Wodurch unterscheiden sich Nebenerwerbsbetriebe von Vollerwerbsbetrieben? (Vgl. auch den folgenden Text.)

Überbetrieblicher Maschineneinsatz in einem Nebenerwerbsbetrieb

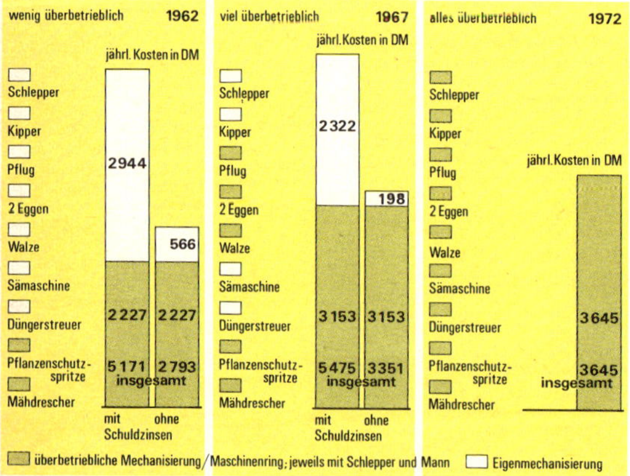

Landwirt L. ist Inspektoranwärter. Er besitzt 26 ha Ackerland. Als wir ihn besuchten, arbeiteten gleich zwei Kollegen vom Maschinenring auf seinen Feldern.

Frage: „Herr L., Sie lassen den größten Teil Ihrer Feldarbeiten vom Maschinenring ausführen?"

L.: „Richtig, und zwar aus Rationalisierungsgründen. So brauche ich nicht zu investieren, und ich komme auf jeden Fall billiger weg."

Frage: „Das heißt also, Sie kaufen keine Maschinen?"

L.: „Nein, absolut nicht. Ich habe Schlepper, Pflug und einige Geräte, mit denen ich die kleineren Arbeiten selbst erledigen kann."

Frage: „Der Maschinenring erspart Ihnen aber auch Arbeitskraft, nicht wahr? Und die brauchen Sie doch für Ihren neuen Beruf?"

L.: „Genau. Ich sehe darin eine Möglichkeit, den Betrieb weiterlaufen zu lassen, ohne zu verpachten." (8)

Anlieferung der Trauben bei der Genossenschaftskelter, Oberrotweil

□ Erzeugergemeinschaften

10 Viele Kaufläden tragen Bezeichnungen wie Edeka, GeKaWe, Co-op, Nanz, Spar usw. Erkundigt euch bei verschiedenen Einzelhandelsgeschäften, warum sie einer solchen Handelskette beigetreten sind.

Im Bereich der Landwirtschaft bilden sich immer mehr Erzeugergemeinschaften. So schlossen sich 1967 in Niederbayern die Schweinemäster aus 14 Landkreisen mit den Ferkelerzeugern zusammen. Herr P., der Geschäftsführer, organisiert für die 1450 Mitglieder den Transport und Verkauf der Schweine. Er bietet den Schlachthäusern in Straubing, Regensburg und München 3600–4000 Mastschweine in der Woche an. Dort beurteilen Klassifizierer die Qualität des Fleisches und teilen es in die Güteklassen E (Extra), I, II und III ein. Aufgrund seines gleichbleibend großen Angebots kann Herr P. einen günstigen Preis mit den Abnehmern aushandeln.

11 Welche Vorteile bringt die Fleischvermarktung (Totvermarktung) gegenüber der früher üblichen Lebendvermarktung (Tabelle unten)?

12 Landwirte, die dieser Erzeugergemeinschaft beigetreten sind, können erheblich höhere Gewinne bei der Schweinemast erzielen als zuvor. Gib mindestens drei Gründe dafür an.

13 Erzeugergemeinschaften gibt es heute nicht nur bei der Vermarktung von Schlachtvieh, sondern auch beim Weinbau, beim Saatgetreidebau, bei der Produktion von Frühkartoffeln, bei der Geflügelhaltung und bei der Fischerei. Warum profitieren Bauern in Gebieten wie Niederbayern besonders von der gemeinsamen Vermarktung (Atlas)?

	Einzelbauer	**Erzeugergemeinschaft**
Angebot pro Woche	Lebendvermarktung der Schweine über Zwischenhändler; geringe Stückzahlen in unregelmäßigen Abständen; bei Überangebot werden geringe Preise erzielt	3600–4000 Schweine, eigene Fleischvermarktung
Unkosten des Landwirts beim Verkauf eines Schweines	etwa 60 DM höherer Zeitaufwand	etwa 30 DM Arbeitsentlastung für den einzelnen Landwirt
Fleischqualität	Klasse I–III	80% des Angebots gehört der Klasse E und der Klasse I an. Herr P.: „Ein Schwein der Klasse III, das ja sehr fett ist, hat mehr gefressen als eines der Klasse E, aber es bringt viel weniger Geld.“

□ **Der Wirtschaftsring „Kornlingen" in Beckdorf.** 48 km südwestlich von Hamburg liegt der Ort Beckdorf im Landkreis Stade. Hier schlossen sich 1969 14 Betriebe mit 750 ha landwirtschaftlicher Nutzfläche zu einem Wirtschaftsring zusammen.

14 Studiere die Seite rechts. Wem gehört das Vieh in den einzelnen Ställen? Wer betreut es?

15 Seht euch die Organisation im Bereich der Schweinemast an. Wer trägt das Risiko bei fallenden Preisen für Schweinefleisch?

16 Nenne mehrere Vorteile der Arbeitsteilung in der Viehzucht.

∞ **17** Unter welchen Voraussetzungen kann ein solches Projekt gelingen? Diskutiert darüber.

∞ **18** Welchen Unterschied haben die Berufskollegen der Beckdorfer übersehen, wenn sie den Wirtschaftring Beckdorf mit einer Kolchose vergleichen?

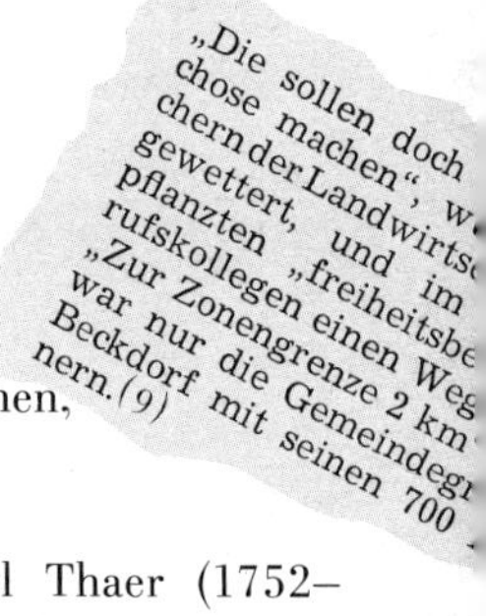
„Die sollen doch
chose machen", w
chern der Landwirts
gewettert, und im
pflanzten „freiheitsbe
rufskollegen einen Weg
„Zur Zonengrenze 2 km
war nur die Gemeindegr
Beckdorf mit seinen 700
nern. (9)

Der Begründer der landwirtschaftlichen Betriebslehre, Albrecht Daniel Thaer (1752–1828) stellte vor 150 Jahren den folgenden Lehrsatz auf: „Derjenige landwirtschaftliche Betrieb wird auf die Dauer am erfolgreichsten wirtschaften, welcher auf möglichst vielen Beinen steht." Dieser Lehrsatz blieb bis in die sechziger Jahre unseres Jahrhunderts bestimmend. Unter dem Druck der ständigen Kostensteigerung für Arbeitskräfte, Maschinen und Betriebsmittel sehen sich viele Bauern in jüngster Zeit zur Spezialisierung gezwungen. Schon spricht man von „Milchmeier", „Schweinemeier" oder „Geflügelfabrik". Mit der einseitigen Produktion ist aber auch ein erhöhtes Risiko verbunden.
Im Wirtschaftsring Beckdorf sollen durch die arbeitsteilige Produktion beide Grundsätze miteinander vereinigt werden. Man will die überbetriebliche Zusammenarbeit weiter ausbauen. Ein gemeinsames Düngerlager und der gemeinschaftliche Einkauf von losem Mineraldünger helfen die Kosten senken. Durch aufeinander abgestimmte Dünger- und Fruchtfolgepläne soll die Kooperation beim Feldanbau verstärkt werden.
Die Beckdorfer Landwirte sind besonders an einer Förderung des Fremdenverkehrs interessiert. Am Rande des Dorfes entstand eine Reithalle, die sich schon großer Beliebtheit erfreut. Auch für den Urlaub auf dem Bauernhof wird in Beckdorf geworben. Für Besucher aus dem Raum Hamburg denkt man an Ferienwohnungen. Vorbeifahrende Kunden sollen die frischen, hübsch verpackten landwirtschaftlichen Erzeugnisse selbst in einem Kiosk abholen können. Ein Kinderspielplatz und ein Gasthof sollen zum Verweilen einladen.

Wirtschaftsring Kornlingen: So ist in Beckdorf die gemeinsame Viehhaltung organisiert ▶

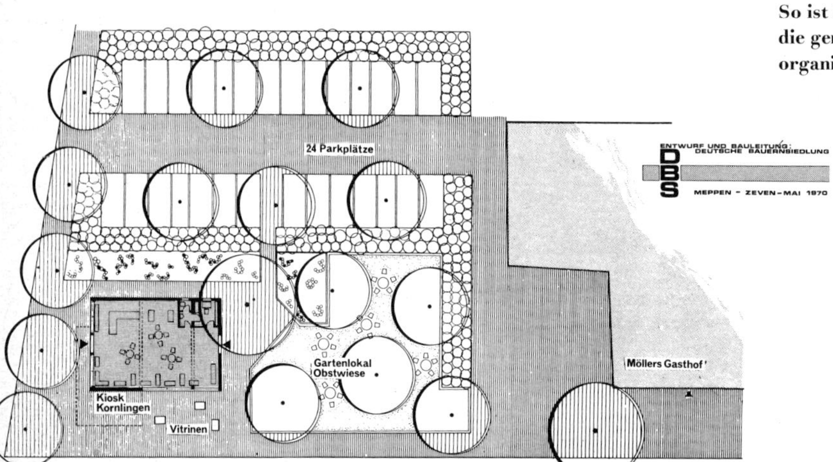

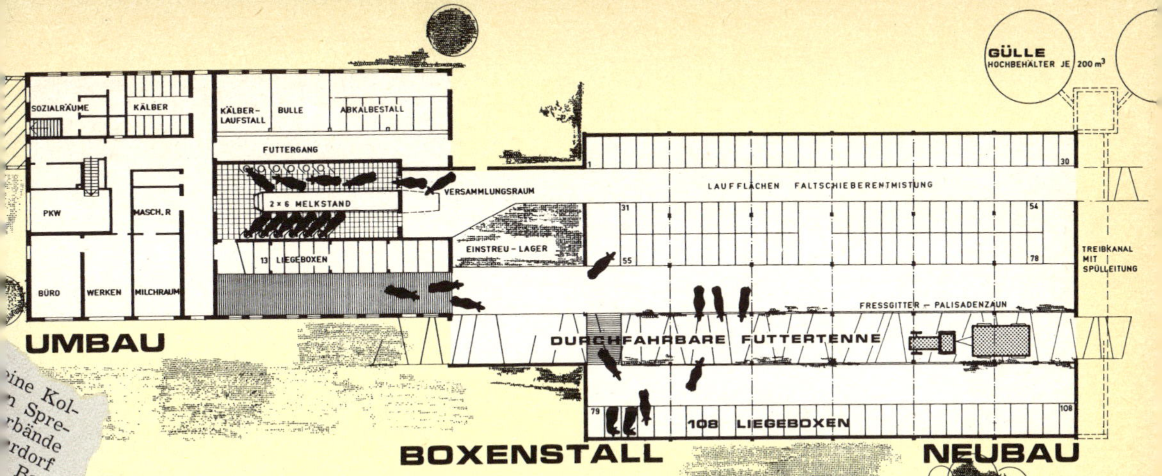

ine Kol-
n Spre-
rbände
rdorf
Be-
auf:
nt
n

WIRTSCHAFTSRING KORNLINGEN IN BECKDORF KREIS: STADE
– HEINRICH HÖPER –
GEMEINSCHAFTSKUHSTALL FÜR 120 KÜHE

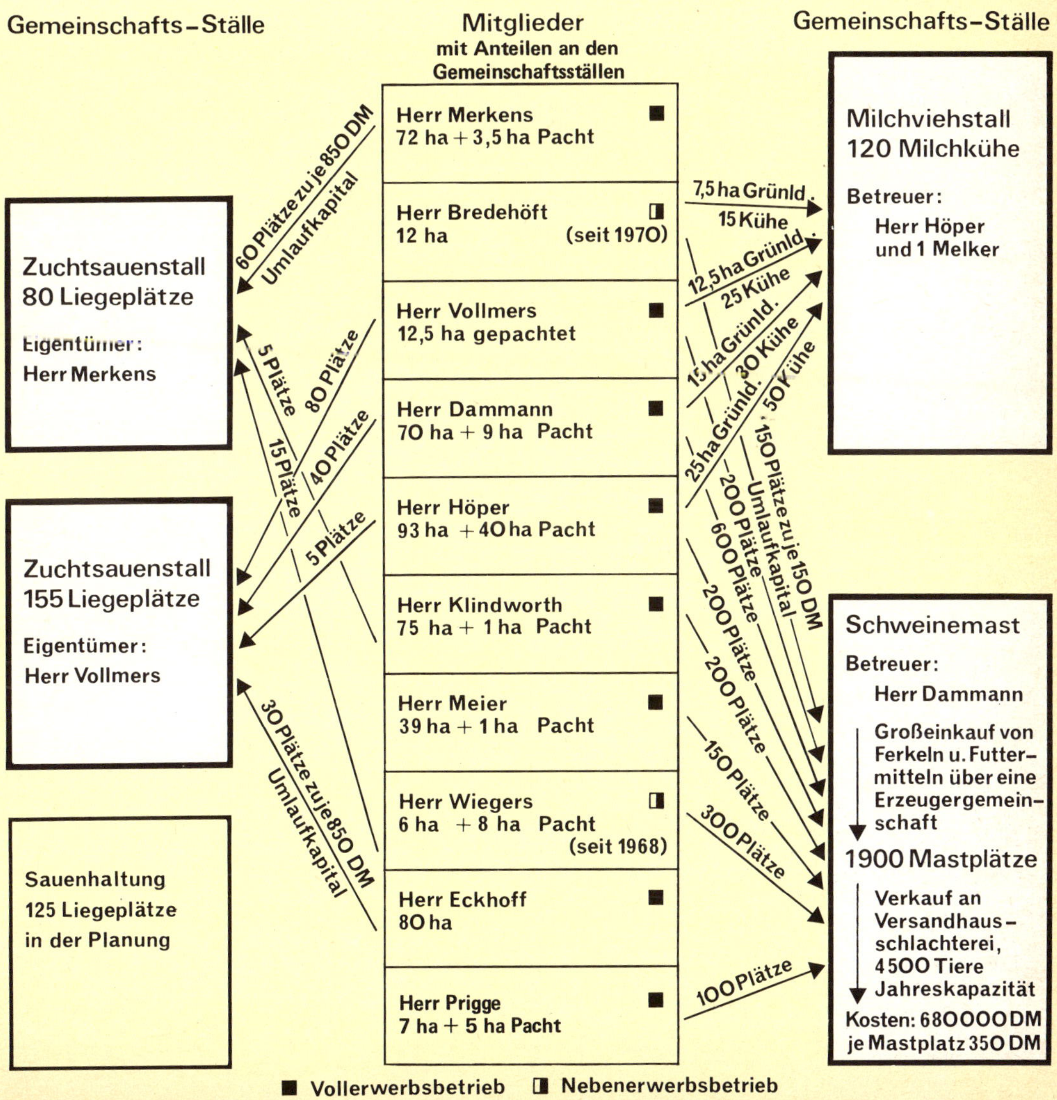

Wohnen in neuen Wohnvierteln

Wohnmaschine oder Häuschen?

□ **1** Betrachte die Werbungen auf der rechten Seite. Hast du den Eindruck, daß sie sachlich richtig informieren? Sprechen sie eher den Verstand oder eher das Gefühl an? Welche der beiden Werbungen überzeugt dich mehr?

Die Frage, ob du dich für ein Einfamilienhaus oder für eine Eigentumswohnung in einem Hochhaus entscheiden würdest, sollte nicht übereilt, sondern erst nach gründlicher Prüfung beantwortet werden. Das vorliegende Kapitel soll dich befähigen zu beurteilen,
- welche Vorteile, aber auch welche Nachteile Hochhäuser wie Einfamilienhäuser aufweisen,
- welche Überlegungen die Planer neuer Wohnviertel bei der Entscheidung für den einen oder für den andern Wohnhaustyp anstellen müssen,
- ob es gerechtfertigt ist, ein Wohnhochhaus als „Eigentumssilo“ zu bezeichnen.

Mehr als 500 Hochhausbewohner in vier Städten wurden etwa vier Jahre nach ihrem Einzug befragt, in welchem Haustyp sie am liebsten wohnen würden. Die Tabelle rechts zeigt das Ergebnis.

Am Rande der Wohnstadt Stuttgart-Asemwald

	Stuttgart in %	München in %	Wolfsburg in %	Hamburg in %
Wohnhochhaus	68	50	28	36
größeres Familienhaus (mehr als 6 Parteien)	1	3	2	5
kleineres Familienhaus (3–6 Parteien)	1	5	2	13
Zweifamilienhaus	3	2	4	4
Einfamilienreihenhaus	9	5	6	15
freistehendes Einfamilienhaus	17	33	57	27
Sonstiges	1	2	1	—
	100%	100%	100%	100%
Zahl der Befragten	145	129	120	130

⅄ **2** Rechne: Wieviele Personen wurden insgesamt befragt? Wieviel Prozent entschieden sich im Durchschnitt für die verschiedenen Wohnhaustypen?

⅄ **3** Für die Befragten kommen im wesentlichen nur zwei Haustypen in Frage. Welche?

∞ **4** Gibt es in deiner Gemeinde Wohnhochhäuser? Ließe sich eine Befragung der Bewohner durchführen?

∞ **5** Eine Befragung von Menschen, die noch nie in einem Hochhaus gewohnt haben,

* Sie können Ihr gutes Geld in eine Massen-Eigentumswohnung stecken. Mit -zig Nachbarn, rechts, links, oben und unten, wie in Ihrer Mietwohnung. Oder fürs gleiche Geld in einem großzügigen Komfort-Eigenheim leben. Mit Garten, viel Freiheit und absolutem Festpreis. Wie das möglich ist, zeigt Ihnen unser neuer, farbiger Beratungs-Katalog. Er präsentiert das...

wird vermutlich zu anderen Ergebnissen führen. Ließe sich auch eine solche Befragung in deinem Wohnort durchführen?
Beachte: Bei Befragungen dieser Art sollte man nicht die erste rasche Antwort auswerten. Die Befragten müssen Zeit zum Überlegen haben. Es empfiehlt sich, einen kleinen Fragebogen zu verteilen und zum Ausfüllen einige Tage Zeit zu lassen.

Werbeanzeigen zweier Wohnbaufirmen ▼ ▲

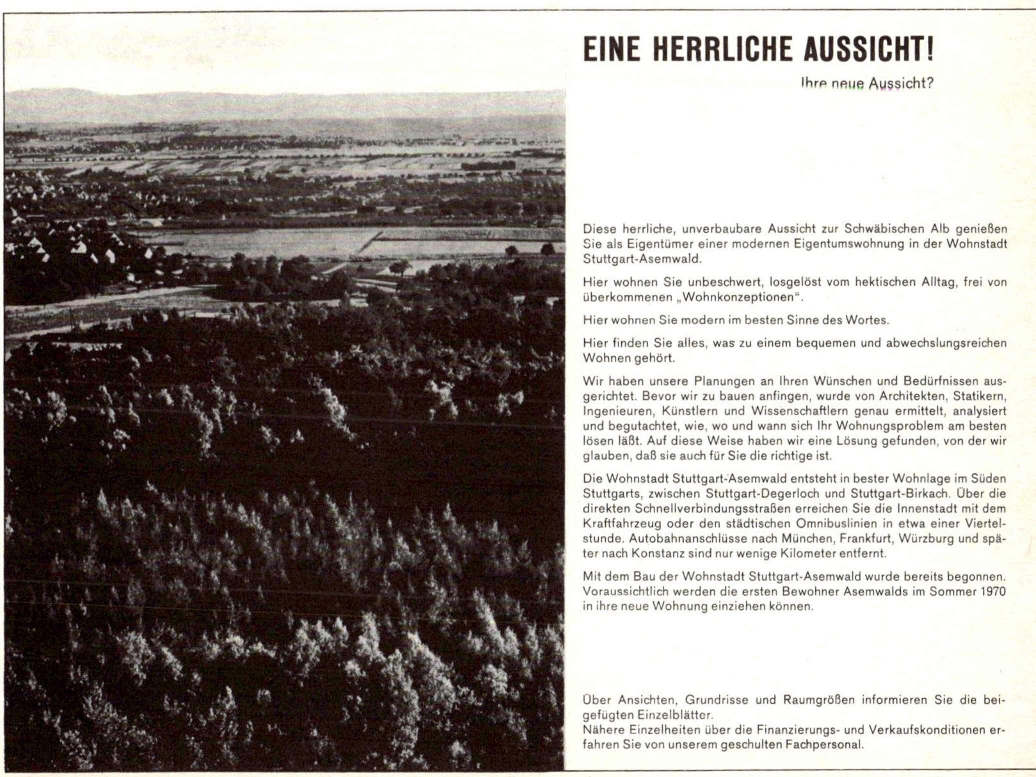

☐ Die Tabelle auf S. 40 zeigt: Man kann für oder gegen das Wohnen in Hochhäusern sein.

An Gründen, die **FÜR** das Hochhaus sprechen, werden genannt:

– In einem Hochhaus lebt man bequem. Einrichtungen wie Fahrstuhl, Müllschlucker, Türsprechanlage, zentrale Waschanlage erleichtern den Alltag.
– Man wird von Mitbewohnern nicht so beobachtet; jeder ist für sich, und keiner kümmert sich um den andern.
– Man lebt abgeschlossen und unbekümmert wie im Einfamilienhaus, aber man ist doch nicht so allein.
– Im Hochhaus gibt es weniger Streit als in kleineren Mietshäusern.
– Man sieht nichts vom Hausbesitzer.
– Es gibt einen Hauswart, der alles organisiert, so daß man sich um Heizölversorgung, Treppenhausreinigung und ähnliche Dinge nicht kümmern muß.
– Kinder finden genug gleichaltrige Spielkameraden.
– Das Hochhaus bietet breiteren Schichten der Bevölkerung einen Wohnkomfort, wie ihn früher nur die reichen Leute kannten.
– Vor allem von den höher gelegenen Stockwerken aus genießt man gewöhnlich eine prachtvolle Aussicht.
– Ein Hochhaus nutzt die Baufläche gut aus. Wenn es beispielsweise Wohnungen für 50 Parteien enthält, beansprucht es doch bedeutend weniger Platz als 50 Einfamilienhäuser. Es wirkt also der üblen Zersiedlung der Landschaft entgegen (siehe Bild S. 44).
– Wo mehrere Hochhäuser errichtet werden, entsteht auch mehr Platz für Grünflächen, Kinderspielanlagen und dergleichen als beim Bau anderer Haustypen, weil nach unseren Baugesetzen der Abstand zwischen den einzelnen Häusern um so größer gehalten werden muß, je höher die Gebäude sind.
– Hochhäuser verschönern das Stadtbild. Sie unterbrechen die Eintönigkeit, die modernen Wohnsiedlungen oft anhaftet.

GEGEN das Hochhaus wird angeführt:

– In einem Hochhaus leben zuviele Menschen. Das fördert die Vermassung. Der einzelne fühlt sich wie ein Insekt in einem Insektenstaat, unwichtig und auswechselbar.
  Zwischen den Bewohnern besteht weniger Kontakt als bei anderen Haustypen.
  Vor allem ältere Menschen vereinsamen.
– Man ist der Hausordnung unterworfen; weder im Haus noch um das Haus herum kann man schalten und walten, wie man will.
– Man hat keinen Garten.
– Kleinere Kinder können das Haus nicht selbständig verlassen, um zu den Spielplätzen zu gelangen, und sie können dort auch nicht durch die Mütter vom Fenster aus beaufsichtigt werden.
– Die Flächennutzung ist nicht die allergünstigste, da ja die Abstände um so größer gehalten werden müssen, je höher die Häuser sind.
– Oft verschandeln die riesigen Betontürme Stadt und Landschaft.

6 Unterscheide: Einige der Gründe für oder gegen das Wohnen im Hochhaus werden von Bewohnern, andere von Architekten und Städteplanern angeführt.

⅄ **7** Streiche die Gründe an, die auch für dich eine Rolle spielen und deine Wohnhauswahl beeinflussen würden.

8 Einige Tatsachen werden sowohl unter den Vorzügen als auch unter den Nachteilen genannt.

□ Auf einem bewaldeten Hügel am Rande Stuttgarts erheben sich drei Riesenblöcke, die Wohnstadt Asemwald. Jeder Block ist 135 m lang, 70 m hoch und bietet Wohnraum für rund 1200 Menschen. 21 verschiedene Wohnungstypen standen den Käufern zur Wahl. Außerdem ließ sich der Grundriß jeder Wohnung durch Einbau oder Entfernen von Trennwänden nach Wunsch verändern. Tiefgaragen bieten 1144 Fahrzeugen Platz.
Zur Wohnstadt Asemwald gehören Gemeindesäle und Kindergarten, Supermarkt, Sparkassenfiliale, Blumenladen, Textilgeschäft, Schuhgeschäft, Schreib- und Spielwarenladen, Chemische Reinigung, Friseur, Apotheke, Drogerie, Tabakladen mit Toto/Lotto, Postnebenstelle, Konditorei mit Café, Kegelbahn, Diskothek, ferner Erholungs- und Sporteinrichtungen wie Solarien mit Sonnenschutz, Windschutz und Duschen, Hallenbad, Sauna mit Massageräumen, Dachterrassenrestaurant, Tennisplätze mit Clubhaus, Ballspielplatz, Rollschuh- und Eislaufplatz, Bocciabahn, Freilichttheater, Kinderspielplätze für alle Altersstufen, Aussichtsplattform, Großschachanlagen, Park-, Grün- und Wasserflächen.
Zu den Käufern der insgesamt 1143 Eigentumswohnungen gehören Direktoren, Ärzte, Ingenieure, Angestellte und Beamte, Handwerker, Arbeiter und Kaufleute, also Angehörige vieler Schichten und Berufe.
Alle Wohnungen sollten ursprünglich in einem einzigen langgestreckten Block untergebracht werden. Er wurde in der Öffentlichkeit „Hannibal" genannt. In den Tageszeitungen und im Gemeinderat wurden ernste Einwände gegen ihn erhoben: Es sei unmenschlich, solche Riesenblöcke als Wohnbauten anzubieten. Die Menschen würden sich darin wie Ameisen vorkommen, winzig und verloren. Solch ein Koloß würde das Landschaftsbild verschandeln.

Die Wohnstadt Stuttgart-Asemwald

Die Zeitung „Die Welt“ hat Bewohner der heutigen Wohnstadt Asemwald dazu befragt. Einige Antworten: „Wenn Sie hier die Tür hinter sich zumachen, kann Ihnen alles egal sein, man hört und sieht nichts“, sagen die Bewohner der höheren Stockwerke. Selbst die früheren „Häusle-Bewohner“ haben sich bereits daran gewöhnt, daß die große, von keinem Nachbarn einsehbare Terrasse jetzt ihr Garten ist. Eine Kinderärztin äußert sich so: „Die alten Leute – und es wohnen ja sehr viele kinderlose ältere Ehepaare hier – sind möglicherweise sehr allein. Für meinen Mann und mich war der Umzug allerdings kein Durchringen zu einer völlig neuen Wohnform. Wir haben es begrüßt, daß wir endlich nichts mehr mit Schneeschippen, Heizölbestellung und der berühmten baden-württembergischen Kehrordnung vor dem Haus zu tun haben.“ Ein anderer Befragter meinte: „Wer sich hier isoliert fühlt, ist selbst schuld, der wäre auch in einer Kleinsiedlung mit wimmelndem Leben um ihn herum allein.“

9 Viele Einrichtungen der Wohnstadt Asemwald stehen allen Bewohnern zur Verfügung, sie sind z. T. gemeinsames Eigentum. Man braucht deshalb einen „Verwaltungsbeirat“, der sich aus Wohnungseigentümern zusammensetzt. Hausfrauen und Juristen sind dafür besonders gefragt. Überlege, welche Fragen der Verwaltungsbeirat zu besprechen hat.

10 Aus einer Broschüre der Baugesellschaft „Neue Heimat“, die die Wohnstadt gebaut hat: „Für ein Land von der hohen Bevölkerungsdichte der Bundesrepublik ist eine konzentrierte Bebauung die einzig mögliche Konsequenz.“ Für das Projekt mit seinen 1143 Wohnungen waren rund 16 ha Baugelände erforderlich. Ein Einfamilienhaus beansprucht durchschnittlich 600 bis 800 m².

∞ **11** 51 Eigentümer angrenzender Grundstücke erhoben bei Gericht Einspruch gegen den Bau. Ihre Klage wurde abgewiesen. Wie beurteilst du diese Entscheidung?

∞ **12** Stuttgart gab das Bauland zu einem sehr günstigen Preis ab. Die Wohnungen sollten nicht zu teuer werden. Eine Eineinhalbzimmer-Wohnung (46 m²) wurde für 60000 DM angeboten. Nur 25000 DM Eigenkapital waren erforderlich. Der Rest konnte mit monatlich 200 DM abbezahlt werden. Preis einer Vierzimmer-Wohnung (103 m²): 154000 DM; erforderliches Kapital: 62000 DM, monatliche Tilgungsrate: 700 DM. Schon nach wenigen Monaten verkauften etliche Eigentümer ihre Wohnungen weiter und erzielten dabei Gewinne bis zu 60000 DM! Hätte man solche Spekulationen verhindern können?

„Zersiedelte“ Landschaft

☐ **FÜR** das Einfamilienhaus spricht:

- Im Einfamilienhaus lebt man verhältnismäßig ungestört und genießt mehr Wohnfreiheit als in jedem andern Haustyp.
- Der Bauherr hat die Wahl zwischen zahlreichen Modellen und kann die Raumaufteilung seinen Bedürfnissen entsprechend bestimmen.
- Das Haus ist von einem Garten umgeben.
- Kein anderer Haustyp ist so kinderfreundlich.
- Es vermittelt Freude am eigenen Besitz.

GEGEN das Einfamilienhaus lassen sich folgende Argumente anführen:

- Bau und Unterhalt des Einfamilienhauses sind vergleichsweise teuer.
- Das Einfamilienhaus „frißt" viel Bauland.
- Viele Bauherren können sich das teure Bauland in Stadtnähe nicht leisten. Sie bauen deshalb im weiteren Umkreis, wodurch die Landschaft weithin zersiedelt wird.
- Siedlungen, in denen sich Häuschen an Häuschen reiht, sind trostlos langweilig und retten den Menschen nicht vor der Vermassung.
- Im zersiedelten Umland einer Stadt entstehen Verkehrsprobleme, die immer schwieriger zu lösen sind.
- Das Einfamilienhaus macht mehr Arbeit als jeder andere Wohnhaustyp (Garten, Hauspflege, Versorgung, Straßenreinigung).
- Sind die Kinder erwachsen, ist das Haus für die alternden Eltern zu groß.
- Für ältere Bewohner ist es schwer, Haus und Garten instandzuhalten.

13 Auch hier läßt sich feststellen, welche Argumente von Bewohnern und welche von Städtebauern und Siedlungsplanern gebraucht werden.

14 Streiche die Argumente an, die auch für dich eine Rolle spielen würden.

15 Jeder Mensch hat das Recht, die Wohnform anzustreben, die seinen Wünschen entspricht. Gibt es deiner Meinung nach Fälle, in denen dieses Recht eingeschränkt werden darf?

16 Kennst du in deiner Umgebung eine Landschaft, die du „zersiedelt" nennen würdest?

17 Gibt es nun in eurer Klasse Anhänger des Wohnens im Hochhaus und solche des Wohnens im Einfamilienhaus? Ein Streitgespräch PRO und CONTRA ließe sich organisieren.

Individuelles Wohnen im Einfamilienhaus?

Verschwenden wir Bauland?

☐ Im Jahre 1972 wurde auf dem Kongreß „Städtebau und Umwelt“ in Berlin gefordert, die „landzerfressende Zersiedlung“ müsse unterbunden werden.
In einem Buch über Städtebau aus dem Jahre 1970 heißt es: Es steht fest, daß die Baulandverschwendung, wie wir sie insbesondere im Vorfeld der großen Städte erleben, aufhören muß (W. Müller, Städtebau).
Schon im vorigen Kapitel war von der Gefahr der Zersiedlung die Rede. Die Erbauer von Hochhäusern wollten ihr begegnen. Daß aber nicht überall nur noch Wohnhochhäuser errichtet werden können, liegt auf der Hand. Welche Wohnhaustypen bieten sich an?

1 Betrachte die folgenden Abbildungen und vergleiche die dazugehörigen Angaben.

◀ **Freistehendes Einfamilienhaus**

Vorteile: Unabhängigkeit vom Nachbarn.
Vor allem in ländlichen Gebieten leicht zu planen.
Grundstück: 600–1500 m²
Breite: etwa 20 m
Erzielbare Wohndichte:
40–60 E./ha

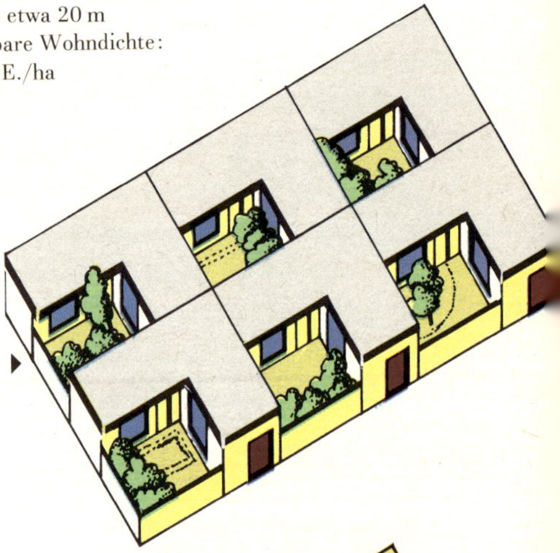

Gartenhofhaus (Atriumhaus) ▶

Vorteile: Ungestörtes Wohnen.
Grundstück: 150–200 m²
Breite: 5–7,5 m
Erzielbare Wohndichte:
150–200 E./ha

Einfamilienreihenhaus ▼

Gefahr gegenseitiger Störung.
Grundstück: 150–200 m²
Breite: 5–7,5 m
Erzielbare Wohndichte:
150–200 E./ha

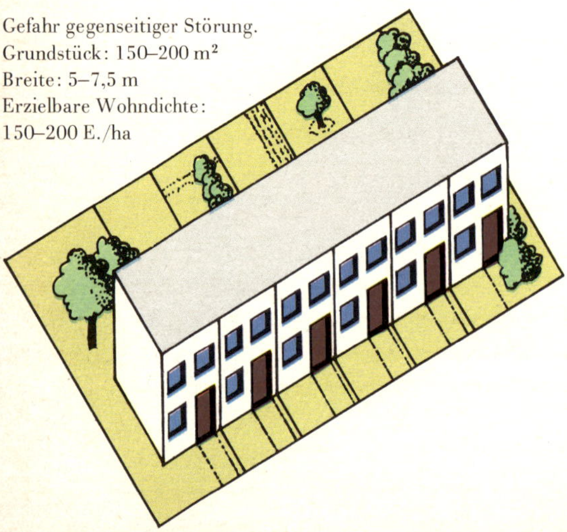

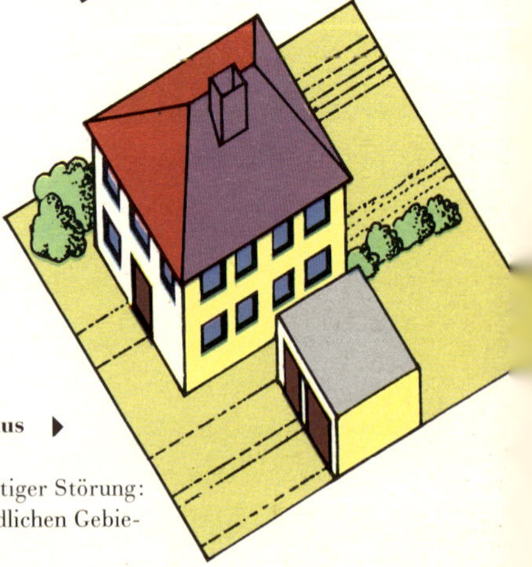

Freistehendes Zweifamilienhaus ▶

Gefahr gegenseitiger Störung: vor allem in ländlichen Gebieten viel gebaut.
Grundstück 700–1500 m²
Breite: ungefähr 20 m
Erzielbare Wohndichte:
80–120 E./ha

Wohnblock (gereiht) ▸

„Zweispänner“: an jeder Treppe zwei Wohnungen in jedem Stockwerk.
Häufigste Form des Miethauses.
Gefahr gegenseitiger Störung.
Breite jedes Abschnitts 18 m
Tiefe: etwa 10 m
Erzielbare Wohndichte:
250–400 E./ha

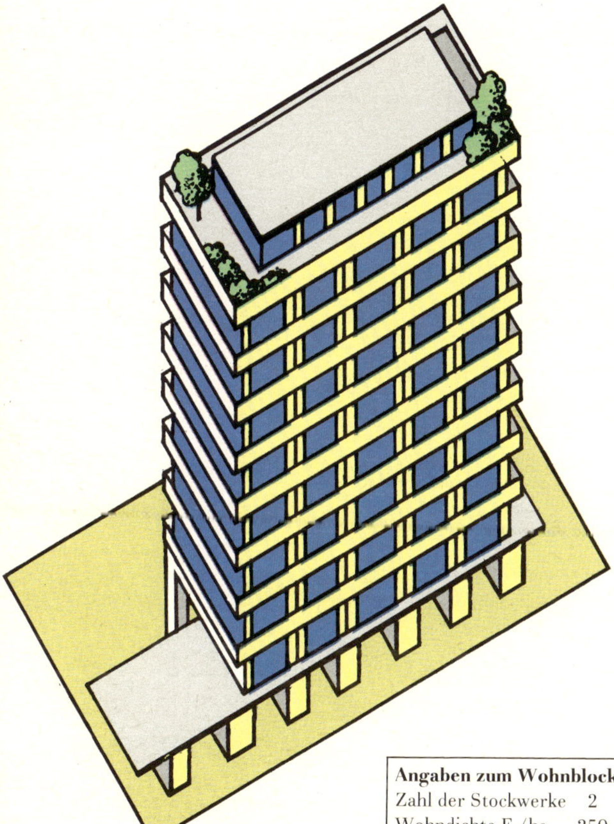

◂ **Wohnhochhaus** (freistehend)

Bei mehr als vier Stockwerken Aufzug und Müllschlucker;
auf jedem Stock vier Wohnungen.
Hat das Haus mehr als acht Stockwerke, wird es als Hochhaus bezeichnet. (Nach den gesetzlichen Richtlinien der BRD gilt ein Gebäude als Hochhaus, wenn „der Fußboden eines zum dauernden Aufenthalt von Menschen dienenden Raumes mehr als 22 m über dem Gelände liegt.“ Das entspricht neun Stockwerken.)
Hochhäuser, deren Verkehrsschacht im Zentrum liegt, heißen „Punkthäuser“. Bei langgestrecktem Grundriß spricht man von Scheibenhäusern.
Erzielbare Wohndichte: 240–380 E./ha

Angaben zum Wohnblock und Wohnhochhaus

Zahl der Stockwerke	2	3	4	6	8	10	12	14
Wohndichte E./ha	250	335	360	375	372	360	346	338

2 Welcher Wohnhaustyp empfiehlt sich, wenn eine möglichst hohe Wohndichte erzielt werden soll?

∞ **3** Mit welchem Haustyp wird die geringste Wohndichte erzielt?

4 Welche Wohnhaustypen entstehen in den neuen Wohngebieten deines Wohnorts am häufigsten? Findest du dafür eine Erklärung? Werden auch Einfamilienhäuser zugelassen?

5 Arbeite mit der Tabelle oben. Bei wieviel Stockwerken wird die höchste Wohndichte erzielt? Wie erklärst du dir, daß die Wohndichte mit wachsender Stockwerkzahl nicht automatisch zunimmt?

Die Planung neuer Wohnviertel

□ Nach dem Zweiten Weltkrieg wuchs die Bevölkerung vieler deutscher Städte so rasch, daß man neue Wohnviertel schaffen mußte. Die Siedlung „Freiburg-Landwasser" ist eines davon. Freiburg i. Br. war nach München die Großstadt mit dem stärksten Wachstum (1950: 110000 E.; 1970: 166000 E.). Zu Beginn der sechziger Jahre beschloß der Gemeinderat, auf der Gemarkung im Oberrheinischen Tiefland einen Stadtteil für zunächst 9000 Bewohner entstehen zu lassen. Die Planer hatten u.a. folgende Vorstellungen:

- Das Zentrum Freiburgs muß von dem neuen Viertel aus leicht erreichbar sein (5km).
- Es sollen nicht nur Wohnungen, sondern auch Arbeitsplätze geschaffen werden.
- Die Bebauung soll eine möglichst hohe Wohndichte ermöglichen, damit nicht zuviel vom grünen Umland der Stadt verlorengeht.
- Die Längsachsen der Gebäude sollen in der Regel von Norden nach Süden verlaufen,

Plan der Wohnsiedlung Freiburg-Landwasser

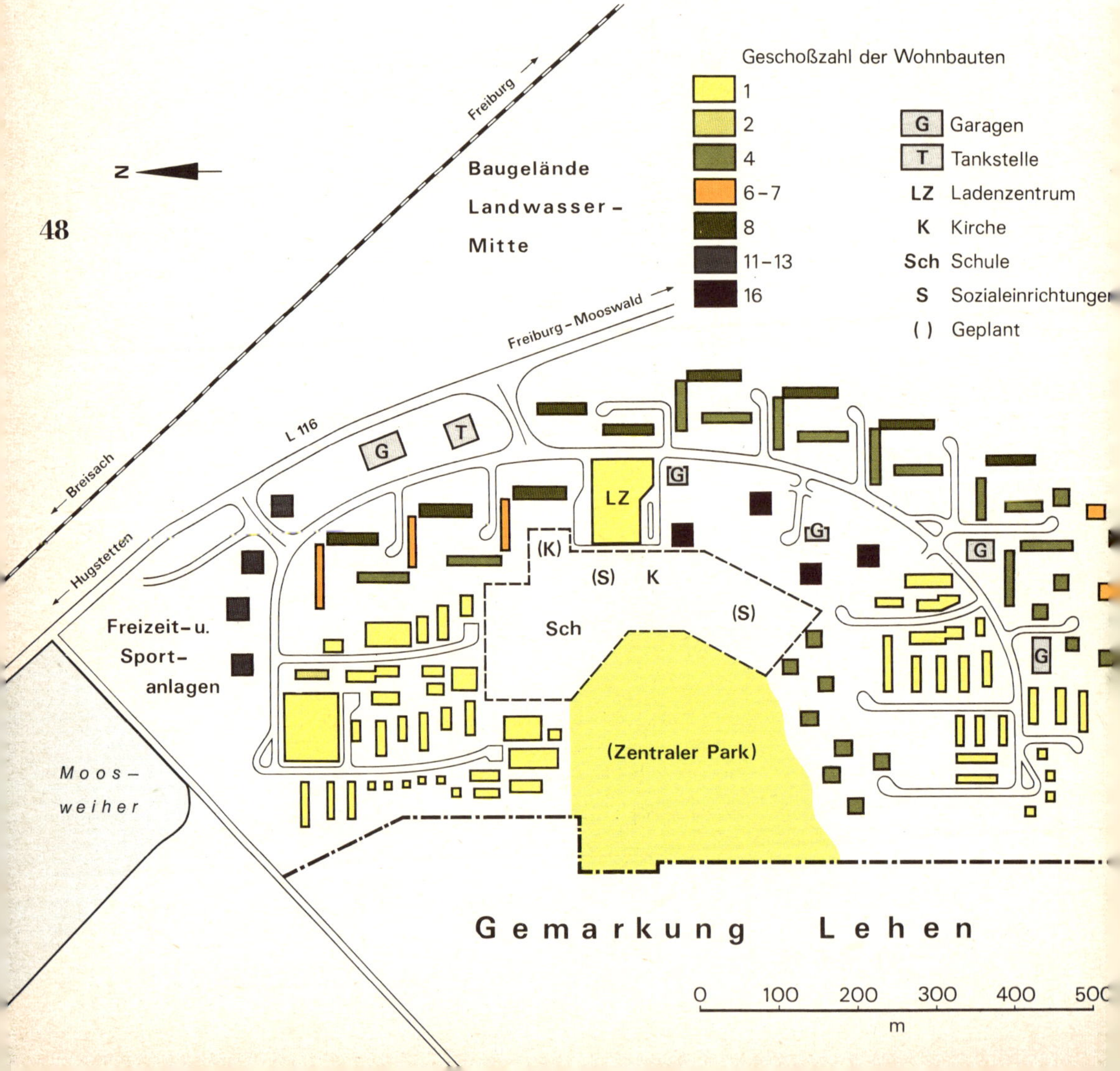

damit die Wohnseiten mit den Balkonen Nachmittags- und Abendsonne erhalten.
- Die Bebauung soll nicht eintönig sein; Gebäude von unterschiedlicher Höhe sollen der Siedlung ein abwechslungsreiches Profil geben; auch soll das ganze Viertel übersichtlich und offen erscheinen.

1 Betrachte den Plan und das Foto von Freiburg-Landwasser. Welche Vorstellungen der Planer sind verwirklicht worden?

2 Das Foto zeigt Freiburg-Landwasser zwischen zwei älteren Siedlungen: rechts oben die „Mooswaldsiedlung", im Vordergrund eine Siedlung der Nachbargemeinde Lehen. Ein interessanter Vergleich vom Siedlungsbau der fünfziger Jahre mit dem der sechziger Jahre. Beide früheren Siedlungen erschienen den Freiburger Planern nicht mehr vorbildlich. Welche Einwände werden sie gehabt haben?

3 Betrachte den Plan. Wie beurteilst du die Lage des Ladenzentrums und die der öffentlichen Einrichtungen?

Die Wohnsiedlung Freiburg-Landwasser 1971

□ Freiburg-Landwasser schien fortschrittlich und vernünftig geplant. Trotzdem machte die neue Siedlung den Stadtvätern bald ernste Sorgen. Die Äußerungen von Leuten aus Landwasser stammen aus dem Jahre 1968:

„Die Siedlung ist einfach häßlich; überall grauer Waschbeton, das geht auf die Nerven."

„Hier wohnt keiner länger, als er muß. Wer kann, der zieht wieder weg."

„Man weiß ja, daß in Landwasser die Kriminalität höher ist als in andern Stadtteilen, vor allem die Jugendkriminalität. Man fühlt sich hier nicht mehr sicher."

„Jeder geht am andern vorbei. Es gibt nichts, was die Leute verbindet. Eigentlich kommt man nur hierher, um zu schlafen; Landwasser ist eine ausgesprochene Schlafstadt. Es gibt hier keine Arbeitsmöglichkeiten. Da ist viel fehlgeplant, und die Stadt hat auch ihre Versprechungen nicht gehalten. Auf den Parkplätzen versinken unsere Autos heute noch im Dreck."

„Man denke: hier leben so viele Menschen wie in einer Kleinstadt, und es gibt nicht ein einziges gemütliches Restaurant! In das piekfeine Hotel, das sie da gebaut haben, mag man sich nicht setzen."

Vier Jahre später schien Landwasser gerettet. 1973 galt es als angenehmes und nicht zu teures Wohngebiet. Die Bewohner waren aktiv geworden und hatten einen Bürgerverein gegründet, der die Mißstände beseitigen wollte. Ihm gelangen im Verein mit den Sozialplanern der Stadt entscheidende Veränderungen: Die Einkaufsmöglichkeiten wurden verbessert, zwei provisorische Kindergärten geschaffen, ein „Haus der Begegnung" gebaut. Als besonders gelungen gilt auch das evangelische Gemeindezentrum, das einen Kindergarten, zwei Versammlungsräume und ein „Dialog-Café" umfaßt. Ohne die Hilfe der Stadt hätte der Bürgerverein seine Ziele nicht erreicht. Aber auch umgekehrt gilt: Ohne die Initiative der Bürger hätte die Stadt ihre neue Siedlung nicht retten können.

4 Stelle zusammen, woran die Planer neuer Siedlungen denken müssen.

5 Vielen neuen Wohnvierteln wird vorgeworfen, sie seien einfallslos, seelenlos, langweilig, architektonisch und städtebaulich mißlungen, trotz grüner Rasenflächen und bunter Jalousien farblos, unpersönlich. Kennst du neuere Wohnsiedlungen? Wie beurteilst du ihr äußeres Bild?

6 Betrachte das Profil der Häusergruppe unten. Es stellt einen Teil der Frankfurter Nordweststadt dar. Worauf wurde hier Wert gelegt? Vergleiche damit die Profile älterer Siedlungen, die dir bekannt sind.

∞ **7** Zur Diskussion: „Städte werden produziert wie Automobile" (Alexander Mitscherlich).

Verkehr in der Frankfurter Nordweststadt – Zeichnung eines Planers

Die „Erschließung" neuer Wohnviertel

□ Wohngebiete, in denen wir nicht von Autos gefährdet und belästigt werden, gefallen uns. Die Planer der Frankfurter Nordweststadt haben sich die Trennung von Auto- und Fußgängerverkehr so vorgestellt, wie es die Zeichnung oben zeigt.

Der Text zu diesem Bild lautet:

„Man kann von jedem beliebigen Punkt zu jedem beliebigen Punkt der Nordweststadt zu Fuß gehen, ohne mit einem Auto etwas zu tun zu haben. Hier spaziert man, hier ruht man aus, hier trifft man sich, die Kinder spielen, die Alten schwätzen. Durch die ganze Stadt."

Man kann natürlich die Autos nicht einfach aus einer neuen Siedlung verbannen. Die Aufgabe der Planer neuer Wohnviertel muß also heißen: Wie erreichen wir, daß die Bewohner mit ihren Autos zu ihren Wohnungen gelangen und daß die eigentlichen Wohngebiete trotzdem autofrei bleiben?

1 Die Stadtplaner kennen verschiedenartige Erschließungssysteme. Vergleiche und kommentiere die Abbildung ① und den Plan der Nordweststadt auf der nächsten Seite.

▲ **Rastersystem einer älteren Siedlung:** Alle Straßen gleichberechtigt, alle Häuser längs der Straße (alle Straßen sind heute für Autoverkehr frei).

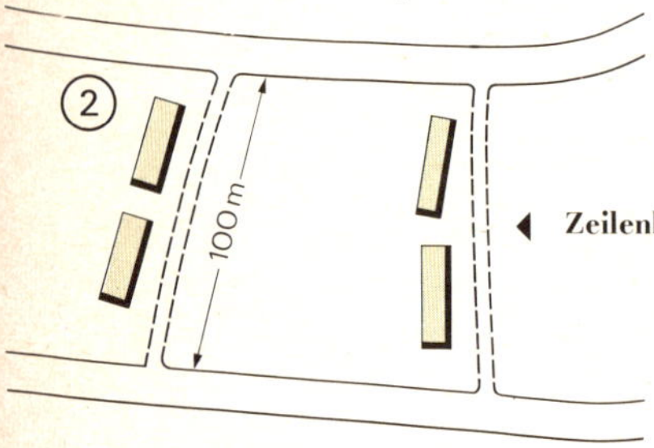

◀ **Zeilenbau mit Wohnwegen**

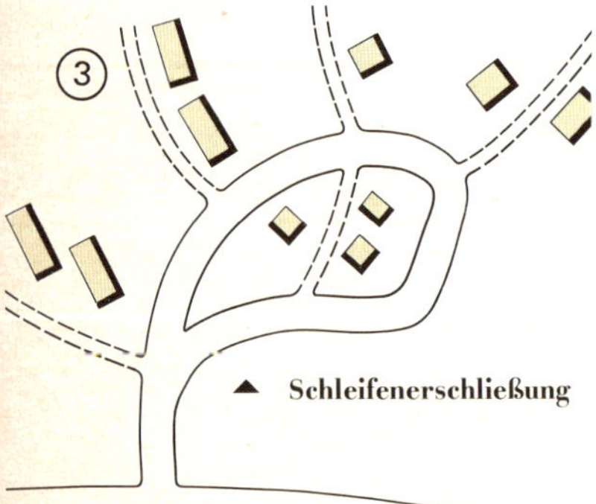

▲ **Schleifenerschließung**

▼ **Einhangerschließung**

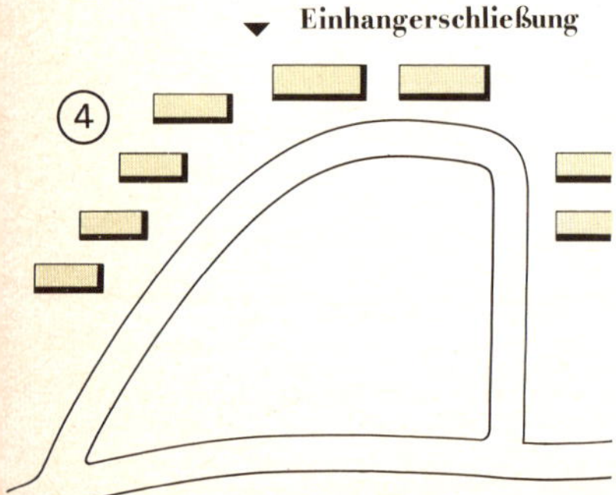

2 Löschwagen der Feuerwehr und die Fahrzeuge der Müllabfuhr müssen nahe genug an die Wohnhäuser heranfahren können. Stelle fest: Welches ist die größte Entfernung zwischen Fahrstraße und Wohnung in der Nordweststadt?

3 Welche Probleme ergeben sich für den Autoverkehr und für das Parken in einem Wohngebiet nach dem System ①?

4 Die Abbildungen ②, ③ und ④ zeigen weitere Erschließungssysteme. Kommentiere sie. Welches System ist in Freiburg-Landwasser gewählt worden?

5 Der Plan rechts oben zeigt einen Teil einer neuen Siedlung. Wie könnte man sie erschließen? (Beim Planen werden natürlich nicht zuerst die Häuser gebaut und dann die Straßen überlegt, wohl aber verfolgt man die Absicht, die Häuser richtig zur Sonne zu stellen und sie auch nicht an einer Straße aufzureihen.)

a) Umrande zunächst die Häuser, die eine geschlossene Gruppe bilden.

b) Überlege, wie man die Hauptverkehrsadern ziehen könnte.

c) Trage die Stichstraßen ein oder wähle ein anderes Erschließungssystem, das dir geeignet erscheint.

Plan der Nordweststadt Frankfurt (Ausschnitt). Die Häuser bilden ungleiche Gruppen. Von der Verkehrsstraße aus Stichstraßen mit Wendeplätzen. Bei jeder Häusergruppe Tiefgaragen (auf dem Plan nicht eingezeichnet). ▼

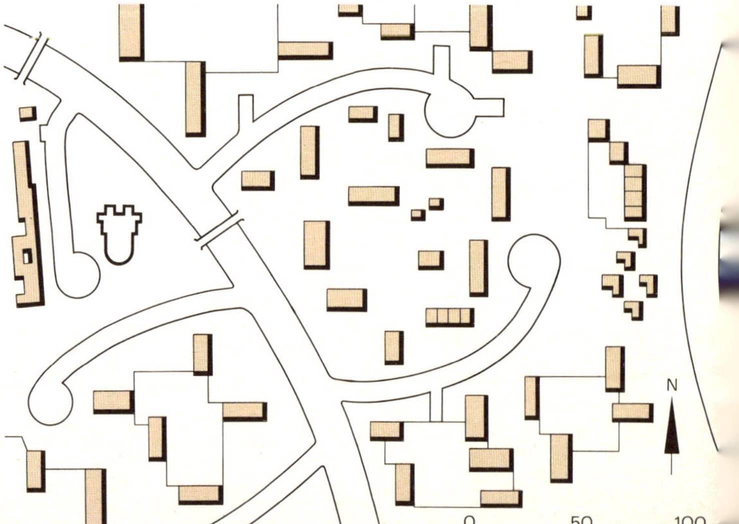

Beachte: Keine Wohnung soll mehr als 50 m von einer Autostraße entfernt sein; keine Autostraße soll in eine Häusergruppe hineinführen.

6 Entwirf selbst den Plan einer Wohnsiedlung, in der Auto- und Fußgängerverkehr getrennt sind.

7 Baut das Modell einer Wohnsiedlung, die mehrere Forderungen erfüllt:

– Die Häuser sollen überwiegend in nord-südlicher Richtung stehen, damit die Wohnräume Nachmittags- und Abendsonne erhalten.
– Die Häuser sollen unverwechselbare Gruppen bilden, möglichst mit abgestuftem baulichem Profil (vgl. Abb. ③ und die Zeichnung S. 50).
– Auto- und Fußgängerverkehr sollen getrennt sein.
– Alle Versorgungseinrichtungen für den täglichen Bedarf sollen vorhanden sein.
– Die Versorgungseinrichtungen sollen so liegen, daß niemand zu weite Wege zurücklegen muß.

Schüler bauen das Modell einer Wohnsiedlung

Modern und menschenwürdig wohnen

□ Die Gemeinden sind daran interessiert, daß in ihren neuen Wohngebieten eine hohe Wohndichte erzielt wird. Der einzelne hat auf der anderen Seite das Recht, menschenwürdig zu wohnen. Ob im Einfamilienhaus oder im Hochhaus – eine Wohnung muß bestimmten Anforderungen genügen.
Mit Hilfe des folgenden Fragenkatalogs kannst du die Qualität einer Wohnung, etwa eurer eigenen, beurteilen:

① Ist die Lage verkehrsgünstig? (Entfernung zu öffentlichen Verkehrsmitteln, zu Einkaufszentren, zu Arbeitsplätzen, Schulen, Erholungsgebieten)
② Ist die Lage gesund? (Nähe von Grünanlagen, Störgefahr durch Abgase, Rauch, Gerüche, Lärm, gute oder unzureichende Besonnung, Nebelhäufigkeit, Feuchtigkeit, Schutz gegen Winde)
③ Ist die Wohnung groß genug? (Die Ansprüche in der BRD steigen z. Z. von 25 auf 30 m^2/E.
④ Ist die Wohnung eine abgeschlossene Einheit mit eigener Wohnungstür?
⑤ WC innerhalb der Wohnung?
⑥ WC und Bad getrennt? (Bei mehr als 2 Personen erwünscht, bei mehr als vier Personen notwendig.)
⑦ Dusche und Wannenbad vorhanden?
⑧ Schlafräume günstig besonnt? (Ost- oder Südostlage)
⑨ Ist ein Wohnbalkon von ausreichender Größe vorhanden? (Läßt sich ein Tisch stellen?)
⑩ Küchenbalkon vorhanden?

⑪ Speisekammer vorhanden?
⑫ Abstellraum in ausreichender Größe vorhanden?
⑬ Vorratskeller (kühl und trocken) vorhanden?
⑭ Sind alle Räume vom Flur aus zugänglich?
⑮ Ist die Wohnung gut isoliert? (Störungen durch Nachbarn)
⑯ Sind alle Räume beheizbar?
⑰ Zentralheizung?
⑱ Aufzug vorhanden? (Bei mehr als vier Stockwerken erforderlich.)
⑲ Müllschlucker vorhanden? (Erforderlich bei Wohnungen, die mehr als vier Stockwerke hoch liegen; wirksamer Geruchverschluß wichtig.)
⑳ Sind die Bodenbeläge hygienisch, pflegeleicht, wohnlich?
㉑ Küche und Bad gekachelt?
㉒ Küche zweckmäßig? (Einbauküche, kurze Arbeitswege, aber genügend Platz für Kühlschrank, Geschirrspülmaschine, Herd, Arbeitsfläche; gute Entlüftung)
㉓ Doppelfenster?
㉔ Wasser- und Energieversorgung vollständig? (Lichtstrom, Kraftstrom, Gas, Wasser, Warmwasser)
㉕ Fernsprechanschluß vorhanden?
㉖ Einbauschränke vorhanden?
㉗ Wandbekleidung befriedigend? (Qualität der Tapeten, Zustand des Anstrichs)
㉘ Waschküche und Wäschetrockenplatz vorhanden?
㉙ Garage und Kfz-Abstellplatz im Freien vorhanden?
㉚ Teppichklopfgelegenheit?

㉛ Sind die Mülltonnen hygienisch, der Sicht entzogen und gut erreichbar untergebracht?
㉜ Hobbyraum vorhanden? (Für lärmerzeugende Arbeit ohne Störung der Mitbewohner.)
㉝ Kinderspielplatz vorhanden?

Der Weg zur Schule oder zum Einkauf

1 Nicht alle 33 Fragen an eine Wohnung sind von gleicher Bedeutung. Welche Anforderungen würdest du unbedingt an eine Wohnung stellen? Worauf würdest du unter Umständen verzichten?

∞ **2** Im Jahre 1973 lebten zwei Drittel der Bundesbürger in unbefriedigenden Wohnungen; fünf Millionen Wohnungen waren ohne Bad, ohne Zentralheizung, z. T. sogar ohne Innentoilette.
Wäre es möglich, eine entsprechende Untersuchung in deinem Wohnviertel bzw. in deinem Wohnort durchzuführen?

3 Sind Wohnungen weit von den Arbeitsplätzen entfernt, so entstehen nicht nur für den einzelnen Wohnungsinhaber, sondern auch für die Allgemeinheit Nachteile. Nenne mehrere solcher Nachteile.

4 Bei welchem Wohnungsbautyp vergrößern sich die Entfernungen zwischen Wohnungen und Arbeitsplätzen in besonderem Maße?

5 Entfernungen wichtiger Einrichtungen von der Wohnung: Versuche, für deine Wohnung in einem Schema darzustellen, wie weit die für dich und deine Familie wichtigen Einrichtungen entfernt sind.

Beispiel:

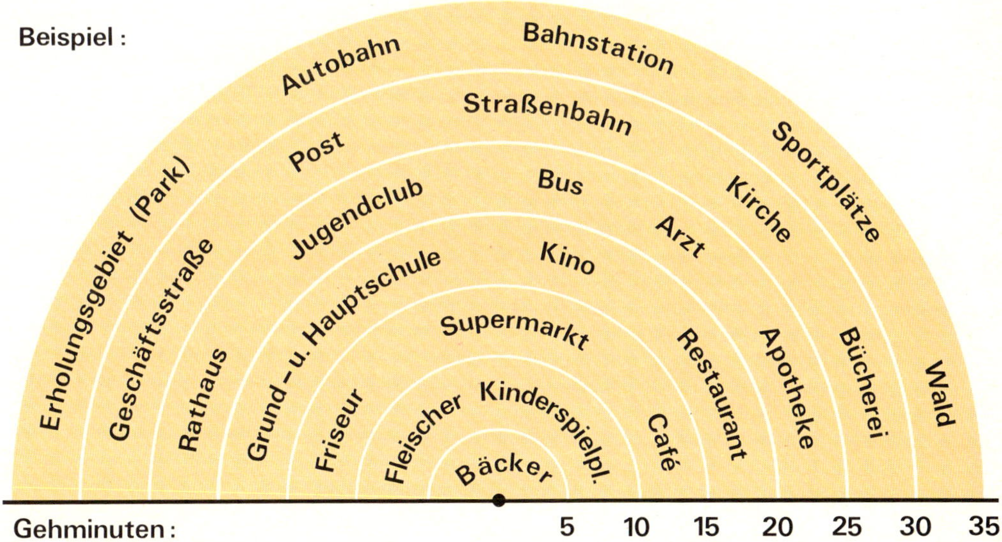

Bebauungsplan und Flächennutzungsplan

Darf Herr Becker dieses Haus auf diesem Grundstück bauen?

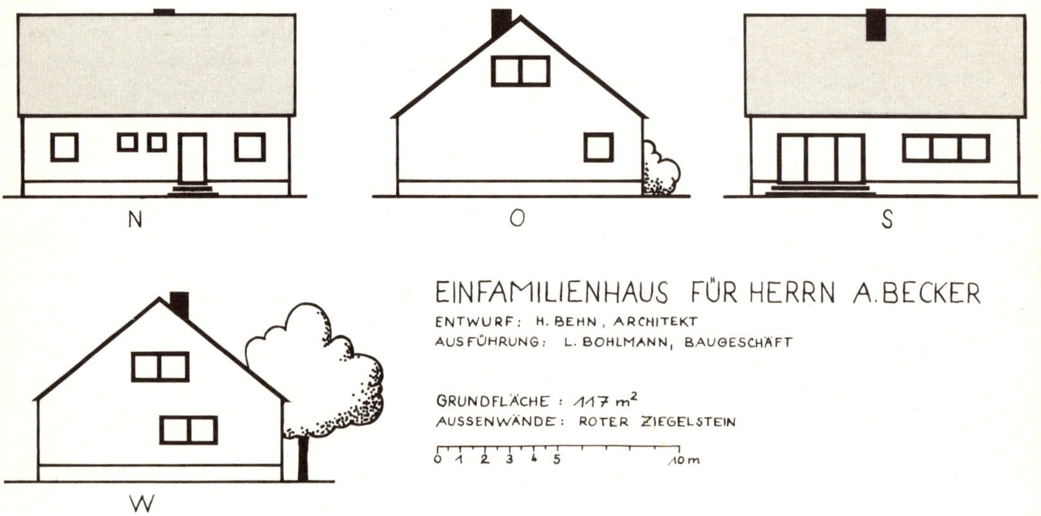

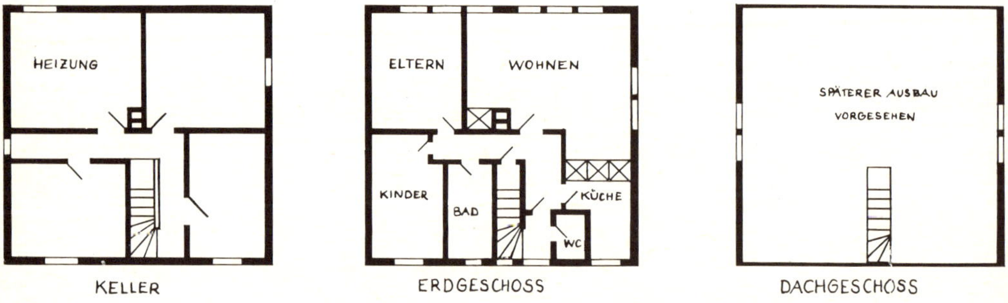

□ Herr Becker hat am Rande der kleinen Stadt ein Grundstück erworben. Er möchte dort ein Einfamilienhaus bauen. Er hat auch schon ganz bestimmte Vorstellungen, wie sein Häuschen aussehen soll. Der Architekt hat einen Vorentwurf gezeichnet (oben).
Doch Vorsicht: Man darf nicht einfach so bauen, wie es einem Spaß macht. Man muß sich nach dem Bebauungsplan richten. Auf dem Stadtbauamt läßt Herr Becker sich den Bebauungsplan für das Baugebiet vorlegen, in dem sein Grundstück liegt (rechts).

1 Darf Herr Becker dieses Haus auf diesem Grundstück bauen? Überprüfe das Bauvorhaben. Das geht nicht ohne Fachkenntnisse. Die müßt ihr euch in dem folgenden Kapitel „Bauvorschriften“ erst erarbeiten.

Anlage zum Bebauungsplan „Am Mühlenberg“:

a) Im Baugebiet „Am Mühlenberg“ sind nur einzeln stehende Wohnhäuser mit Flachdach oder Satteldach bis zu 30° Dachneigung zulässig.

b) Die Außenwände sind zu verputzen und hell zu streichen.

c) Die Grundstücke sollen mit Hecken umgeben werden (zur Straße mit einer Höhe von maximal 0,60 m, zwischen den Grundstücken maximal 0,80 m).

d) Der Bau von Garagen ist auf den Wohnparzellen nicht zugelassen. Es sind die ausgewiesenen öffentlichen Parkplätze oder die Mietgaragen zu benutzen.

Bebauungsplan „Am Mühlenberg“

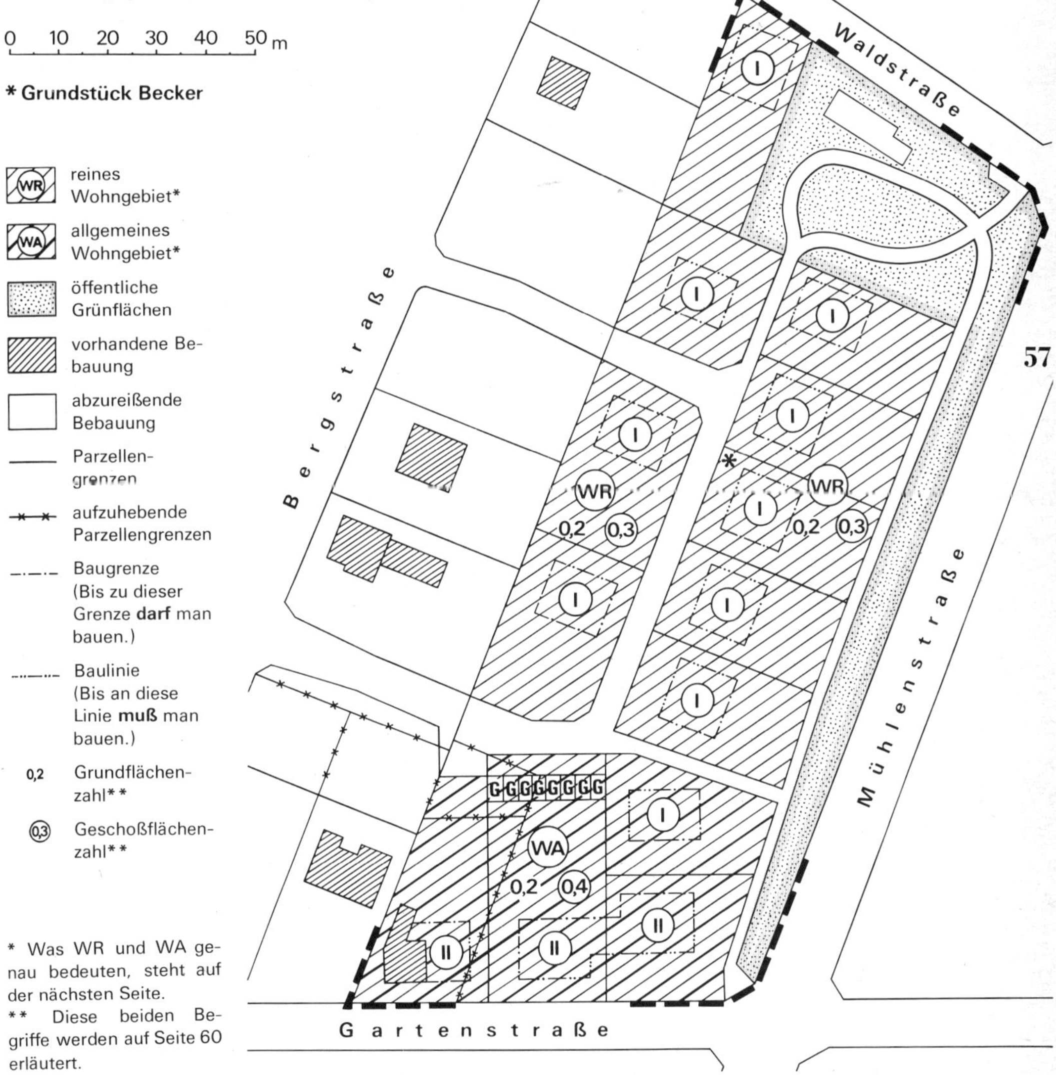

* Was WR und WA genau bedeuten, steht auf der nächsten Seite.

** Diese beiden Begriffe werden auf Seite 60 erläutert.

Bauvorschriften

Aus der Baunutzungsverordnung:

Art der baulichen Nutzung			Maß der baulichen Nutzung		
BAUFLÄCHEN (IM FLÄCHEN-NUTZUNGSPLAN)	BAUGEBIETE (IM BEBAUUNGSPLAN)	ZULÄSSIGE BEBAUUNG	VOLLGESCHOSSE (Z)	GRUNDFLÄCHEN-ZAHL (GRZ)	GESCHOSSFL.-ZAHL (GFZ)
W WOHNBAU-FLÄCHEN	 (WS) KLEINSIEDLUNGS-GEBIET	Vorwiegend Kleinsiedlung, landwirtschaftliche Nebenerwerbsstellen	1 2	0,2 0,2	0,3 0,4
	 (WR) REINES WOHNGEBIET	Wohngebäude Ausnahmsweise: Läden, nicht störende Handwerksbetriebe	ATRIUMHAUS 1 1 2 3 4 u. 5 6 u. mehr	0,6 0,4 0,4 0,4 0,4 0,4	0,6 0,5 0,8 1,0 1,1 1,2
	 (WA) ALLGEMEINES WOHNGEBIET	Wohngebäude, Läden, Schank-Speisewirtschaften, kirchliche, kulturelle, soziale und gesundheitliche Anlagen			
M GEMISCHTE BAUFLÄCHEN	 (MD) DORFGEBIET	Land- u. Forstw.-Betriebe, Kleinsiedl., Verarbeitungsbetriebe, Einzelhandel, Wirtschaften, Handwerksbetriebe, nicht störende Gewerbebetriebe, kirchliche, kulturelle und soziale Einrichtungen, Gärtnereien, Tankstellen	1 2 u. mehr	0,4 0,4	0,4 0,8
	 (MI) MISCHGEBIET	Wohngebäude, Geschäfts- u. Bürogebäude, Einzelhandel, Wirtschaften, nicht störendes Gewerbe, Verwaltung, Kirche usw. Gärtnereien, Tankstellen	Wie WR und WA		
	 (MK) KERNGEBIET	Geschäfts-, Büro- u. Verwaltungsgeb., Einzelhandel, Wirtschaften, Beherbergung, Vergnügungsstätten, nicht störendes Gewerbe, Kirche, Kultur usw., Tankstellen, im Zusammenhang mit Parkhäusern u. Großgar., Wohnungen für Bereitschaft	1 2 3 4 u.5 6 u. mehr	1,0 1,0 1,0 1,0 1,0	1,0 1,6 2,0 2,2 2,4
G GEWERBLICHE BAUFLÄCHEN	 (GE) GEWERBEGEBIET	Gewerbe, nicht erheblich belästigend, Geschäfts-, Büro- und Verwaltungsgebäude, Tankstellen, Ausnahmsweise: Wohnungen für Betriebsangehörige	1 2 3 4 u. 5 6 u. mehr	0,8 0,8 0,8 0,8 0,8	1,0 1,6 2,0 2,2 2,4
	 (GI) INDUSTRIEGEBIET	Industriebetriebe, Tankstellen Ausnahmsweise: Wohnungen für Betriebspersonal		0,8	Baumassenzahl (BMZ): 9,0 (d. h. 9,0 m³ Baumasse je m² Grundstücksfläche
S SONDER-BAUFLÄCHEN	 (SW) WOCHENENDHAUS-GEBIET	Wochenendhäuser als Einzelhäuser	1	0,2	0,2
	 (SO) SONDERGEBIET	Gebiete mit besonderer Zweckbestimmung, wie Hochschul-, Klinik-, Kur-, Hafen- oder Ladengebiete, Einkaufszentren u. Verbrauchermärkte außerhalb von Kerngebieten			

Weitere Zeichen, die für Bebauungs- und Flächennutzungspläne vorgeschrieben sind (Planzeichenverordnung):

I, II, III … Zahl der Vollgeschosse (Höchstgrenze)

(I) (II) (III) zwingend vorgeschriebene Zahl der Vollgeschosse

0,2; 0,4 Grundflächenzahl (GRZ)

(0,4) (0,7) Geschoßflächenzahl (GFZ)

5,0 Baumassenzahl (BMZ)

o offene Bauweise

nur Einzel- oder Doppelhäuser

nur Hausgruppen

g geschlossene Bauweise

Baulinie (An dieser Linie muß man bauen.)

Baugrenze (Diese Grenze darf nicht überschritten werden.)

Flächen für den Gemeinbedarf

meist in Verbindung mit einem der folgenden Symbole:

Verwaltungsgebäude

Schule

Krankenhaus

Theater

Post

Kirche

Kindergarten

F Feuerwehr

Grünflächen

meist in Verbindung mit den folgenden Zeichen:

Parkanlage

Zeltplatz

Badeplatz

Friedhof

Dauerkleingärten

Sportplatz

Spielplatz

Wasserflächen, Häfen

Flächen für dic Landwirtschaft

Flächen für die Forstwirtschaft

(N) Naturschutzgebiete

(L) Landschaftsschutzgebiete

Grenze des Planbereiches

Autobahnen, Schnellstraßen

sonstige Hauptverkehrsstraßen

P öffentliche Parkflächen

Flächen für Bahnanlagen

ⓐ

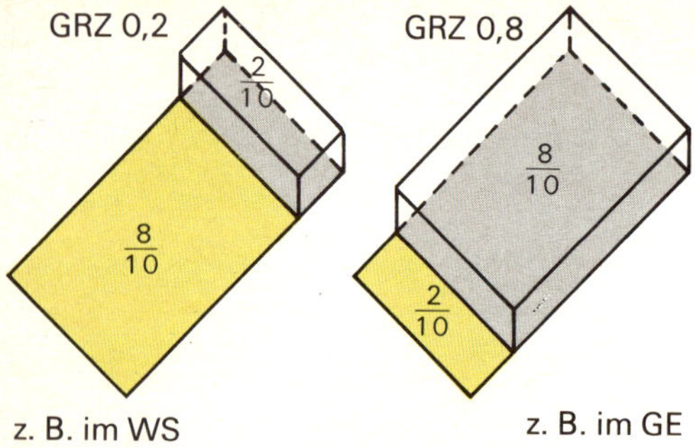

ⓑ

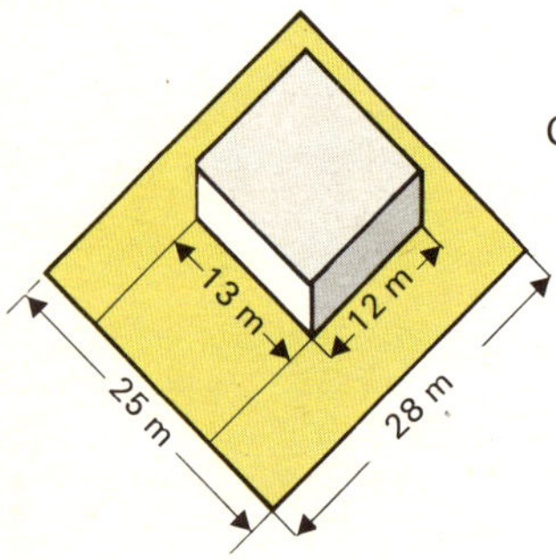

ⓒ

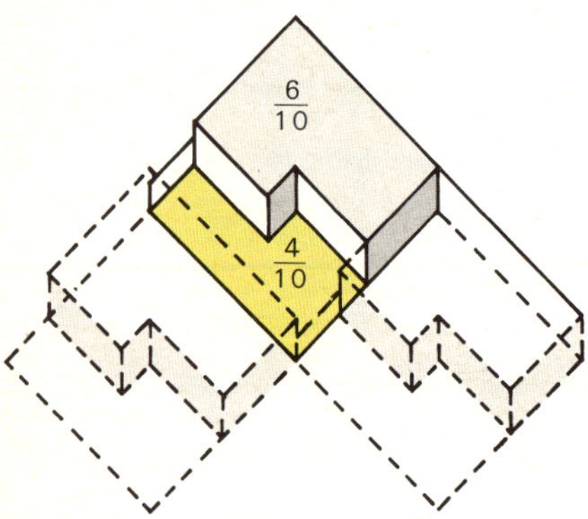

ⓓ

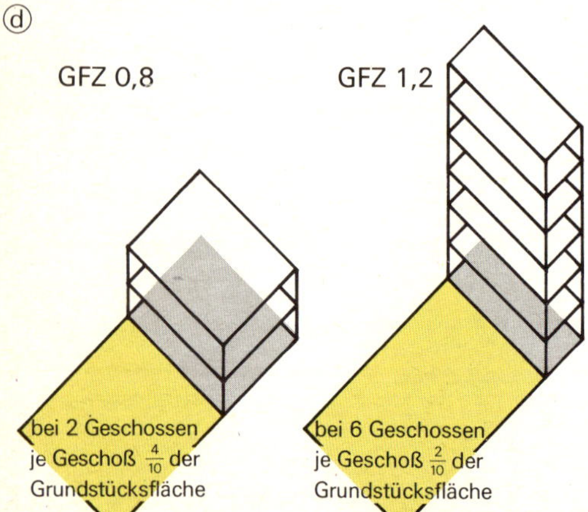

□ Grundflächenzahl und Geschoßflächenzahl

„Die **Grundflächenzahl** gibt an, wieviel Quadratmeter Hausgrundfläche je Quadratmeter Grundstücksfläche zulässig sind" (§ 19,1 Baunutzungsverordnung). Beispiel: Die Grundflächenzahl (GRZ) 0,2 bedeutet, daß 2/10 oder das 0,2fache des Grundstücks durch Gebäude überdeckt sein darf. Hat das Grundstück eine Fläche von 700 m², so ist die höchstzulässige Grundfläche eines Gebäudes $0{,}2 \times 700\ m^2 = 140\ m^2$.

1 Berechne die höchstzulässige Grundfläche:

Größe des Grundstücks	GRZ	zulässige Grundfläche
800 m²	0,3	?
500 m²	0,2	?
650 m²	0,4	?

2 Darf das Bauvorhaben, das in Abb. b dargestellt ist, verwirklicht werden?

3 In allgemeinen und reinen Wohngebieten darf eine GRZ von 0,4 nicht überschritten werden. Eine Ausnahme sind Baugebiete für Atrium- oder Gartenhofhäuser. Hier dürfen zugunsten einer stärkeren Verdichtung bis zu 60% einer Grundstücksfläche durch Gebäude überdeckt werden (GRZ 0,6). Suche in der Tabelle auf der ersten Seite des Kapitels „Bauvorschriften" nach Baugebieten mit hohen und niedrigen Grundflächenzahlen. Begründe die Unterschiede.

„Die **Geschoßflächenzahl** gibt an, wieviel Quadratmeter Geschoßfläche je Quadratmeter Grundstücksfläche zulässig sind" (§ 20,1 Baunutzungsverordnung). Beispiel: Bei 800 m² Grundstücksfläche erlaubt die Geschoßflächenzahl (GFZ) 0,3 eine Geschoßfläche von $0{,}3 \times 800\ m^2 = 240\ m^2$. Bei zweigeschossiger Bauweise dürfte damit jedes Geschoß 120 m² groß sein.

4 Welche Fläche darf ein Geschoß eines viergeschossigen Hauses auf einem 1000 m² großen Grundstück haben, wenn die GFZ 1,1 beträgt?

Zwei Bebauungspläne

□ Auf dieser und den folgenden beiden Seiten kannst du dich im Lesen von Bebauungsplänen üben.

1 In welchen Teilbereichen des unten dargestellten Baugebietes dürfen die Gebäudetypen a–d gebaut werden?

2 Trotz ihrer unterschiedlichen Gestalt haben die Gebäude alle die gleiche Bestimmung: Es sind Wohngebäude. Es fällt jedoch auf, daß einer der vier Haustypen in diesem Baugebiet nicht erlaubt ist. Welcher? Welche Gründe mag das haben? (Vgl. das Kapitel „Verschwenden wir Bauland?“ S. 46/47.)

ⓐ
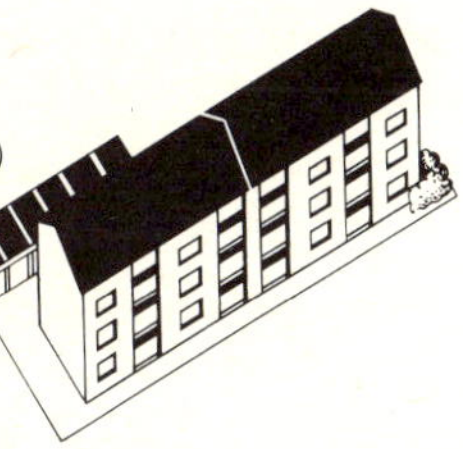

ⓑ
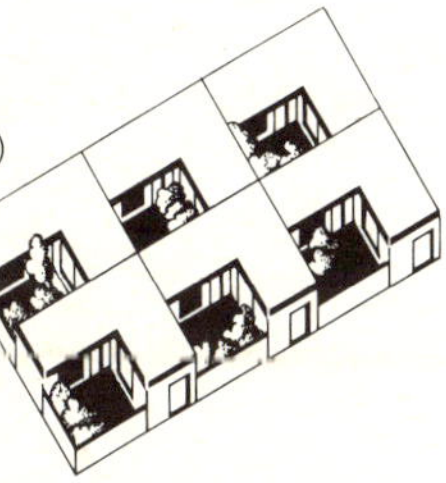

ⓒ
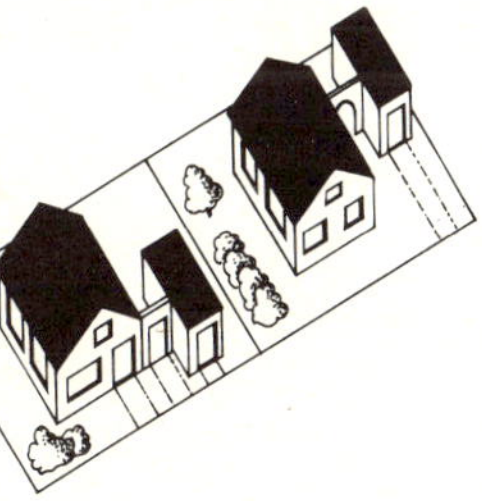

ⓓ
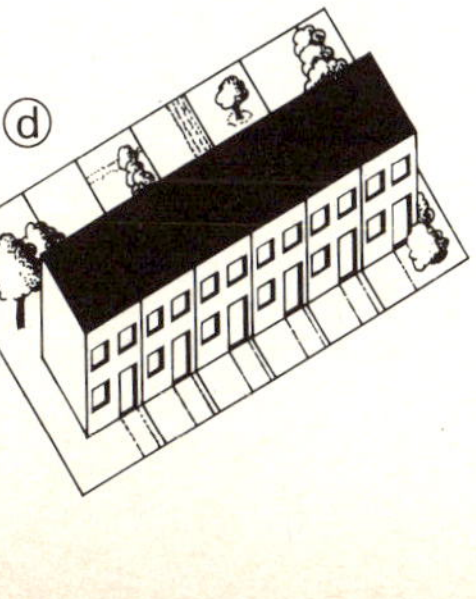

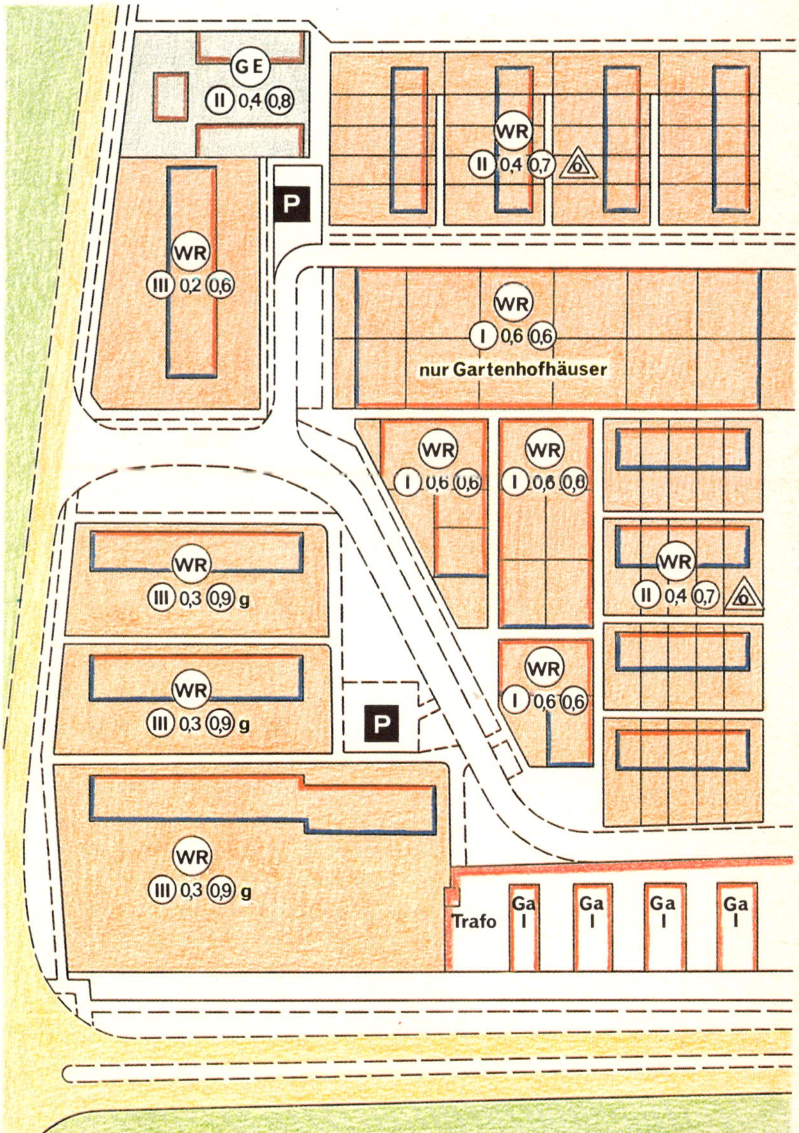

Bebauungsplan Wiesenstraße

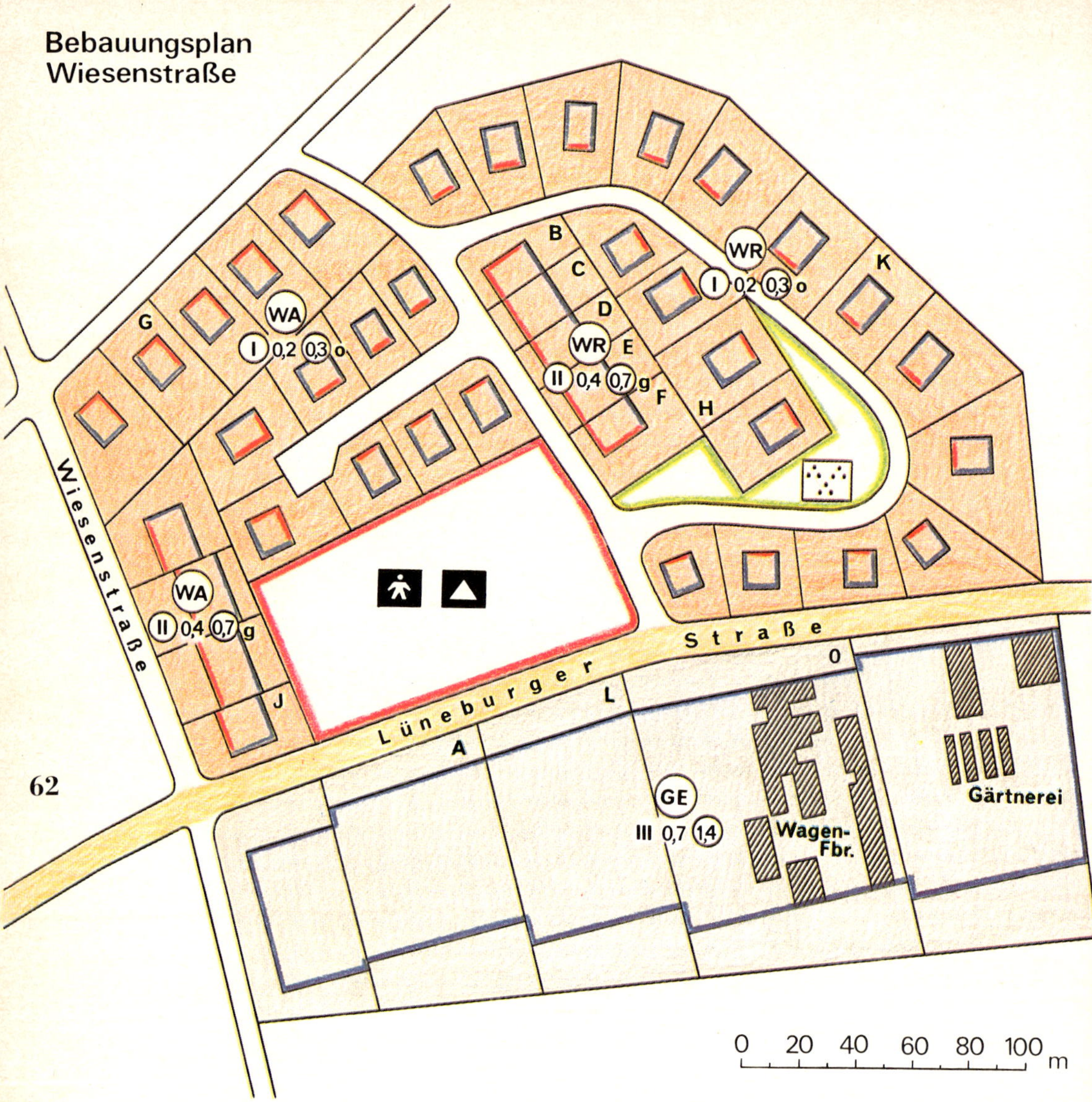

Aus der Anlage zum Bebauungsplan „Wiesenstraße“:
„Dachform und Dachneigung:
Im Gewerbegebiet sind nur Flachdächer zulässig. Im allgemeinen und reinen Wohngebiet sind Flachdächer und Satteldächer von 28° bis 48° zulässig.
Außenwände:
Im gesamten Planungsbereich sind nur helle Anstriche oder helle Ziegelverblendungen zu verwenden.
Einfriedigungen:
Im reinen und allgemeinen Wohngebiet sind Hecken oder Holzzäune bis maximal 0,60 m Höhe erlaubt.“

3 Überprüfe die folgenden Bauvorhaben anhand des Bebauungsplanes Wiesenstraße auf der Seite links:

a) Die Möbelgroßhandlung Niemeyer u. Co. besitzt das Grundstück A an der Lüneburger Straße. Hier sollen zwei eingeschossige Lagerhallen von je 1500 m^2 Grundfläche und ein zweigeschossiges Verwaltungsgebäude von 200 m^2 Grundfläche entstehen (Zeichnung 1).

b) Bauunternehmer Hahlbohm hat die Parzellen B bis F erworben. Er plant hier eine Reihenhauszeile für 10 Familien (Betonskelettbauweise mit rotem Ziegelstein; Satteldach mit 18° Dachneigung). Es sollen 2 Vollgeschosse ausgebaut werden (Grundriß Zeichnung 2).

c) Herr Rasche, der Eigentümer des Grundstücks G, möchte ein zweigeschossiges Wohnhaus mit Gastwirtschaft errichten (Grundfläche 130 m^2, Außenwand verputzt und weiß gestrichen).

d) Grundstück H gehört dem Ehepaar Hansen. Das Wohnhaus, das Herr und Frau Hansen hier bauen wollen, siehst du in Zeichnung 3. Im Dachgeschoß werden 60 m^2 ausgebaut. Vorgesehene Außenwandverkleidung: hellgelber Ziegelstein.

e) Firma Horn will auf dem Eckgrundstück I eine Tankstelle bauen.

f) Kaufmann Berger besitzt in einem anderen Stadtteil ein Lebensmittelgeschäft. Er möchte nun hier in dem neuen Baugebiet eine Filiale einrichten. In welchen Teilbereichen des Baugebietes wäre das zulässig?

g) Frau Bürkle, Eigentümerin der Parzelle K, plant den Bau eines Einfamilienhauses. Welche Grundfläche darf ihr Haus nicht überschreiten?

h) Die Nordchemie AG will das Grundstück L erwerben, um hier eine chemische Fabrik zu errichten.

i) Die Parzelle 0 gehört einer schon länger dort ansässigen Kfz-Werkstatt. Die Firma will westlich der Werkhallen ein Zweifamilienhaus für Firmenangehörige bauen lassen.

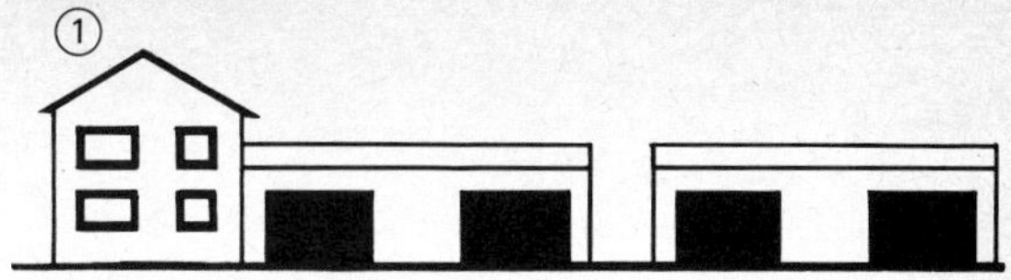

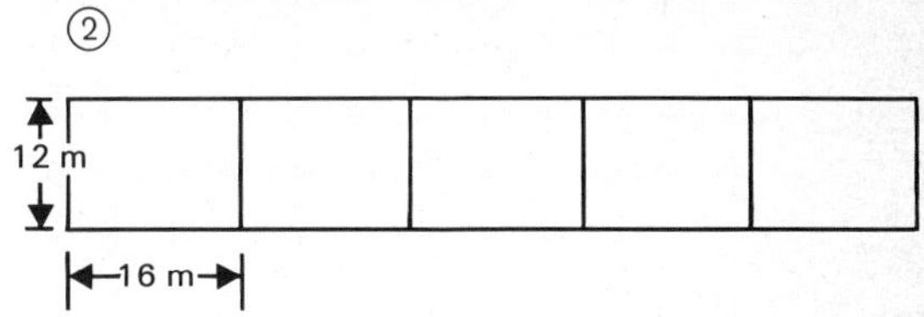

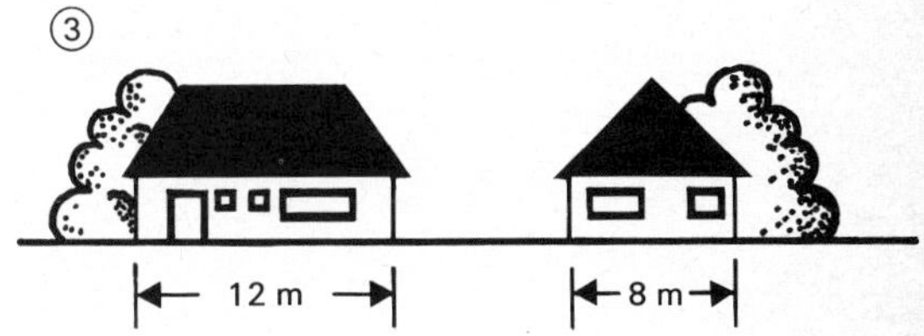

Aus der Anlage zu einem Bebauungsplan (Gestaltungssatzung)

§ 3 **Nebengebäude, Garagen, Park- und Einstellplätze und Außenanlagen**

(1) Nebengebäude (auch Garagen) haben sich den Hauptgebäuden in Material und Farbgebung anzupassen und sich in ihren Maßen diesen unterzuordnen.

(2) Für Garagen mit Pultdach wird eine Dachneigung von 5% vorgeschrieben. Werden Rampen als Teile der Zu- und Abfahrten von Einstellplätzen und Garagen vorgesehen, so muß zwischen der öffentlichen Verkehrsfläche und der Rampe eine horizontale Fläche verbleiben, deren Länge mindestens 5,0 m betragen soll. Bei Rampen die ausschließlich dem Verkehr von Personenkraftwagen dienen, genügt ausnahmsweise eine horizontale oder 1 : 10 geneigte Fläche von mindestens 3,0 m Länge.
Das Steigungsverhältnis der Rampe soll höchstens 14% betragen. Die seitliche Anpassung der Rampe an das Gelände ist im Verhältnis 1 : 2 auszuführen.

(3) Die Anlage und Herrichtung von Einstellplätzen für Personenkraftwagen sind in dem im Aufbauplan vorgesehenen Umfang bei der Bebauung des Grundstücks durchzuführen.

(4) Wäschetrockenplätze, Teppichklopfgerüste usw. sind so zu planen, daß diese bei Einsicht von der Straße nicht störend wirken. (Anordnung von Baum- und Buschgruppen, Pergolen usw.)

(5) Freileitungen und frei gespannte Antennen sind unzulässig.

§ 4 **Vorgärten und Einfriedigungen**

(1) Die an der Straße liegenden Gärten und Vorgärten sind als Dauergrünanlagen (Schmuckgärten) herzurichten und zu unterhalten.

(2) An den öffentlichen Straßen und Zuwegen hat die Art und Anordnung der Einfriedigungen nach den im Aufbauplan dargestellten besonderen Angaben zu erfolgen.

§ 5 **Aufstellung der Müllgefäße**

Für das Aufstellen der Müllgefäße sind die im Aufbauplan näher bezeichneten Abstellplätze gem. § 7, Abs. 2 der Müllabfuhrsatzung vom 6. 2. 1958 maßgebend. Die Müllgefäße sind gegen Sicht von der Straße her abzuschirmen.

§ 7 **Ausnahmen**

Über Ausnahmen in Härtefällen entscheidet im Rahmen der Polizeiverordnung betreffend das Bauwesen in den Städten Lüneburg, Celle und Uelzen vom 10. 3. 1936 die Stadt Lüneburg.

§ 8 **Zwangsmaßnahmen**

(1) Bei Zuwiderhandlungen gegen Vorschriften dieser Satzung wird hiermit ein Zwangsgeld bis zur Höhe von 500,– DM angedroht.

HÄTTE ICH MIR DOCH NUR DIE HAUS-NUMMER GEMERKT
A

B

Sinn und Unsinn strenger Bauvorschriften

∞ **1** Welchen Sinn hat das merkwürdige Bildpaar? Gibt es solche Verhältnisse überhaupt in Wirklichkeit? Gibt es sie in deiner Gemeinde, in deiner Stadt?
2 Im Bebauungsplan für A könnten einige Vorschriften lauten: „. . . Die Firstlinie muß zur Straßenbegrenzungslinie parallel laufen . . . Es sind nur Satteldächer mit einer Neigung von 45° bis 48° zulässig . . ." Nenne weitere Vorschriften.
3 Bei B hat offenbar jede Bauvorschrift gefehlt. Welche Mängel wären durch einen Bebauungsplan auf jeden Fall verhindert worden?

Den Fall B gibt es in Wirklichkeit kaum. Zum Glück! Eine Bebauung ohne Bauvorschriften würde ein tolles Durcheinander ergeben. Jeder würde bauen, wie er wollte: oft häßlich und unzweckmäßig, auch rücksichtslos; viel Platz würde verschwendet. Der Bebauungsplan hat daher einen guten Sinn.
∞ **4** Zu strenge Bauvorschriften können leicht das Gegenteil bewirken (Bild A). Kennst du solche langweiligen, monotonen Baugebiete auch in deinem Schulort oder Wohnort?

Das sind die beiden Gefahren: Durcheinander auf der einen Seite, Eintönigkeit auf der anderen. Die Eintönigkeit ist besonders ausgeprägt, wo eine Baugesellschaft, ein Architekt oder ein Bauunternehmer ein ganzes Gebiet möglichst schnell und billig bebaut hat. Solche Baugebiete entstanden vor allem seit dem letzten Kriege, weil viele Menschen schnell wieder eine Wohnung haben sollten. In kurzer Zeit sind riesige Flächen bebaut worden.
∞ **5** Aus den vorangegangenen Seiten habt ihr gelernt: Bebauungspläne können die Entscheidungsfreiheit eines Grundstückseigentümers beträchtlich einengen. Wo es das Interesse der Allgemeinheit erfordert, müssen die Wünsche des einzelnen zurücktreten. Doch wie weit darf das führen? Wie streng dürfen Bauvorschriften sein? Diskutiert über diese Frage und bezieht die beiden folgenden Fälle in eure Überlegungen ein.

Fall 1:
Der Bauplatz von Herrn Schwarz grenzt an das Schulgelände. Die Schule, vor wenigen Jahren errichtet, hat Außenwände in rotem Ziegelstein. Herrn Schwarz gefällt die Farbe, und es gefällt ihm auch, daß solche Wände wartungsfrei sind. Er läßt die Außenwände seines Neubaues mit dem gleichen Material verkleiden. Bei der Bauabnahme aber erfährt er: Das Grundstück gehört zu einem Baugebiet, in dem nur heller Anstrich erlaubt ist. Er muß die Fassade streichen lassen. Umsonst also die Kosten für den teuren Ziegelstein! Und obendrein muß der Anstrich alle paar Jahre erneuert werden.

Fall 2:
Ehepaar Neubauer hat drei kleine Kinder: 4 Jahre, 2 Jahre, 3 Monate alt. Neubauers haben kürzlich ihr neues Einfamilienhaus bezogen und freuen sich, daß die Kinder im Garten spielen können. Aus Sicherheitsgründen möchten sie das Grundstück einzäunen: Eine verkehrsreiche Straße berührt ihr Wohngebiet. Doch in der Bausatzung steht: Hier sind nur Hecken erlaubt.
Eine Hecke muß aber einige Jahre wachsen, bis sie einen ausreichenden Schutz bietet. Herr Neubauer stellt einen Antrag auf Änderung der Satzung. Der Antrag wird abgelehnt, weil ein einheitliches Bild gewahrt bleiben soll.

Wie entsteht ein Bebauungsplan?

□ **1** In einer Ecke oder am Rande des Bebauungsplanes findest du immer eine Anzahl von Unterschriften und Dienststempeln (rechte Seite). Aus ihnen kannst du den etwas komplizierten Werdegang eines solchen Planes ablesen. Dieser Weg ist im Bundesbaugesetz vorgeschrieben. Die entsprechenden Paragraphen sind auf der Seite rechts abgedruckt. Versuche, die mit Unterschriften versehenen Felder den Paragraphen des Bundesbaugesetzes zuzuordnen. In welcher Reihenfolge wurden die Unterschriften geleistet?

Ein kleiner Einblick in die Kommunalpolitik ist hier notwendig: Der Bebauungsplan ist eine Satzung. Satzungen sind die Gesetze der Gemeinden. So wie Bundesgesetze im Bundestag oder Landesgesetze in den Landtagen verabschiedet werden, so wird die Satzung vom Stadtrat oder vom Gemeinderat verabschiedet. Der Rat besteht aus gewählten Abgeordneten, den Ratsherren. Bittet euren Lehrer, einmal mit euch eine Ratssitzung zu besuchen, wenn Beschlüsse über Bebauungspläne gefaßt werden sollen.

2 Man kann die Entstehung eines Bebauungsplanes in einer schematischen Übersicht darstellen. Den Anfang siehst du hier aufgezeichnet. Mit Hilfe aller Quellen auf der Nebenseite kannst du das Schema vervollständigen (mindestens 6 Schritte):

Der Gemeinderat faßt den Beschluß, einen Bebauungsplan aufstellen zu lassen.
Die Gemeinde beauftragt den Ortsplaner, den Plan zu entwerfen.

3 An mehreren Stellen ist die Öffentlichkeit an der Entstehung des Bebauungsplanes beteiligt – entweder indirekt durch ihre gewählten Vertreter oder direkt. Umrahme die betreffenden Felder deiner Darstellung mit einer besonderen Farbe.

4 Zu welchen Abschnitten in diesem Schema passen die vier Skizzen a–d?

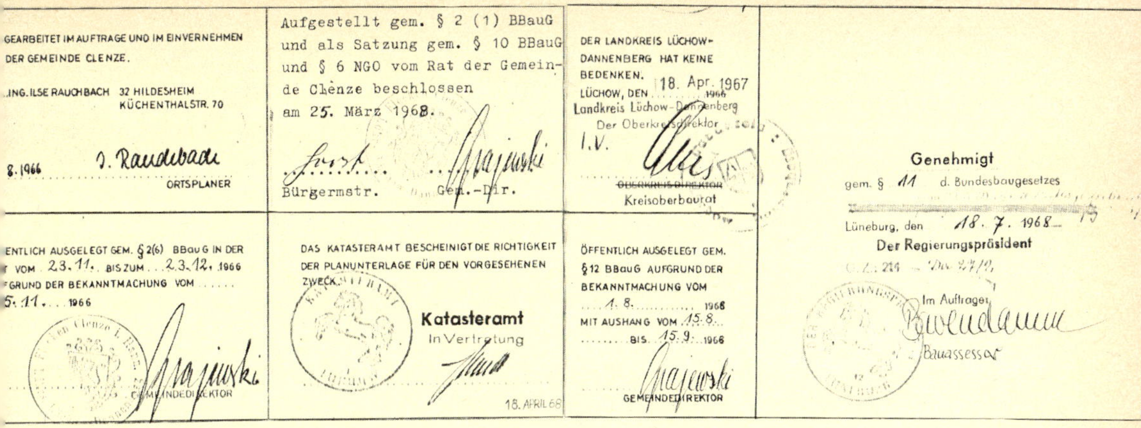

GEARBEITET IM AUFTRAGE UND IM EINVERNEHMEN DER GEMEINDE CLENZE.
.ING. ILSE RAUCHBACH 32 HILDESHEIM KÜCHENTHALSTR. 70
8.1966 I. Rauchbach
ORTSPLANER

Aufgestellt gem. § 2 (1) BBauG und als Satzung gem. § 10 BBauG und § 6 NGO vom Rat der Gemeinde Clenze beschlossen am 25. März 1968.
Bürgermstr. Gem.-Dir.

DER LANDKREIS LÜCHOW-DANNENBERG HAT KEINE BEDENKEN.
LÜCHOW, DEN 18. Apr. 1967
Landkreis Lüchow-Dannenberg
Der Oberkreisdirektor
I.V.
Kreisoberbaurat

Genehmigt
gem. § 11 d. Bundesbaugesetzes
Lüneburg, den 18. 7. 1968
Der Regierungspräsident
Im Auftrage
Bauassessor

ENTLICH AUSGELEGT GEM. § 2(6) BBauG IN DER VOM 23. 11. BIS ZUM 23. 12. 1966 GRUND DER BEKANNTMACHUNG VOM 5. 11. 1966
GEMEINDEDIREKTOR

DAS KATASTERAMT BESCHEINIGT DIE RICHTIGKEIT DER PLANUNTERLAGE FÜR DEN VORGESEHENEN ZWECK.
Katasteramt
In Vertretung
18. APRIL 68

ÖFFENTLICH AUSGELEGT GEM. § 12 BBauG AUFGRUND DER BEKANNTMACHUNG VOM 1. 8. 1968 MIT AUSHANG VOM 15. 8. BIS 15. 9. 1968
GEMEINDEDIREKTOR

Aus dem Bundesbaugesetz:

§ 2,1 Die Bauleitpläne* sind von den Gemeinden in eigener Verantwortung aufzustellen, sobald und soweit es erforderlich ist.

§ 2,3 Die Landesregierungen können durch Rechtsverordnung Stellen bestimmen, die verpflichtet sind, auf Antrag der Gemeinden Bauleitpläne auszuarbeiten. Das Recht der Gemeinden, andere fachlich geeignete Personen zu beauftragen, bleibt unberührt.

§ 2,6 Die Gemeinde hat die Entwürfe der Bauleitpläne mit dem Erläuterungsbericht oder der Begründung auf die Dauer eines Monats öffentlich auszulegen. Ort und Dauer der Auslegung sind mindestens eine Woche vorher ortsüblich bekanntzumachen mit dem Hinweis darauf, daß Bedenken und Anregungen während der Auslegungsfrist vorgebracht werden können ... Die Gemeinde prüft die fristgemäß vorgebrachten Bedenken und Anregungen und teilt das Ergebnis mit ...

§ 10 Die Gemeinde beschließt den Bebauungsplan als Satzung.

§ 11 Der Bebauungsplan bedarf der Genehmigung der höheren Verwaltungsbehörde ...

§ 12 Die Gemeinde hat den genehmigten Bebauungsplan mit Begründung öffentlich auszulegen. Sie hat die Genehmigung sowie Ort und Zeit der Auslegung ortsüblich bekanntzumachen. Mit der Bekanntmachung, die an die Stelle der sonst für Satzungen vorgeschriebenen Veröffentlichung tritt, wird der Bebauungsplan rechtsverbindlich.

* Bauleitplan ist der Oberbegriff für Bebauungsplan und Flächennutzungsplan.

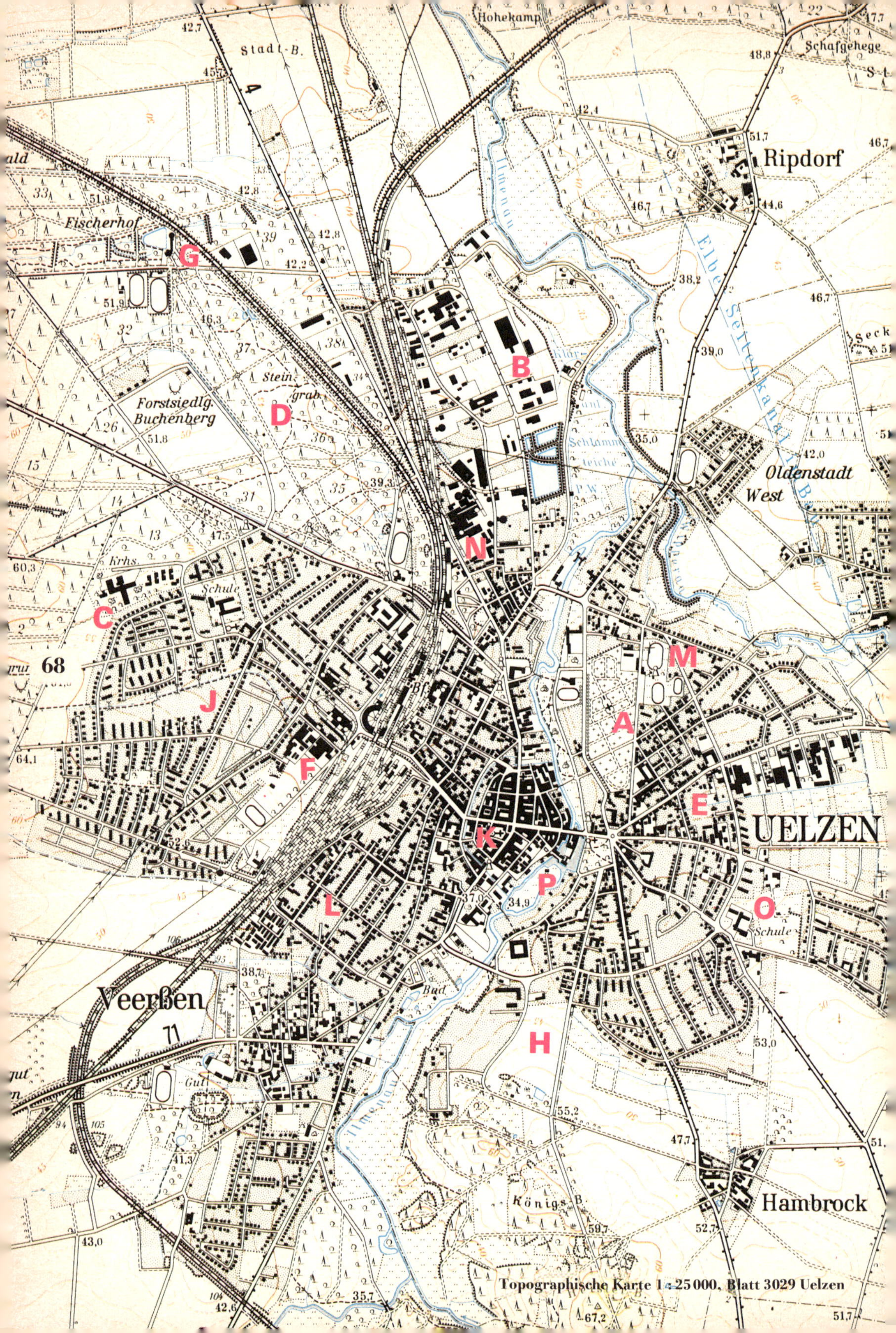

Topographische Karte 1:25 000, Blatt 3029 Uelzen

Flächennutzung einer Stadt

Die vier Skizzen zeigen Ausschnitte aus verschiedenen Stadtteilen der Stadt Uelzen.

1 Lokalisiere die vier Ausschnitte auf der Karte. Zur Wahl stehen die Stellen, die durch rot eingedruckte Buchstaben (A, B, C ...) gekennzeichnet sind.

2 Diese Begriffe kennst du schon: Wohngebiete, Industriegebiete, Kerngebiete, Grünflächen (= Erholungsgebiete). Welcher Begriff paßt zu welchem Bild?

3 Die Karte von Uelzen ist eine Topographische Karte. Sie enthält neben Straßen, Bahnlinien, Gewässern auch Gebäude, sagt jedoch fast nichts über deren Nutzung. Dennoch kann man die Flächen mit jeweils einheitlicher Nutzung ziemlich gut unterscheiden: Wohngebiete, Industriegebiete, Kerngebiete, Grünflächen (= Erholungsgebiete). Hefte ein Blatt Transparentpapier auf die Karte, umgrenze die verschiedenen Nutzungsflächen und lege sie farbig an. Verwende ungefähr die Farben der Planzeichenverordnung (S. 58/59).

Weinsberg – Beispiel für einen Flächennutzungsplan

☐ Von deiner Beschäftigung mit Bebauungsplänen weißt du, daß sie Einzelheiten des Bauens nur für bestimmte Baugebiete, also nur für Teile einer Gemeinde regeln. Als Grundlage für diese Pläne braucht eine Gemeinde jedoch vorher einen Plan, der die Nutzung ihrer gesamten Fläche für eine längere Zeit in groben Umrissen festlegt: den Flächennutzungsplan. Damit der Unterschied noch deutlicher wird: Der Flächennutzungsplan wird zuerst erarbeitet. Beide Pläne sind mit denselben Farben und Symbolen angelegt. Es fällt dir deshalb nicht schwer, den Flächennutzungsplan von Weinsberg (nächste Doppelseite) zu lesen. Er trennt Wohnbauflächen von gemischten Bauflächen, gewerblichen Bauflächen, Flächen für die Landwirtschaft usw. Die Einzelheiten des Bauens wie Grundfläche, Stockwerkzahl oder Grenzabstand der Gebäude regelt erst der Bebauungsplan.

1 Wenn du diesen Plan mit der Topographischen Karte vergleichst, fallen dir einige Veränderungen sofort auf: allen voran der großzügige Ausbau der Verkehrswege mit dem Autobahnkreuz nordöstlich der Stadt. Suche mindestens fünf weitere Veränderungen.

2 Lege ein Transparentblatt auf den Flächennutzungsplan. Schraffiere die „alten" Bauflächen rot und die neu geplanten Bauflächen blau. So entsteht eine Karte, die eine Vorstellung von dem geplanten Wachstum der Stadt bis etwa 1988 vermittelt.

Der Flächennutzungsplan lenkt die Entwicklung einer Gemeinde für die nächsten zehn oder zwanzig Jahre. Die Gemeinde muß natürlich eine Vorstellung haben, wohin diese Entwicklung gehen soll: Will man um jeden Preis mehr Industrie ansiedeln? Besteht eine Chance im zunehmenden Fremdenverkehr? Oder findet man sich damit ab, in erster Linie Wohngemeinde für eine benachbarte Industriestadt zu sein?

Weinsberg, Kleinstadt im Landkreis Heilbronn (Baden-Württemberg) an den Bundesautobahnen Würzburg–Stuttgart und Mannheim–Nürnberg.

Einwohner:	1900	2479 Einw.
	1950	6225 Einw.
	1960	6742 Einw.
	1970	7392 Einw.
	1988	ca. 10100 Einw. (unter Berücksichtigung der gegenwärtigen Zuwachsrate)
Pendler (1966):	1234 Auspendler, davon 1012 nach Heilbronn	
	780 Einpendler	

Aus den Erläuterungen zum Flächennutzungsplan:
„Die Stadt Weinsberg ist durch ihre landschaftlich reizvolle Lage, ihre geschichtliche Bedeutung sowie durch ihre einem Unterzentrum entsprechende Ausstattung und ihre guten Verkehrsverbindungen zum naheliegenden Stadtkreis Heilbronn als Wohnplatz sehr geeignet. Aus diesem Grunde sind im Flächennutzungsplan mehrere Wohngebiete (W) ausgewiesen."

„Die topographische Lage der Stadt macht es schwierig, gute und zusammenhängende Industrieflächen auszuweisen. Der Standort Weinsberg ist jedoch für Industrie, Handel und Gewerbe derart günstig, daß sich in den vergangenen Jahren etwa 30 Betriebe um eine Niederlassung in Weinsberg bemüht haben. Die Ansiedlung von Industrie ist ostwärts der Autobahn möglich. Dort sind die topographischen Voraussetzungen gegeben. Zur Gemarkung Weinsberg gehört davon jedoch nur eine ca. 17 ha große Fläche. Dagegen sind die angrenzenden Flächen der Gemarkung Ellhofen für die Ansiedlung von Industrie, Handel und Gewerbe geradezu prädestiniert. Für die Beschäftigten auf diesen entstehenden Arbeitsplätzen wird die Stadt Weinsberg die entsprechenden Wohnungen schaffen und ihre Ausstattung als Unterzentrum vervollständigen müssen."

Ein Zitat des Bürgermeisters aus den Beratungsunterlagen für den Gemeinderat:
„Der Gemeinderat darf auf Grund seiner Verantwortung vor der Zukunft für die planerische und bauliche Gestaltung der Stadt nicht zu dem Standpunkt kommen: ‚Industrie um jeden Preis, gleichgültig wo!' ... Industrie darf nur dorthin, wo sie das empfindliche Stadtbild nicht stört."

3 Versucht, aus dem Flächennutzungsplan von Weinsberg solche Zielvorstellung (oder auch mehrere) abzulesen. Die Angaben aus dem umrahmten Feld links unten helfen euch dabei. Beachtet besonders das Anwachsen der Einwohnerzahlen und das Verhältnis von Aus- und Einpendlern.

4 Überörtliche Planung kann eine Gemeinde in ihrer Planungsfreiheit einschränken. Mit dem viel Raum beanspruchenden Autobahnkreuz erwachsen der Stadt Weinsberg nicht nur Vorteile, sondern auch Probleme. Welche?

5 Auch das Stadtgebiet von Uelzen wird durch einen neuen überörtlichen Verkehrsweg zerschnitten. Suche ihn auf der Karte Uelzen.

6 Den Grundeigentümer interessiert am Flächennutzungsplan vor allem die Frage: Welchen Wert bekommt mein Land? Es ist klar, daß z. B. bisheriges Ackerland durch die Ausweisung als Wohngebiet oder als Industriegebiet einen gewaltigen Wertzuwachs erfährt.
Auf der Topographischen Karte Weinsberg sind drei Punkte markiert (A, B, C). Wo wird auf Grund des Flächennutzungsplanes der Grundstückspreis am stärksten steigen, wo am wenigsten? Daß einige Grundstückseigentümer ohne ihr Zutun große Gewinne erzielen, während andere „leer ausgehen", dürfte wohl nicht gerecht sein.

7 Laßt euch den Flächennutzungsplan eurer Gemeinde zeigen und erläutern. Vielleicht kann euer Lehrer sogar den Plan für einige Tage in die Schule holen. Fragt den Bürgermeister, den Ortsplaner oder einen anderen Fachmann nach den Problemstellen. Wo ist der Plan bereits abgeändert worden? Wo muß er noch geändert werden?

□ Eine Änderung des Flächennutzungsplanes wird z. B. dann notwendig, wenn sich die bisher ausgewiesenen Bauflächen als zu klein erweisen. In Uelzen zeigte sich schon wenige Jahre nach Entstehung des Flächennutzungsplanes, daß die vorgesehenen Industriegebiete nicht ausreichen würden. Doch war zu diesem Zeitpunkt schon fast das ganze Stadtgebiet bebaut – mit Ausnahme des Stadtforstes. Man beschloß, 50 ha Wald für die Erweiterung des Industriegebietes zu opfern. Das sind die Waldstücke 38 und 39 westlich und nordwestlich des bisherigen Industriegebietes (s. Karte Uelzen). Ihr könnt euch vorstellen, daß diese Entscheidung sehr umstritten war.

8 Spielt die entscheidende Ratssitzung selber durch. Für dieses Rollenspiel braucht ihr den Bürgermeister und mehrere Ratsherren. Zusätzlich eingeladen sind der Naturschutzbeauftragte, der Oberbaurat (= Leiter des Stadtbauamtes) und der Forstamtmann. Vielleicht sind noch mehr Diskussionsredner nötig.

Blick auf Weinsberg

Topographische Karte 1 : 25 000, Blatt 6821 Heilbronn (Stand 1958)

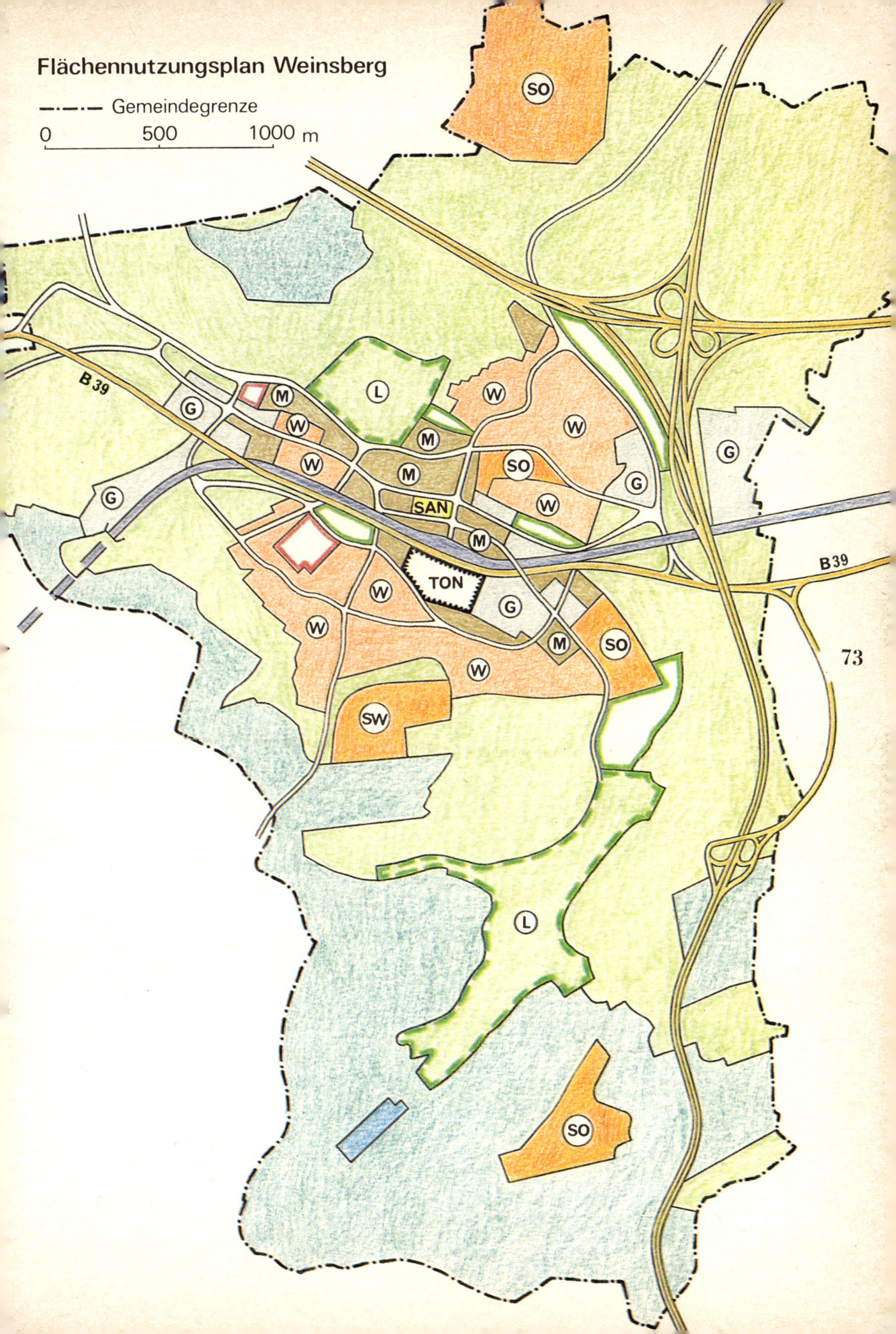
Flächennutzungsplan Weinsberg
Gemeindegrenze
0
500
1000 m
SO
B 39
G
M
W
L
SO
SAN
TON
SW
B 39

1

2

3

5

6

Stadtsanierung

Veraltete Wohnviertel in deiner Stadt

In unseren Städten leben Tausende von Menschen in Häusern, die schon 70, 100 oder 200 Jahre alt sind. Viele Wohnungen genügen heutigen Ansprüchen nicht mehr.

Einige typische Mängel:
- kein WC in der Wohnung
- kein Bad
- keine Zentralheizung
- wenig Tageslicht und Sonne (falsche Himmelsrichtung, geringer Gebäudeabstand)
- keine Querlüftung
- feuchte und niedrige Räume
- Lärm und Luftverschmutzung von nahen Werkstätten und Fabriken
- keine Kinderspielplätze . . .

In manchen Vierteln treten die Mängel gehäuft auf. Jüngere und besser verdienende Leute ziehen aus. Eigentümer und Bewohner sind nicht in der Lage, die Verhältnisse aus eigener Kraft zu bessern. Verfall zeigt sich an vielen Stellen.

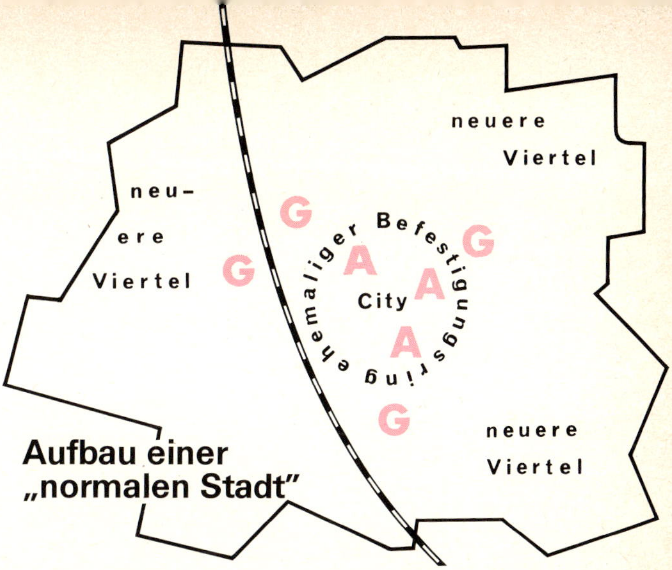

Aufbau einer „normalen Stadt“

Zwei Typen sanierungsbedürftiger Wohnviertel sind zu unterscheiden: **Altstadt-Wohnviertel (A)** und **gründerzeitliche Mietskasernenviertel (G).**

1 Welche Fotos dieser Doppelseite dürften zu A, welche zu G gehören?

2 70% der deutschen Städte ähneln sich in ihrem Aufbau. Im Grundriß dieser „normalen Städte“ haben A und G ihren ganz bestimmten Platz. Die Karte oben zeigt eine „normale Stadt“. Dazu gehört folgende Baugeschichte:

Mittelalter	Fürstenzeit/Absolutismus	Industriezeitalter	
1500	1840	Gründerzeit 1914	Gegenwart
Gründung der meisten Städte zwischen 1120 und 1350 (oft im Anschluß an eine Burg). Stadterweiterungen schon im Mittelalter. Eine Mauer umgab die gesamte Stadt.	Über 300 Jahre lang wuchsen die „normalen Städte“ nicht! Nur Wall und Graben wurden ausgebaut; gegen Feuerwaffen schützte der Wall besser als die Mauer.	Plötzlich wucherten die Städte über den Befestigungsring hinaus: Eisenbahnen, Fabriken, Mietskasernen in Fabriknähe, Villen. Höhepunkt 1870–1900.	Große neue Industriegebiete und Wohnsiedlungen (getrennt). Berufs-, Einkaufs- und Erholungsverkehr. Autos und Autostraßen.

Ist auch deine Stadt eine „normale Stadt“? Überlege, wie man die Frage lösen kann und welches Material herangezogen werden muß.

3 Gehören die sanierungsbedürftigen Viertel deiner Stadt überwiegend zu A oder zu G?
Ist deine Antwort A, dann dürfte deine Stadt weniger als 100000 Einwohner haben, jedenfalls nicht mehr als 150000. (Sie ist eine Stadt, die im 19. Jahrhundert nur wenige Fabriken und deshalb auch nur wenige Mietskasernen erhalten hat.)
Ist deine Antwort G, dann wohnst du in einer sehr großen Stadt mit vielleicht 200000 oder mehr Einwohnern. (Viele Fabriken und Mietskasernen wurden in der Gründerzeit gebaut. Die Stadt ist bis heute gewaltig gewachsen. Entsprechend hat sich auch die City ausgedehnt und die Altstadt-Wohnviertel großenteils „geschluckt“.)
Ist die Vermutung richtig?

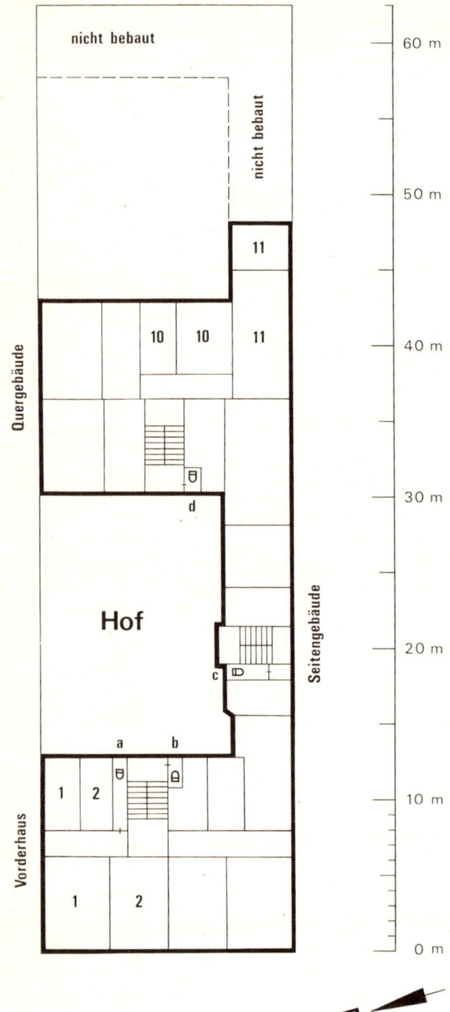

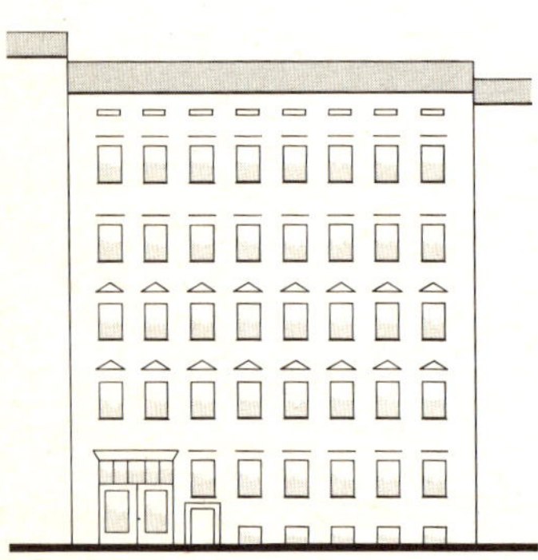

Thaerstraße 21
Berlin – Friedrichshain

Berliner Mietskasernen

Das Haus Thaerstraße 21 ist eine von vielen tausend Berliner Mietskasernen. Baujahr 1873.

1 Der Grundriß zeigt ein Obergeschoß. Alle Wohnungen dieses Geschosses bestehen aus zwei Räumen. Der kleinere wird meist als Wohnküche, der größere als Schlafzimmer genutzt. Finde nun die zusammengehörenden Räume heraus und vervollständige die Numerierung der Wohnungen.

2 Errechne die Anzahl der Wohnungen und die Anzahl der Menschen im gesamten Haus. Dabei soll angenommen werden, daß alle fünf Geschosse gleich aufgeteilt sind. Nur im Erdgeschoß entfällt eine Wohnung wegen des Durchgangs zum Hof. Das Kellergeschoß ist einzubeziehen, obwohl dort neben Wohnungen oft noch kleine Werkstätten und Läden untergebracht sind. Rechne für jede Wohnung 3 Personen; früher war die Zahl höher, heute ist sie oft niedriger.

3 Wieviel Miete wird dem Hauseigentümer in jedem Monat gezahlt? Die einzelne Wohnung sei mit 80DM angesetzt. In Wirklichkeit sind die Mieten abgestuft: Am teuersten sind die Wohnungen im ersten Obergeschoß des Vorderhauses.

4 Eine „abgeschlossene Wohnung" kann durch eine einzige Tür, die Wohnungstür, abgeschlossen werden. Bei welchen Wohnungen fehlt diese Möglichkeit?

5 Prüfe die Ausstattung mit Toiletten. Im Grundriß sind die Toiletten mit a-b-c-d gekennzeichnet. Sie sind nachträglich eingebaut worden und haben Wasserspülung. Anfangs gab es „Trockenaborte" im Hof.

6 Benutze für die weitere Prüfung der Wohnungsqualität die Mängelliste S. 74.

7 Bestimme möglichst genau die Grundflächenzahl (GRZ) und die Geschoßflächenzahl (GFZ).
Vergleiche damit die heute zulässige GRZ und GFZ bei Wohngebäuden mit 5 Vollgeschossen (Tabelle S. 58).

Baubestimmungen um 1870 in Berlin

+ Die Straßenseite des Vorderhauses mußte genau die Bauflucht einhalten und sich in die geschlossene Häuserfront einfügen. Nach dem Geschmack der Zeit hatten die Planer große, repräsentative Straßen entworfen, 30–60 m breit, mit 20 m hohen Häuserfronten.

+ Höchstens fünf Vollgeschosse waren erlaubt, außerdem ein Kellergeschoß.

+ Gebäude, die bis an die Grenze des Nachbargrundstücks reichten, mußten mit einer Brandmauer abschließen. (Zeige die Brandmauern des Hauses Thaerstr. 21.)

+ Innenhöfe mußten mindestens 6,20 m × 6,20 m groß sein, damit eine Feuerspritze betätigt oder ein Sprungtuch aufgespannt werden konnte.

„Wollt ihr weg von der Blume, spielt mit'n Müllkasten!"
(Heinrich Zille)

Als Hunderttausende in die Stadt strömten und Wohnungen brauchten, versuchte sich mancher Berliner als Unternehmer: Er kaufte ein Grundstück und baute ein Mietshaus. Je mehr Wohnraum auf dem Grundstück, desto mehr Miete!

8 Zeichne ein Grundstück 20 m × 64 m; trage Gebäude ein, und zwar so dicht, wie es die damaligen Bestimmungen zuließen. Zimmer brauchen nicht verzeichnet zu werden. Trotzdem sollte man an sie denken, denn alle Zimmer müssen Anteil an Fensterwänden haben. Brandmauern haben natürlich keine Fenster! (Das Beispiel Thaerstr. 21 zeigt nur eine der Möglichkeiten.)

Die größte Mietskaserne war der Meyershof in Berlin-Wedding. Aus einem Bericht von 1877: „. . . Meyer's Hof – zur Zeit wohl diejenige Miethausanlage Berlins, welche die größte Einwohnerzahl auf einem Grundstück vereint. Dieselbe ist i. J. 1874 von einem Banquier Meyer ausgeführt und in der Ackerstraße Nr. 132/33 gelegen. Sie besteht aus nicht weniger als 6 fünfgeschossigen Häusern von 12 m Tiefe, die in Abständen von 10 m aufeinander folgen und im Erdgeschoß mit breiten Durchfahrten geöffnet sind. Jedes Haus enthält etwa 50, das ganze Grundstück demnach gegen 300 Wohnungen (durchschnittlich 35 m²), die mit einer Bevölkerung von mehr als 2000 Köpfen – also der Einwohnerzahl einer kleinen Stadt – besetzt sind." Der Bericht nennt außerdem 8 Läden, 12 Werkstatträume, eine Badeanstalt mit 12 Badezellen, eine Verwalterwohnung mit Remise, eine eigene Trinkwasserversorgungsanlage sowie 30 wassergespülte Toiletten auf den Innenhöfen. (10)

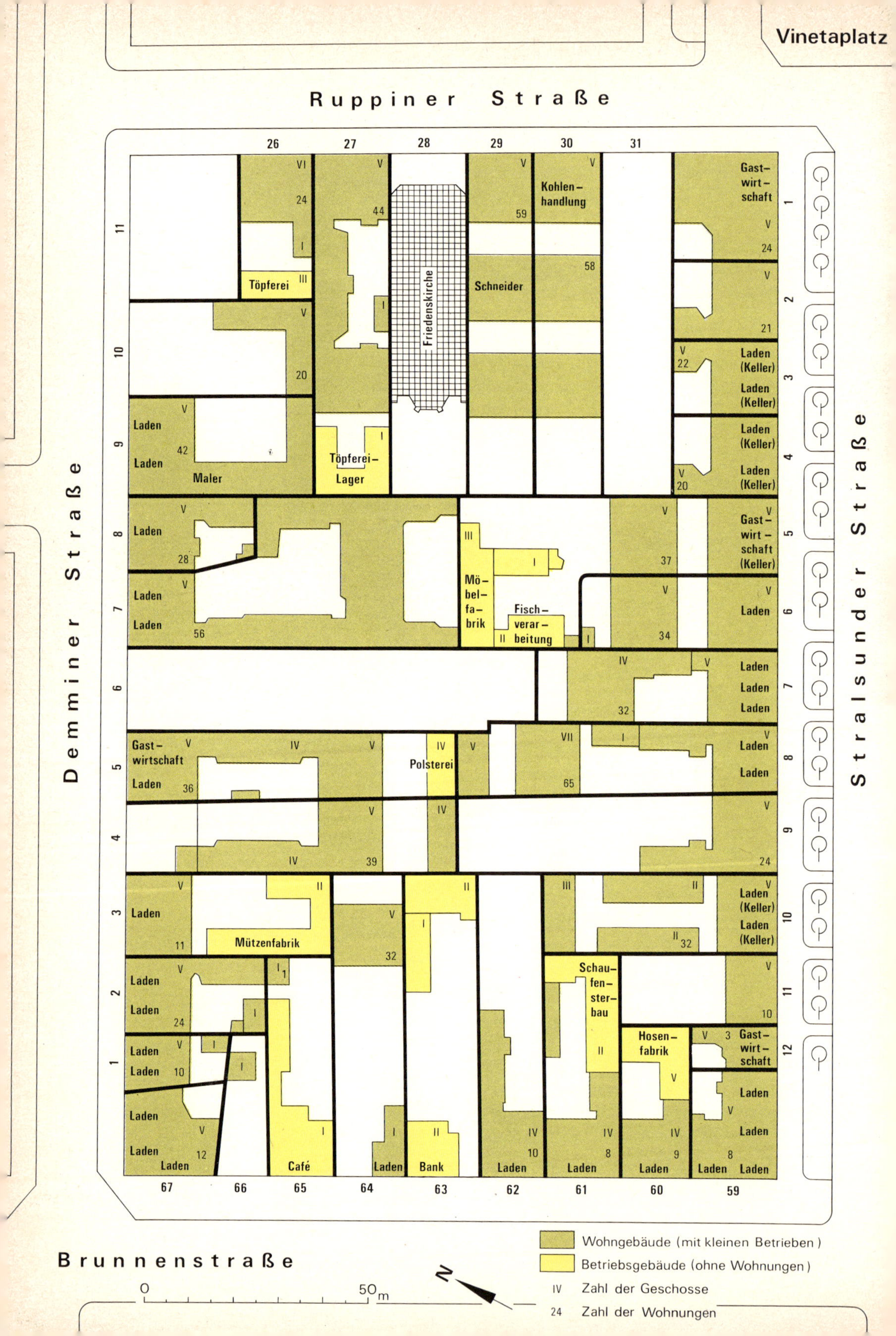

Vinetaplatz
Ruppiner Straße
Demminer Straße
Stralsunder Straße
Brunnenstraße
Töpferei
Friedenskirche
Schneider
Kohlenhandlung
Gastwirtschaft
Laden (Keller)
Töpferei-Lager
Maler
Laden
Möbelfabrik
Fischverarbeitung
Gastwirtschaft (Keller)
Polsterei
Mützenfabrik
Schaufensterbau
Hosenfabrik
Café
Bank
0
50 m
N
Wohngebäude (mit kleinen Betrieben)
Betriebsgebäude (ohne Wohnungen)
IV Zahl der Geschosse
24 Zahl der Wohnungen

☐ Der Zustand 1956 – vor der Sanierung

1 Am 23. und 24. 11. 1943 fielen Bomben, und zahlreiche Gebäude brannten nieder. Notiere die Grundstücke mit deutlichen Baulücken (am besten im Uhrzeigersinn: Demminer Str. 4, 6 . . .). Mitzuzählen sind die Grundstücke, an deren Straßenseite ein- oder zweigeschossige Gebäude stehen; diese Flachbauten sind nach dem Krieg auf Trümmergrundstücken entstanden.

2 Im Bezirk Wedding können viele Erwerbstätige ihren Arbeitsplatz zu Fuß erreichen. Man hat in der Gründerzeit noch nicht getrennte Wohn- und Industrieviertel geplant. Einige große Fabriken nehmen ganze Baublöcke in Anspruch, z. B. die Werke der AEG. Die meisten Betriebe aber wurden auf kleinen und billigen Hinterhofflächen errichtet. Nenne einige charakteristische Merkmale der „Hinterhofindustrie". Diese Aufgabe gelingt am leichtesten, wenn du zum Vergleich an Fabriken denkst, die du aus deiner Heimat kennst und die mit Sicherheit nicht als „Hinterhofindustrie" betrieben werden könnten.

38 Grundstücke, meist im Eigentum einzelner Privatleute, die in anderen Teilen Berlins wohnen. Um 1875 bebaut.

855 Wohnungen (durchschnittlich 35 m²).
992 Haushaltungen.
2111 Einwohner (abnehmend).
2,5 Personen/Wohnung.
Wohndichte 1160 E./ha.
GFZ 2,8.

Zahlreiche kleine Läden versorgen die Nachbarschaft (Lebensmittel, Milch, Seife, Kohlen usw.). Nur die Geschäfte an der Brunnenstraße haben größere Bedeutung (Möbel, Elektrowaren, Farben usw.).

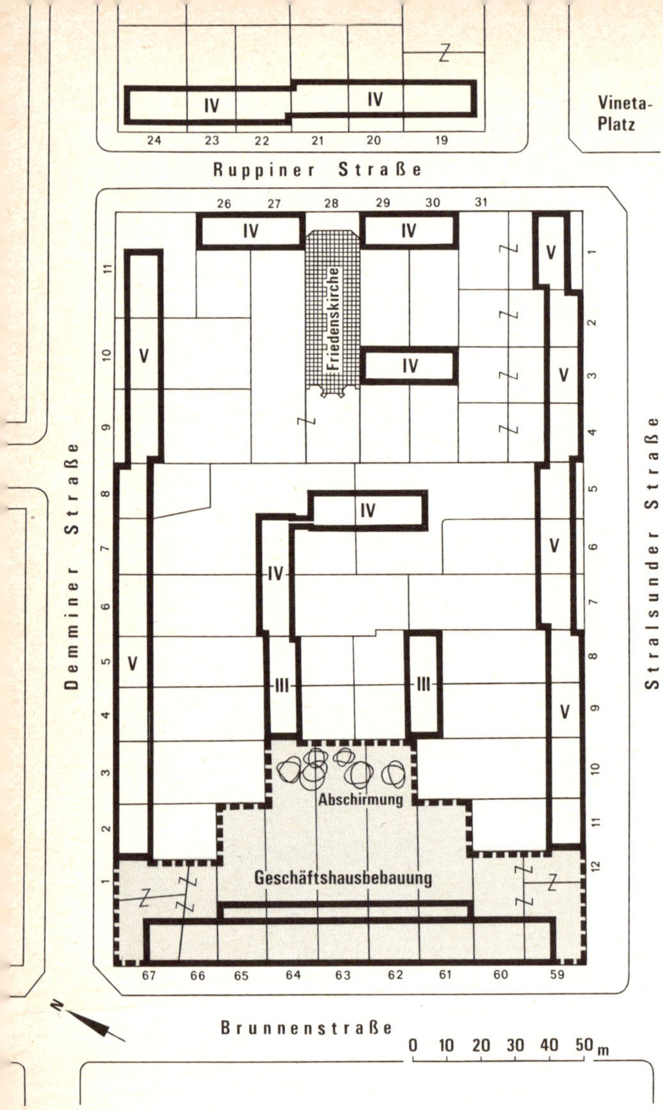

Entwurf 1956

V Zahl der Geschosse

Ladenzentrum (Geschäftsgebäude und zugehörige Freiflächen)

Aufzuhebende Grundstücksgrenzen

3 Die Hauptaufgabe des Kapitels: Vergleiche die Entwürfe (nach Geschoßzahl, Verkehrsplanung usw.).

∞ **4** Welcher Vorschlag ist der bessere? Diskutiert über die Qualität der beiden Entwürfe. Versucht dabei, die Absichten der Planer zu ergründen.

5 Untersuche den Stand der Sanierung am 25. 3. 1973 anhand der vier Fotos.

6 Entdeckst du einige Abweichungen vom Entwurf 1966?

∞ **7** Überlegt, warum gerade in den Altbauten von Sanierungsgebieten so viele Gastarbeiterfamilien wohnen. (Im Berliner Bezirk Kreuzberg sind von 160000 Einwohnern 32000 Ausländer, davon 26000 Türken.)

Zustand März 1973: Brunnenstraße

Demminer Straße 1 – türkische Kinder

Entwurf 1966

VII	Zahl der Geschosse
W	Wohnungen
GE	Gewerbe
P_{90}	Parkhaus, Garage (mit Zahl der Stellplätze)
(P)	Parkplatz im Freien
	Durchgang o. Durchfahrt im Erdgeschoß
	Fußweg
	Grünfläche
	Spielplatz
	Spielplatz: Hartfläche auf Garage

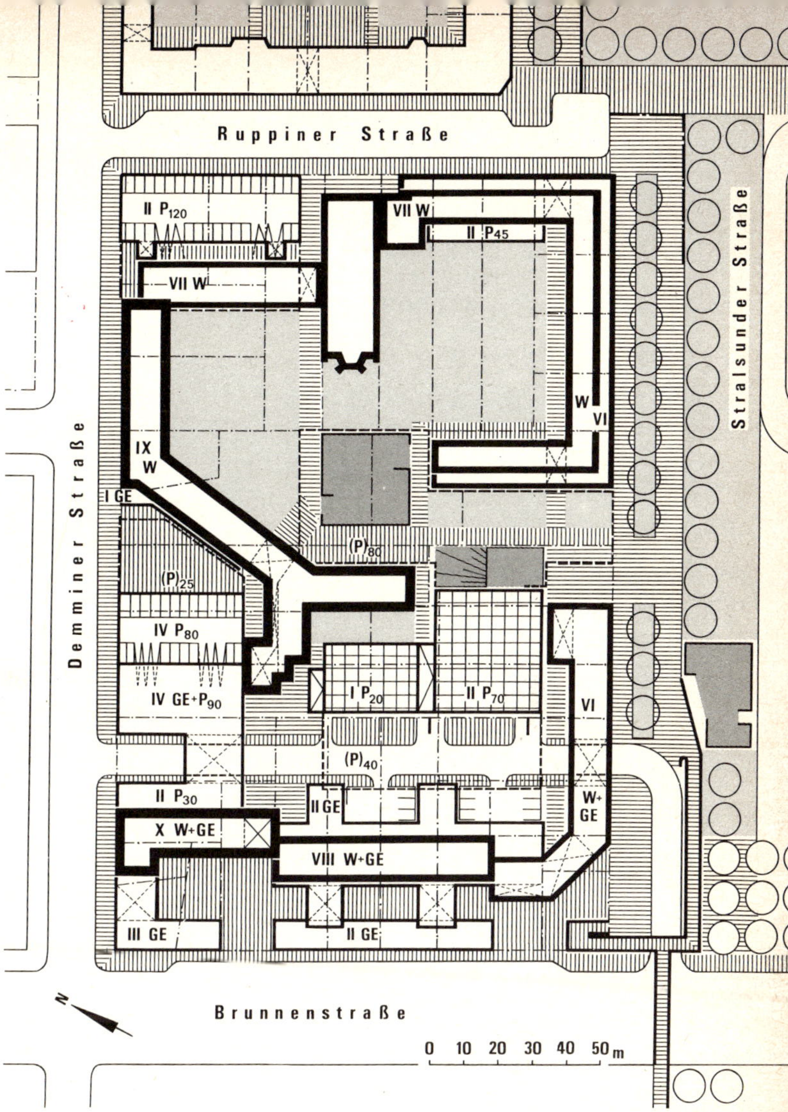

Einige Planungsziele 1956:
Wohndichte höchstens 666E./ha
GFZ nicht über 1,5
Wohnfläche 22,5m²/E.

Ein Planungsziel 1966:
580 Wohnungen mit durchschnittlich 66m².

Blick von der Demminer Straße 1 nach O

Stralsunder Straße

Flächensanierung – Entkernung – Modernisierung

□ **Flächensanierung** ist bereits von der Sanierung in Wedding bekannt: Auf einer Sanierungsfläche, die mehrere Grundstücke umfaßt, werden alle Gebäude abgerissen, und es wird von Grund auf neu gebaut.
Viele Fachleute schimpfen heute auf solchen „Kahlschlag“. Sie wollen nicht „Totalerneuerung“, sondern „Teilerneuerung“. Sie empfehlen die **Entkernung** der Baublöcke.

1 Beschreibe die Entkernung anhand der beiden Zeichnungen auf dieser Seite.

2 Entwirf nun selbst einen Entkernungsvorschlag, und zwar für den Baublock 257 in Wedding. (Am besten legst du dafür ein Transparentblatt auf die Karte S. 78.)

Die stehenbleibenden Altbauten müssen natürlich gründlich instand gesetzt werden. Aber das genügt nicht. Moderne Einrichtungen sind nötig: WC, Bad, Zentralheizung, Fahrstuhl ... Zu jeder Entkernung gehört also eine **Modernisierung.**

3 Das Grundstück Karl-Marx-Str. 41 liegt in einem Baublock in Berlin-Neukölln. Hier ist beides ablesbar: Entkernung und Modernisierung. Beschreibe den Sanierungsvorschlag.

Entkernung

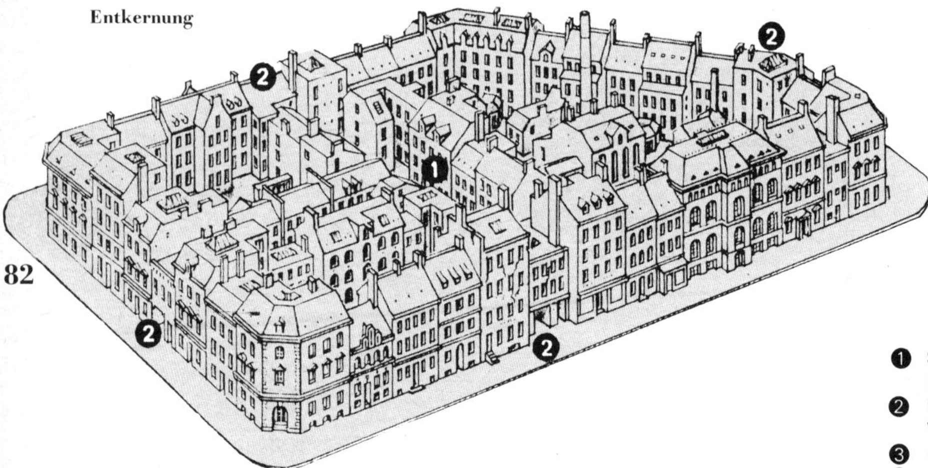

❶ Schuppen und Hinterhäuser
❷ Überalterte Vorderhäuser
❸ Spielplatz
❹ Kindergarten
❺ Neubauten

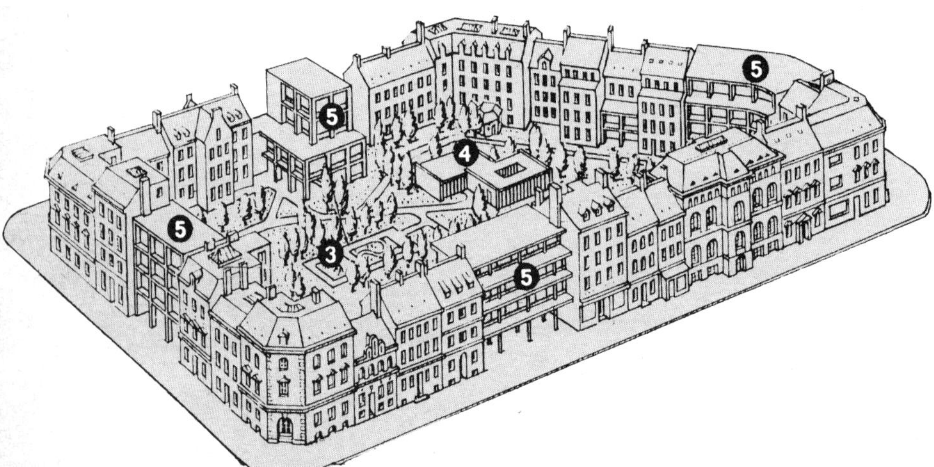

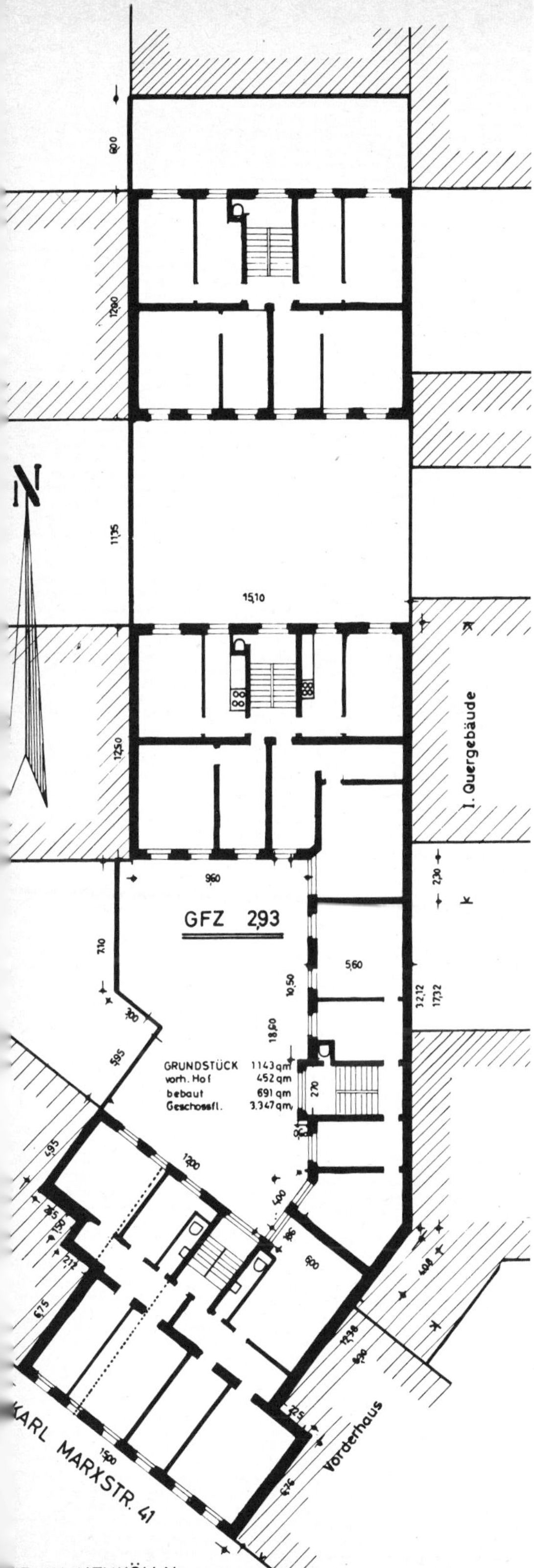

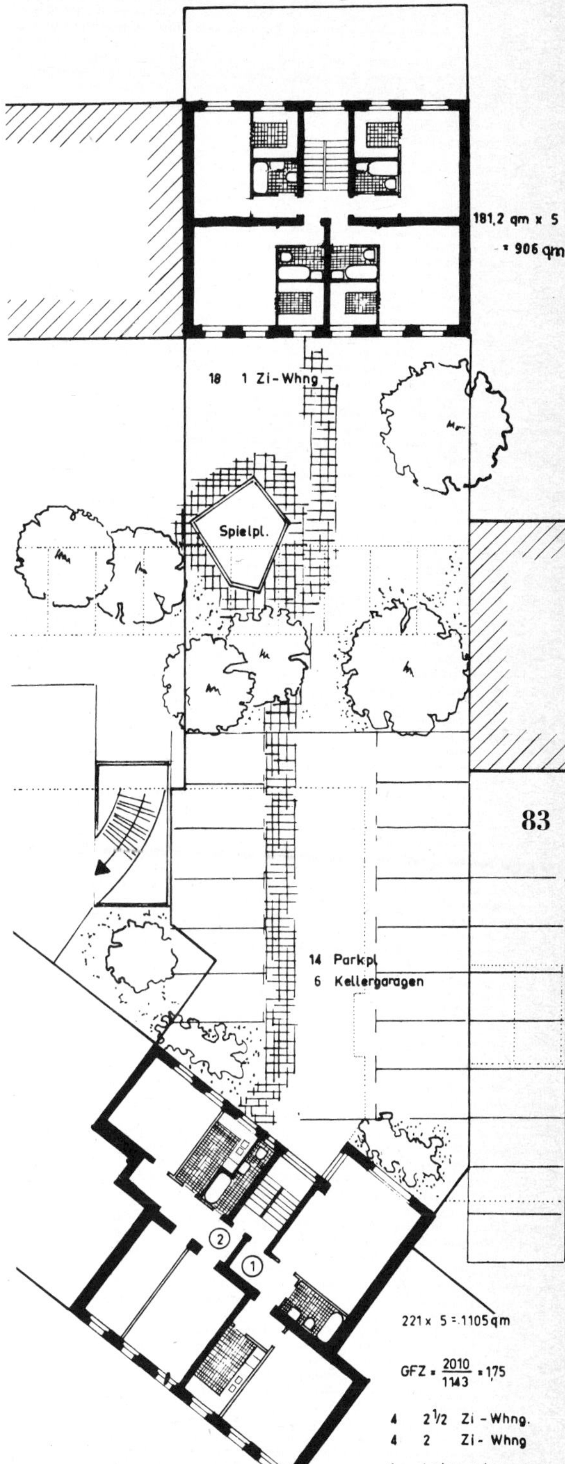

Sanierungsvorschlag

Semmer: Sanierung von Mietkasernen

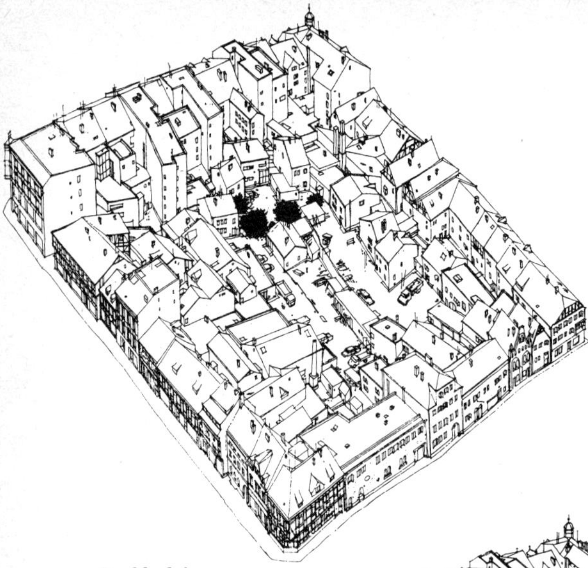

Baublock in Hameln

□ Sanierung in **Hameln/Weser** und **Görlitz/Neiße**

Hier geht es um Altstadtsanierung, nicht um die Sanierung gründerzeitlicher Viertel!

4 Woran erkennst du, daß die beiden ausgewählten Baublöcke Altstadt-Baublöcke sind? Vergleiche mit dem Baublock 257 in Wedding und auch mit der Modelldarstellung S. 82, bei der der Zeichner wohl an gründerzeitliche Bebauung gedacht hat.

5 Vergleiche und kritisiere die Sanierung in Hameln und Görlitz.

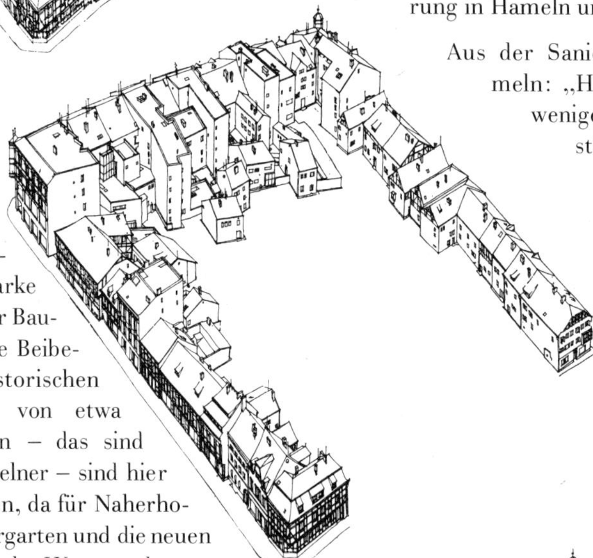

Aus der Sanierungsfibel von Hameln: „Hameln hat einen der wenigen vom Krieg unzerstörten mittelalterlichen Stadtkerne mit Bauten, Plätzen und Straßen von historischer Qualität ... Vornehmstes Prinzip der Planung und wichtigstes Ziel der Durchführung der Sanierung ist die Erhaltung von 535 (79%) Vorderhäusern dieses historischen Stadtbildes."

Der Stadtbaurat: „Eine starke Verdichtung der Baumassen und die Beibehaltung der historischen Einwohnerzahl von etwa 5000 Menschen – das sind 10% aller Hamelner – sind hier zu verantworten, da für Naherholung der Bürgergarten und die neuen Promenaden an der Weser und – nur wenige hundert Meter weiter – die herrlichen Bergwälder (im Eigentum der Stadt) ‚angeboten' werden können."

GFZ 1,6 (Ziel: 2,0–2,3).

Wohndichte in der Altstadt von

Hameln	150	Lüneburg	105
Reutlingen	170	Northeim	145
Lübeck	135	Osnabrück	74

Noch 1960 lagen die Zahlen 20% höher! Ohne Sanierung werden noch mehr Bewohner abwandern, und der Anteil der Alten und Armen wird weiter zunehmen.

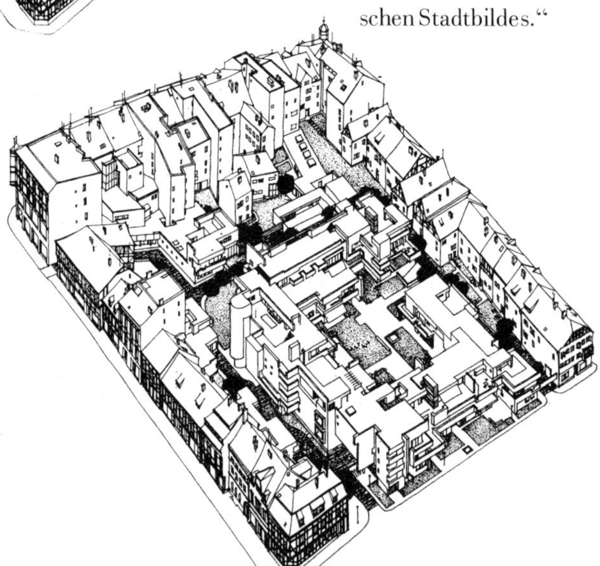

Baublock in Görlitz/ Neiße

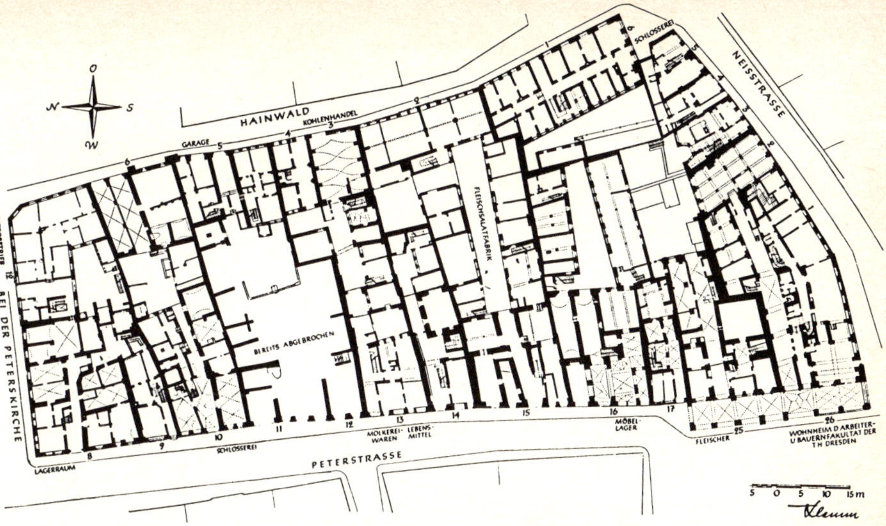

□ **6** Auf der nächsten Doppelseite kommen Journalisten, Fachleute und Betroffene zu Wort. Sie haben unterschiedliche Meinungen über Stadtsanierung, und entsprechend verwenden sie auch ganz verschiedene Ausdrücke für die Methoden der Sanierung: wiederbeleben, Kahlschlag, modernisieren usw. Suche 15 solcher Wörter aus den Texten heraus und ordne sie. (Die meisten Wörter kann man aus dem jeweiligen Zusammenhang verstehen.)

7 Einzel- oder Gruppenarbeit: Kennzeichne alle Textstellen der nächsten Doppelseite,

a) die einem Denkmalpfleger zugeschrieben werden können,

b) die Aussagen über die Betroffenen enthalten,

c) die von Altstadtsanierung handeln,

d) die von der Sanierung gründerzeitlicher Viertel handeln,

e) die eindeutig für Flächensanierung sprechen,

f) die eindeutig für Modernisierung (oder Entkernung/Modernisierung) sprechen.

∞ **8** Was ist denn nun besser: Flächensanierung oder Entkernung/Modernisierung? (Verwertet in der Diskussion die Texte und auch eure Erfahrungen mit dem Baublock 257.)

Rathaus in Lengfurt, Bayern

Bürgermeister Dr. Friedrich Kremer: „Wir haben überlegt, ob wir nicht einen Neubau errichten sollten, um die Verwaltung darin unterzubringen . . . Wir haben davon abgesehen aus zwei Gründen: Einmal haben wir geglaubt, ein Neubau im Ortskern zwischen alten Häusern wäre deplaciert, und zweitens haben wir einfach die Kosten gescheut. Wir hätten ja auch ein Grundstück erwerben müssen. Schließlich haben wir uns dann entschlossen, dieses alte Barockhaus umzubauen, und wer es heute sieht, der vermag kaum zu glauben, daß dies einmal ein altes Haus war mit Lehmwänden. Wir haben trotzdem gute und ausreichende Räume geschaffen, und vor allen Dingen haben wir zwei Dinge erreicht. Wir haben 160000 DM Kosten gespart, ein Neubau hätte weit über 400000 DM gekostet. Wir sind mit 260000 DM Umbaukosten ausgekommen. Und außerdem haben wir die Ansicht dieses einfachen, aber schönen alten Hauses in unserem Ortskern erhalten. Es ist zwar kein Haus, das unter Denkmalschutz steht, aber doch ein Haus, das zeugt von der alten Größe Lengfurts vor 200 Jahren." (Fernsehbericht: Wolf, Sanieren heißt nicht abreißen)

Altstädte in der DDR

Die Altstädte von Görlitz, Quedlinburg, Stralsund, Freiburg/Sachsen, Potsdam, Pirna, Meißen, Torgau und Osterwiek wurden als Gesamtkulturdenkmale unter Denkmalschutz gestellt. (Wildeman, Erneuerung denkmalwerter Altstädte)

Anleitung für Mietskasernen-Besitzer in Berlin

„Um das Risiko zu vermeiden, daß die unzureichend ausgestatteten Altbau-Wohnungen auf längere Sicht nicht mehr vermietbar sind, werden Sanierungsmaßnahmen getroffen. Diese bestehen in einem Teilabriß und einer gleichzeitigen Modernisierung der Restsubstanz." – Nach einer Modernisierung müssen die Mieten um 185% steigen. Bei Totalerneuerung würden die Mieten weitere 53% höher sein als die der modernisierten Wohnungen. (Semmer, Sanierung von Mietkasernen)

Vergrößerung der Geschäfte in Alsfeld/Hessen

Dazu sollen die Schuppen und Scheunen an der Hinterfront der Gebäude beseitigt werden. So wird Raum für moderne Anbauten geschaffen, und die Geschäftsleute können ihre Läden und Lagerflächen vergrößern . . . Die Stadt sorgt lediglich für die Erschließung der entkernten Viertel, zum Beispiel für den Bau kleiner Stichstraßen, die den rückwärtigen An- und Abtransport von Waren ermöglichen. (Petzold, Modelle für morgen)

Soziale Probleme

Der Verlust ihrer zwar unkomfortablen, aber oft relativ billigen und meist zentrumsnah gelegenen Wohnungen bedeutet für viele dieser Vertriebenen mehr als nur höhere Mieten und weitere Wege zum Arbeitsplatz. Eine achtzigjährige Frankfurterin: „Am liebsten würde ich jetzt den Gashahn aufdrehen; es hat doch alles keinen Sinn mehr, wenn auch noch die letzten Menschen, die mir blieben, nicht mehr erreichbar sind." Vor allem alte Leute vermissen in ihrer neuen Umwelt „soziale Geborgenheit" (Soziologie-Professor Bahrdt). Sie haben den „Laden an der Ecke" verloren, die Nachbarn, die vertrauten „Klön-Winkel".

Die Mieten steigen in jedem Fall, auch für modernisierte Wohnungen. Mancher schafft den unfreiwilligen sozialen Aufstieg nicht. 7% der über 180000 Menschen, die in den Obdachlosen-Quartieren am Rande der Städte Nordrhein-Westfalens leben, sind Opfer von Sanierungen. (Der Spiegel)

Der Beginenhof in Löwen, Belgien

Professor Raimond Lemaire, Universität Löwen: „Vor 8 Jahren noch war das ein Slum, der für den Abbruch vorgesehen war. Man fragte sich, was man mit einem völlig ruinierten Stadtviertel im Ausmaß von 10 ha eigentlich noch machen könnte. Mit einer Kirche aus dem 14. Jahrhundert, einem Hospital aus dem 16. Jahrhundert, mit etwa 100 Häusern aus dem 16./17./18. Jahrhundert . . . Die Universität Löwen interessierte sich für diese Aufgabe. Sie hat diesen Stadtteil restaurieren lassen, um jungen Professoren Wohnmöglichkeiten zu geben und gleichzeitig einen kulturellen Beitrag zu leisten. Heute leben schon mehr als 500 junge Leute in diesem Viertel." Die Restaurierung und Revitalisierung dieses alten Klosterviertels Löwen ist für die Universität billiger als entsprechende Neubauten. (Fernsehbericht: Wolf, Sanieren heißt nicht abreißen)

Venedig

Venedig wäre verloren, wenn nicht mit erheblichen Staatszuschüssen Treppenhäuser, Küchen, Bäder und WC-Anlagen eingebaut würden. (Wildeman, Erneuerung denkmalwerter Altstädte)

Begeisterung für Dubrovnik

Unsere eigenen Altstädte möchten wir am liebsten wegsanieren, aber wir begeistern uns in Städten wie Dubrovnik für die Schönheiten lebendiger Vergangenheit. (Fernsehbericht: Wolf, Sanieren heißt nicht abreißen)

Stadtentwicklungsprogramm Bremen

In Altbaugebieten ist eine Erneuerung von Grund auf beispielsweise dann notwendig, wenn eine völlig neue Verkehrsinfrastruktur geschaffen werden muß.

Architektenwettbewerb Berlin-Neukölln
Das Preisgericht kritisierte 1972 einen der vorgelegten Entwürfe: „Die auf Zeit modernisierten Altbauten haben eine vergleichsweise kurze Restlebensdauer gegenüber Neubauten. Das bedeutet, daß in absehbarer Zeit wiederum kleinteilige Einheiten zur Sanierung anstehen, deren Folge eine permanente Belästigung der Anwohner ist." Außerdem würden grundlegende städtebauliche Neuerungen verhindert. (Neunter Bericht über Stadterneuerung in Berlin)

Lebensdauer der Gebäude
Die Restlebensdauer modernisierter Mietskasernen wurde in einer Untersuchung von J. Göderitz (Sanierung erneuerungsbedürftiger Baugebiete) mit 30 Jahren angesetzt. Für einen Neubau wurde eine Lebensdauer von reichlich 80 Jahren gerechnet.

Danzig und Warschau
1945 war Danzig zu mehr als 90% zerstört. Polens Hauptstadt Warschau lag total in Trümmern. Beide Altstädte wurden nach dem Kriege wiederaufgebaut – in ihrer historischen Gestalt. Es ist nur schwer vorstellbar, was die Polen dafür – ihrer wirtschaftlichen Not zum Trotz – auf sich genommen haben. (Fernsehbericht: Wolf, Sanieren heißt nicht abreißen)

Hameln, ein Zukunftsbild
Moderne, helle und luftige Neubauwohnungen können in der Altstadt angeboten werden. Dachgärten und Grünanlagen bieten Spielraum für die Kinder. Die alten Menschen wohnen in stillen Straßen und können am geschäftlichen Leben teilhaben . . .
Die Hamelner Mitbürger können ihre Gäste und die vielen Urlauber, die wir in Zukunft erwarten, durch besonders liebevoll erhaltene und gepflegte Altstadtstraßen und -plätze führen. An diesem „historischen Rundgang" liegen alle sehenswerten Baudenkmäler. (Sanierungsfibel Hameln)

Umzug in der Kleinstadt Alsfeld/Hessen
. . . Zum Beispiel bei Frau Hill, einer Raumpflegerin im Rathaus. Bis vor kurzem lebte sie im Sanierungsgebiet. Als man ihr mitteilte, das Haus, in dem sie seit Jahrzehnten wohnte, müsse abgerissen werden, war sie alles andere als erfreut. „Das geht nicht gut", sagte sie, „einen alten Baum soll man nicht verpflanzen." Doch heute lebt sie gemeinsam mit ihrem Sohn am Nordrand der Stadt, in Alsfelds angenehmstem Wohngebiet. Sie hat sich hier eingelebt und möchte nie wieder weg. Helle, freundliche Räume, eine moderne Küche, Badezimmer und Toilette, Annehmlichkeiten, von denen sie in der Altstadt nur träumen konnte, gehören nunmehr zu ihrem Wohnalltag. Kostenpunkt hundert Mark pro Monat, eine Miete, die kaum über der liegt, die sie in der Innenstadt zahlen mußte. (Petzold, Modelle für morgen)

Das Gängeviertel in Lübeck
Erster Bürgermeister Werner Kock: „Wir sind jetzt dabei, diesen Gang (= enge Gasse mit Kleinsthäusern) wiederherzustellen. Das letzte Mal, daß hier gebaut wurde, war 1792. Wir wollen aus den bisherigen winzigen kleinen Kämmerchen dieser kleinen Häuser richtige Wohnungen machen. Damit werden wir alte Menschen wieder in die Stadt, in ihren alten angestammten Lebenskreis, zurückbringen. Denn auf Grund der äußeren Verhältnisse waren auch wir bisher gezwungen, Altenwohnungen und Altenheime im Grünen zu bauen. Wir mußten aber feststellen, daß es dort sehr viele alte Menschen gibt, die einmal in der Stadt lebten und die gerne wieder in das Zentrum zurückkehren möchten. Dem wollen die ‚Wohnungsbaugesellschaften Trave' gemeinsam mit der befreundeten Gesellschaft ‚Heimstätten' abhelfen. Sie werden neue, größere Wohnungen innerhalb der alten Bausubstanz ausbauen." (Fernsehbericht: Wolf, Sanieren heißt nicht abreißen)

Enschede in den Niederlanden
Der „Boulevard 1945" in Enschede ist ein markantes Beispiel wirkungsvoller niederländischer Planung im Grenzraum. Nach einer Flächensanierung (totaler Abbruch eines Altstadtteiles und einer Fabrikanlage) entstanden großzügige Geschäftsviertel mit einem Marktzentrum, das besonders an Wochenenden Tausende von Besuchern auch aus dem deutschen Grenzraum anlockt. (Schulfunkheft Erdkunde)

Altstadthäuser in Wiesloch/Baden-Württemberg
Ihre Eigentümer leben darin zwar ohne Komfort, aber spottbillig . . . Die wenigsten Althaus-Besitzer haben die Mittel, einen Neubau zu finanzieren . . . Die Grundstücke sind oft nur 70 bis 80 Quadratmeter groß. Darauf steht eine ineinandergeschachtelte Ansammlung von Wohngebäuden im Puppenhausstil, Kleinbetrieben, Schuppen und ehemaligen Stallungen . . . Mittelklassewagen können die engen Gassen kaum passieren; Parkplätze sind rar.
Städtebau-Professor Karl Selg: Höhere Gebäude würden – trotz ihrer lichten Bebauung – mehr Wohnraum, zurückverlegte Baufluchten mehr Verkehrsflächen schaffen; für mehr Bewohner und mehr Geschäftskundschaft würden sich mehr Parkplätze, Fußwege und Grünzonen ergeben.
Ratsherr Alfred Heinzmann: „Wiesloch muß Wiesloch bleiben. Man kann doch nicht eine Stadt, die in Jahrhunderten gewachsen ist, vom Erdboden tilgen . . . 90 bis 95 Prozent der Betroffenen sind gegen diese Sanierung." (Der Spiegel)

Das alte Stadtbild erhalten? Beispiel Hameln

Ortsstatut zur Erhaltung des historischen Orts- und Straßenbildes in der Stadt Hameln

... hat der Rat der Stadt Hameln am 5. Juli 1968 folgende Satzung beschlossen:

§ 1 Allgemein

(1) Die Altstadt mit ihren geschichtlichen und künstlerisch wertvollen Bauten und Straßenbildern ist von den Auswirkungen des Krieges weitgehend verschont geblieben.

(2) Um so mehr ist ihre Erhaltung und Pflege als kulturelle Aufgabe zu werten, deren Erfüllung durch die besonderen Vorschriften dieser Satzung erreicht werden soll.

(3) Es empfiehlt sich, vor baulicher Veränderung eines Baudenkmals und eines Neubaues in dessen Umgebung die kostenlose Beratung der Baubehörde in Anspruch zu nehmen.

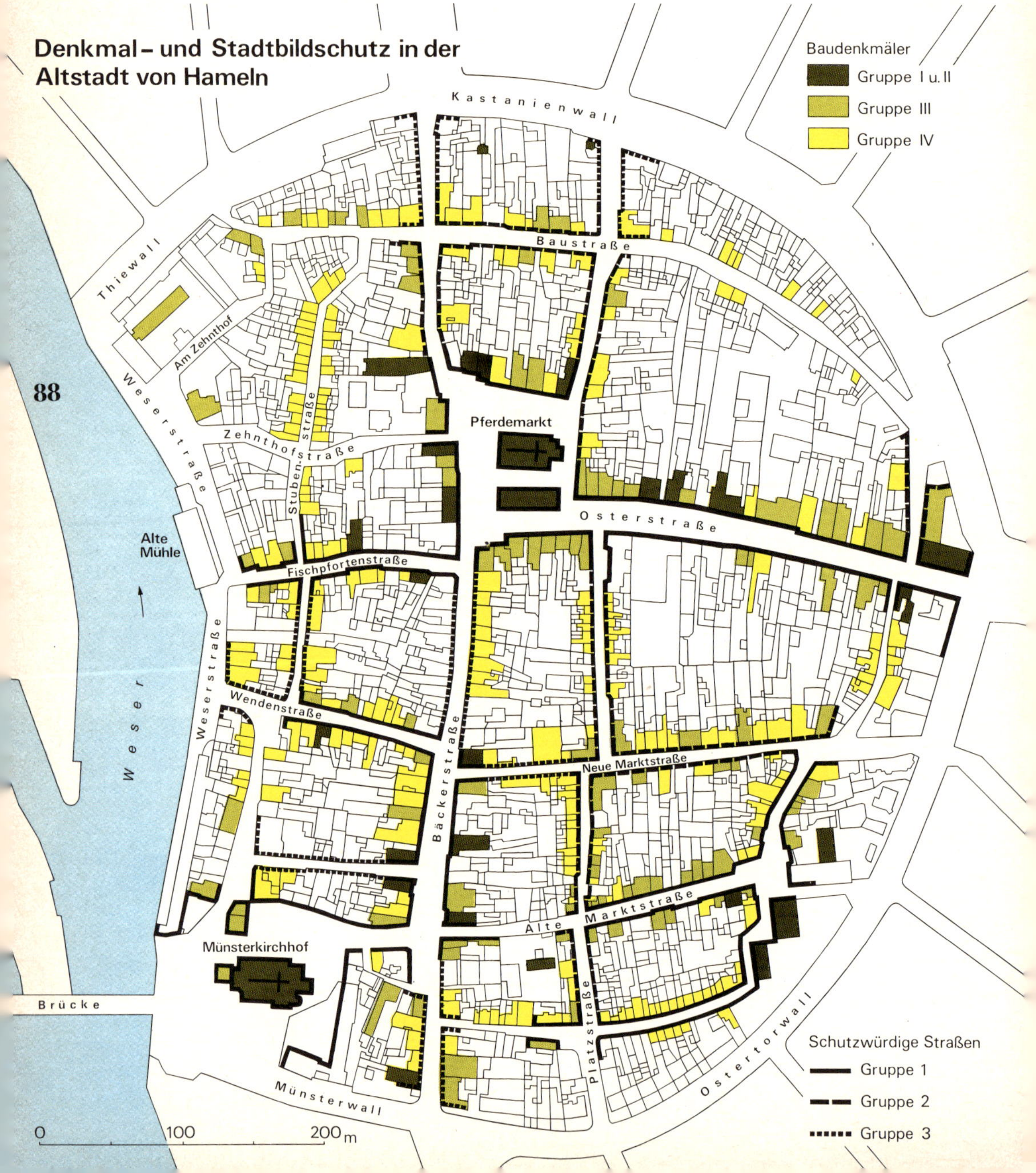

§ 2 Geltungsbereich
Der Geltungsbereich des Ortsstatuts erstreckt sich auf die Bebauung in dem Gebiet der Altstadt Hameln, das umschlossen wird von Thiewall, Kastanienwall, Ostertorwall, Münsterwall, Münsterplatz, Langer Wall, Weserufer (Weserstraße).

§ 3 Baudenkmäler
(1) Als Baudenkmäler der Stadt Hameln gelten insbesondere die ... Gebäude, Bauteile und baulichen Anlagen der Gruppen I, II und III.
Zur Gruppe I gehören Baudenkmäler von internationalem Rang.
Zur Gruppe II gehören Baudenkmäler von überörtlicher Bedeutung.
Zur Gruppe III gehören Baudenkmäler von örtlicher Bedeutung.
Zur Gruppe IV gehören Bauten von geringem Einzelwert, doch für ein Straßenbild von Bedeutung.
Zur Gruppe V gehören Bauten ohne Bedeutung, doch nicht störend.
Zur Gruppe VI gehören verbesserungsbedürftige Bauten, insbesondere solche, die den Maßstab der Altstadt nicht einhalten.
(2) Baudenkmäler sollen vom Eigentümer in einem ihrer Bedeutung entsprechenden Zustand erhalten und unterhalten werden.
Wenn ein Baudenkmal beseitigt wird, sollen bei einem etwaigen Neubau die Fassade wiederaufgebaut und sonst erhaltenswerte Bauteile wiederhergestellt werden.
(3) Jede bauliche Veränderung eines Baudenkmals ist genehmigungspflichtig. Die Bauerlaubnis ist zu erteilen, wenn die Eigenart und Wirkung des geschützten Bauwerks nicht wesentlich beeinträchtigt werden.

§ 4 Neubauten – Veränderungen
(1) Allgemein
Neubauten oder bauliche Veränderungen müssen in Maßstab, Größe und Gestaltung auf ihre Umgebung Rücksicht nehmen, damit deren Eigenart und Wirkung nicht wesentlich beeinträchtigt werden. Alle baulichen Veränderungen haben denkmalpflegerische Gesichtspunkte zu berücksichtigen. In besonderen Fällen ist die Stellungnahme des Niedersächsischen Landesverwaltungsamtes – Landeskonservator – herbeizuführen.
(2) Fassaden
a) Um- oder Erweiterungsbauten oder Erneuerungen an Fachwerkgebäuden sollen möglichst in Fachwerk unter Verwendung von altem Eichenholz oder durch sonstige Wiederverwendung alter Bauteile und Baustoffe ausgeführt werden. Neue sichtbare Fachwerkhölzer sollen kräftig dimensioniert sein und möglichst in alter Handwerkstechnik bearbeitet werden.
b) Der Zusammenhang des Erdgeschosses mit den Obergeschossen ist zu wahren. Kragdächer sind über dem Erdgeschoß nur zulässig, soweit das Straßenbild dadurch nicht wesentlich beeinträchtigt wird.
c) Bei der Fassadengestaltung sollen Tragepfeiler und -konstruktionen als End- und Zwischenstützen in ausreichender Zahl und Breite vor den Glasflächen oder zwischen sonstigen Öffnungen – z. B. Arkaden – sichtbar bleiben.

(3) Dächer
a) Die Dächer und ihre Ausbauten sind in Form, Firstrichtung und Neigung sowie ihrem Baustoff dem Ortsbild entsprechend zu gestalten.
b) Die Dächer der straßenbegleitenden Bebauung an historischen Straßen müssen Steildächer (Dachneigung 45° bis 60°) haben. Schleppgauben sollen niedrig gehalten werden, mit ihrer Oberkante Pfetten nicht mehr als 2,20 m über dem Fußboden liegen und eine Dachneigung von mindestens 30° haben.
Eingeschnittene Gauben sowie liegende Dachflächenfenster sind nur nach den Rückseiten zulässig.
c) Die Dächer im vorstehenden Absatz b) sind mit ortsüblichen roten gebrannten Hohlpfannen einzudecken. Gedämpfte, engobierte oder glasierte Dachziegel sind unzulässig.
Bei Baudenkmälern, deren Dachdeckung aus Sollingplatten oder Schiefer besteht, sollen die herkömmlichen Baustoffe weiterhin verwendet werden.
d) Vorhandene Flachdächer der straßenbegleitenden Bebauung sind – soweit nicht begehbar – in Material und Farbe unauffällig auszubilden oder zu begrünen.
(4) Inschriften, Schnitzwerk
Die vorhandenen Inschriften und Schnitzwerke sind zu erhalten. Bei Abbruch des Bauwerks sind diese Balkenteile sorgfältig auszubauen und zu lagern. Hierüber ist das Bauordnungsamt vorher zu befragen.

§ 5 Schutzwürdige Straßen
(1) Schutzwürdige Straßen sind solche Straßen und Plätze, die den bauhistorischen Charakter und die städtebauliche Eigenart in der Altstadt überwiegend behalten haben und deren einheitliches geschichtliches Bild bewahrt werden soll.
(2) Die Straßen der Altstadt werden entsprechend ihrer Bedeutung in denkmalpflegerischer Hinsicht in drei Gruppen ... eingeteilt.
Gruppe 1: Straßen, deren Eigenart in denkmalpflegerischer Hinsicht besonders schutzwürdig ist.
Gruppe 2: Straßen, deren Eigenart schutzwürdig ist.
Gruppe 3: Straßen, deren Eigenart erhaltenswert ist.
Bei Straßenkreuzungen gehören die Eckgebäude der jeweiligen höheren Wertungsgruppe an.
(3) Bauten sowie bauliche Änderungen von Gebäuden und sonstigen baulichen Anlagen an schutzwürdigen Straßen sind nur dann zu genehmigen, wenn die Eigenart der in den Anlagen 3.1 bis 3.46 dargestellten Orts- und Straßenbilder (Zeichnungen für die Hausfassaden in den einzelnen Altstadtstraßen) nicht wesentlich beeinträchtigt wird.
(4) Traufgassen sollen erhalten werden, wenn sie aus technischen oder gestalterischen Gründen wichtig sind.

§ 6 Befreiungen
Befreiungen von den Bestimmungen dieses Ortsstatutes können unter den in § 5 Abs. 2 der Bauordnung für die Stadt Hameln vom 23. 7. 1962 genannten Voraussetzungen gewährt werden.

§ 7 Zwangsgeld
Für den Fall der Nichtbefolgung dieses Ortsstatutes wird ein Zwangsgeld bis zu 500,– DM angedroht und Ersatzvornahme auf Kosten säumiger Pflichtiger vorgevorgesehen ...

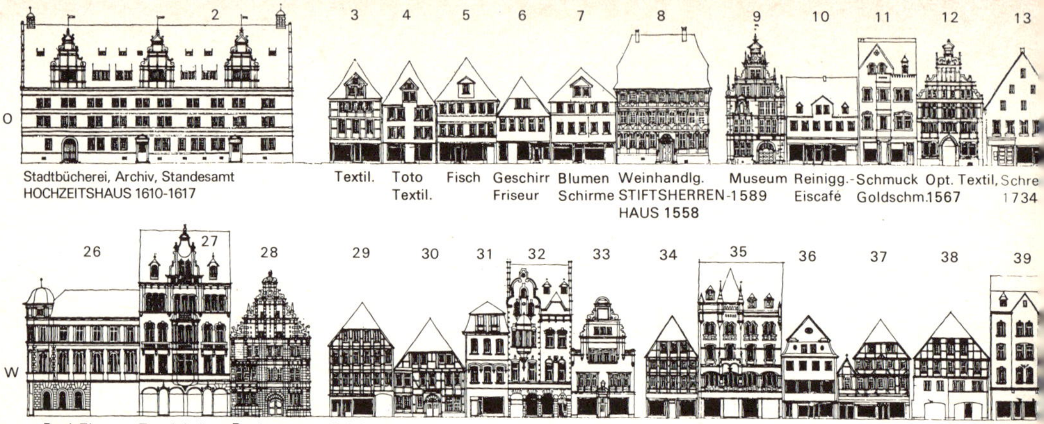

Die Osterstraße in Hameln

1 Aus der Hamelner Sanierungsfibel 1968: „Die Stadt hat das über 400 Jahre alte Stiftsherrenhaus gekauft, um es vor der völligen Verunstaltung zu bewahren. Hier lohnt sich die Sanierung eines einzelnen Objektes, auch wenn die Gesamtkosten fast 1 Million DM erreichen werden."

a) Kennzeichne das Stiftsherrenhaus auf den Abbildungen dieser Doppelseite mit einem Bleistiftzeichen. b) Was ist von der Sanierung des Hauses bereits zu erkennen?

2 Schon um 1200 bestand die Stadt Hameln. Sie hatte damals Größe und Grundriß der heutigen Altstadt. Aus welcher Zeit aber stammen die ältesten Gebäude an der Osterstraße? Ein Widerspruch?

3 Die goldene Zeit Hamelns war die Zeit um 1600. Selbst prächtiges Fachwerk (wie bei Nr. 8, Renaissance) genügte manchen Bürgern nicht mehr: Sie bauten massive Häuser aus Sandstein. Der Baustil heißt „Weserrenaissance". Zähle alle Weserrenaissance-Häuser der Osterstraße auf.

4 Wie werden die fünf prächtigsten Altbauten der Osterstraße heute genutzt? Warum sind solche Nutzungen günstig für die Erhaltung der Bauten?

5 Es gibt auch gründerzeitliche Häuser an der Osterstraße. Zähle sie auf und prüfe, inwiefern auch sie unter das Ortsstatut fallen.

6 Angenommen: Der Eigentümer des „Rattenfängerhauses" klagt über hohe Erhaltungskosten und wenig Platz. Er will die Häuser 26

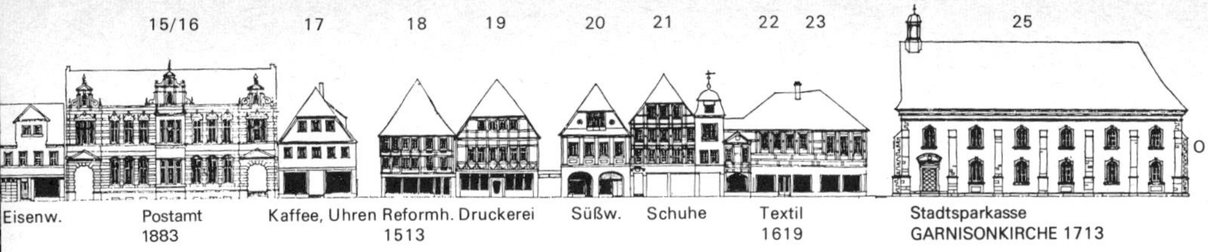

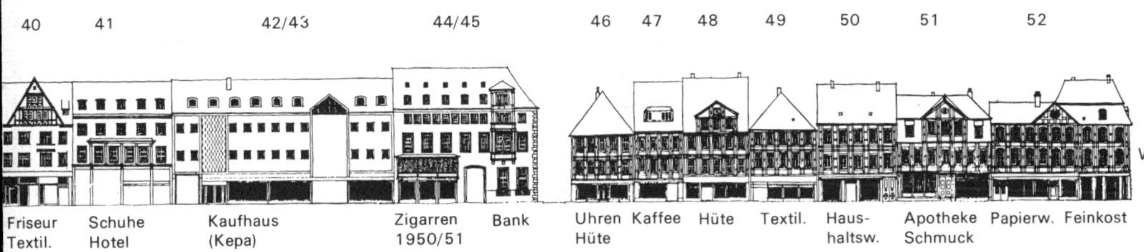

und 27 hinzukaufen, alle drei Häuser abreißen und an ihrer Stelle ein großes modernes Hotel bauen. Darf er das?

∞ **7** Was würdet ihr nun dem Eigentümer des „Rattenfängerhauses" raten?

∞ **8** Das Ortsstatut wurde vom Rat der Stadt Hameln einstimmig beschlossen. Trotzdem: Könnte es nicht Bürger geben, die dieses Gesetz ablehnen? Könnte das Ortsstatut nicht sogar als ein Hindernis für die Sanierung betrachtet werden? Versucht eine Diskussion mit verteilten Rollen: für und gegen das Ortsstatut. (Ihr könnt auch die Erfahrungen der Stadt Bern heranziehen, s. S. 94 unten.)

⅄ **9** Wie das Modell zeigt, sollen in der Hamelner Altstadt zahlreiche Neubauten entstehen. Kennzeichne sie möglichst knapp nach Lage, Nutzung und Größe.

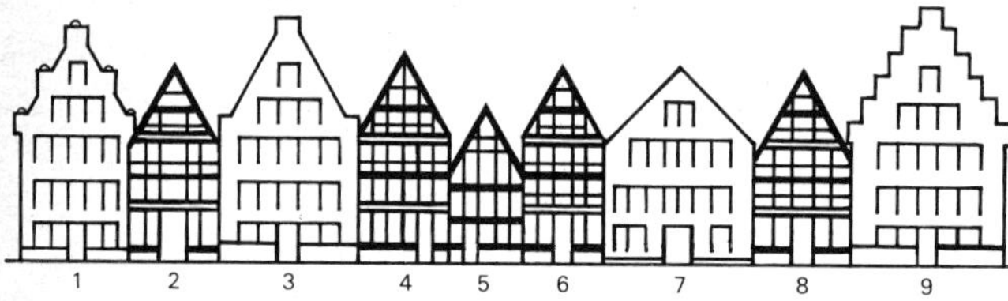

Alter Zustand: Eine Häuserzeile aus Fachwerkbauten und Massivbauten.

Lösung A: Die Grundstücke werden von drei Geschäftsleuten aufgekauft und nach Abbruch modern bebaut.

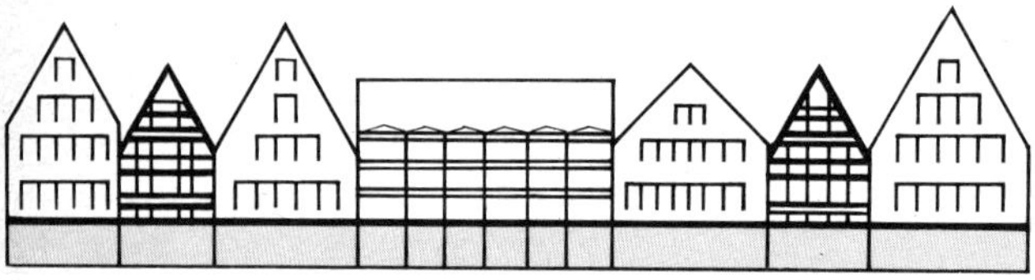

Lösung B: Die Erdgeschosse sind vollverglast; dadurch wirken die Häuser verkleinert. Die Ziergiebel sind vereinfacht.

Lösung C: Einige Neubauten, einige Modernisierungen. Die Erdgeschosse werden neu genutzt als Geschäfte und Gaststätten.

(Nach D. Wildeman: Erneuerung denkmalwerter Altstädte)

Richtiges und falsches Bauen in den Straßen der Altstadt

Vielleicht hat auch eure Stadt einladende Citystraßen mitten im alten Kern: Straßen, in denen man ungestört einkaufen kann, wo viele Menschen schauen und bummeln, wo man sich trifft und miteinander spricht, wo Junge und Alte auf den Bänken sitzen und sich an dem malerischen Bild erfreuen. Solche attraktiven Straßen entstehen nicht von selbst. Man muß etwas dafür tun. „Man" – das sind die Bürger der Stadt, der Rat, die Verwaltung. Man kann z. B. den Autoverkehr aussperren. Man kann Straßencafés einrichten ...

Zu einer attraktiven Straße gehören auch die Häuser links und rechts, vor allem die alten Häuser. Wie leicht kann dieses Bild zerstört werden! Gerade Citystraßen verändern sich ständig: Läden werden modernisiert, Schaufenster vergrößert, Passagen eingebaut, Häuser abgerissen, um neuen, größeren, zweckmäßigeren Gebäuden Platz zu machen.

In der Citystraße wird immer irgendwo gebaut, und ehe man sich versieht, hat das Bauen den „Charakter" der Straße zerstört – wenn nicht Bürger, Rat und Verwaltung aufpassen und die Bauvorhaben in der Stadtmitte besonders sorgfältig überwachen. Man muß die Gefahren kennen.

Wir fragen Fachleute um Rat. Die Abbildungen stammen von Landesbaudirektor Dr. Wildeman aus Münster. Er hat aufgezeichnet, wie er sich falsches und richtiges Bauen in einer alten Straße vorstellt. (Andere Fachleute sind vielleicht anderer Meinung.)

1 Beschreibe zunächst die vier Skizzen. Deine Aussagen sollen immer etwas ausführlicher sein als die Hinweise unter den Skizzen.

2 Welche Ratschläge gibt Dr. Wildeman? Man kann sie an seinen Skizzen ablesen.

∞ **3** Ihr könnt die Ratschläge von Dr. Wildeman mit den Bestimmungen im Hamelner Ortsstatut vergleichen. Wählt als Beispiel die Gestaltung der Schaufensterfronten.

1 Erhaltung des alten Gebäudes	2 Erhaltung der alten Fassade	3 Neubau in einem angepaßten Stil	4 Neubau im Stil unserer Zeit
a) Das schöne alte Haus ist ein Baudenkmal, ein Kunstwerk – wertvoll wie ein altes Gemälde. Es wird vor allen Veränderungen geschützt und immer wieder sorgfältig restauriert. b) Falls ein Neubau unvermeidlich ist, wird das alte Vorbild genau kopiert. (Historische Bauten sind nur begrenzt nutzbar: für Wohnungen, Gasthäuser, Boutiquen, Museen ...)	a) Das alte Haus wird durch einen Neubau ersetzt; aber die alte Fassade wird erhalten. Das historische Bild soll bleiben. b) Schaufenster und Passagen werden eingebaut. Nur der obere Teil der Fassade wird erhalten. c) Falls sich die alte Fassade nicht mehr ausbessern läßt, wird sie abgerissen und genau nach altem Vorbild wiederaufgebaut.	Der Neubau erhält zwar keine alte Fassade; trotzdem soll er sich ungefähr in das Gesamtbild der Straße einfügen. Der Architekt bemüht sich um die passenden Formen, die kleinteiligen Maße und das richtige Baumaterial für die Fassade. Es ist möglich, daß sich der neue Bau besser einfügt als sein Vorgänger – jedenfalls nach dem heutigen Geschmack.	Der Neubau paßt nicht in das alte Stadtbild. Manche Leute meinen: Jede Zeit hat ihre eigene Baukunst, auch unsere. Warum also nicht modern bauen! Oft sprengt der Neubau schon wegen seiner Größe das alte Bild. Große, zweckmäßig gebaute Geschäfte sind nun einmal nötig in einer leistungsfähigen City. Oft müssen mehrere alte Grundstücke zusammengekauft werden.

4 Über den Karstadt-Bau in **Celle** (Foto) ist viel diskutiert worden: ein Kaufhaus zwischen Fachwerkhäusern. Ordne den Bau in die Übersicht oben ein (genügt eine Spalte?). Die Leistung der Celler Architekten wird auch von Dr. Wildeman anerkannt. Grundsätzlich aber hält er ein großes Kaufhaus für einen Fremdkörper in einer kleinparzelligen Altstadt.

Über ein Kaufhaus in **Regensburg** berichtete das Fernsehen: „Diesen Betonklotz hat vor zehn Jahren ein Kaufhauskonzern mitten in die Altstadt gesetzt. Jetzt wird das Kaufhaus erweitert. Wieder werden alte Häuser abgerissen."
Wohin mit den Kaufhäusern? Daß sie für das Geschäftsleben einer Stadt wichtig sind, bestreitet niemand. Ein Kaufhaus zieht Käufer in die Stadt, und dadurch erhalten auch die Fachgeschäfte mehr Kundschaft. Wohin also? Nicht mitten in die City, sondern mehr an den Rand. Nahe an Haltestellen und Parkhäusern sollten sie stehen, zugleich in kürzester Fußweg-Entfernung zu den Citystraßen.

5 Nach diesen Gesichtspunkten kannst du die Standorte der Kaufhäuser in **Hameln** beurteilen. Das vorige Kapitel enthält Angaben über ein älteres, kleineres Kaufhaus, über ein neues Großkaufhaus nahe der Weser (s. Modell) und über ein geplantes „Einzelhandelskaufhaus" (ein Gebäude, in dem viele verschiedene Fachgeschäfte untergebracht werden sollen).

6 Untersucht – falls möglich – auch die Standorte der Kaufhäuser in eurer Stadt. Zeichnet dazu eine Kartenskizze (Kaufhäuser, Citystraßen, Fußgängerbereich, citynahe Parkplätze/Parkhäuser, Haltestellen).

Kaufhaus Karstadt in Celle

Kaufhaus Woolworth in Lüneburg

∞ 7 Zum Studieren und Diskutieren:

Lüneburg (60000 Einw.) erhält ein drittes Kaufhaus. Standort Citystraße.

Ende 1965. Die Firma Woolworth kauft das Grundstück Gr. Bäckerstraße 6–7 und plant einen Neubau. Das Stadtbauamt fordert, daß der barocke Giebel des Hauses Nr. 6 stehenbleibt. Die Firma ist einverstanden.
Januar 1966. Erster Entwurf der Architekten Meyer-Eggers und Dr. Rothgordt, Lüneburg, im Auftrag der Firma.
7. 2. 66. Firma Woolworth an das Stadtbauamt: „Die Untersuchungen haben ergeben, daß der Giebel in sich keine Festigkeit mehr besitzt und durch wiederholte unsachgemäße Reparaturen, die im Laufe der Zeit vorgenommen wurden, stark gelitten hat ... Aus allen diesen Gründen unterbreiten wir Ihnen den Vorschlag, den Giebel nach vorheriger genauester Aufnahme mit abzureißen und ihn in der gleichen Art und Weise ... neu zu errichten."
28. 2. 66. Der Bau- und Grundstücksausschuß (vom Rat der Stadt Lüneburg) beurteilt das Mauerwerk günstiger und empfiehlt, den Giebel „in seiner jetzigen Form stehen zu lassen, falls die Architekten nicht einen Vorschlag für eine völlig neue Gesamtlösung unterbreiten können, der in gestalterischer Hinsicht überzeugender als der jetzige ist."
28. 3. 66. Neuer Entwurf: eine „Vorhangfassade". Firma Woolworth: „Wir sind davon ausgegangen, daß das Gesamtbild der Gr. Bäckerstraße in jedem Fall erhalten bleiben muß."
20. 4. 66. Dem Landeskonservator Dr. Wolff, Hannover, ist die Vorhangfassade zu großflächig. Er will den barocken Giebel erhalten und die Restfläche kräftiger gliedern.

29. 4. 66. Der Stadtbildpflege-Ausschuß lehnt die Vorhangfassade und ebenso die Änderungsvorschläge des Landeskonservators ab.
10. 5. 66. Die Firma Woolworth erklärt sich bereit, den Giebel des Hauses Nr. 6 genau aufmessen und vorsichtig abbrechen zu lassen. Die Ziegelsteine des Abbruchhauses sollen für den Wiederaufbau des Giebels in seiner ursprünglichen Form verwandt werden.
16./17. 5. 66. Die Ausschüsse des Rates stimmen trotz einiger Bedenken zu.
20. 6. 66. Dritter Entwurf der Architekten (unter Mitwirkung des Stadtbauamtes).
Juli 1966. Abbruch und Ausschachtung.
2. 3. 67, 9 Uhr. Eröffnung des neuen Geschäfts.

8 Vorschläge für die Arbeit an eurer eigenen Stadt: a) mehrere Neubauten in der Altstadt fotografieren, die Fotos mit Hilfe der Übersicht S. 93 beschreiben, über gute und schlechte Lösungen diskutieren; b) einen Fachmann bitten, jüngste Bauvorhaben in der Altstadt zu erläutern, und mit ihm diskutieren. –

Ein letztes Beispiel für diejenigen, die Denkmalpflege noch immer für nutzlose Schwärmerei und Geldverschwendung halten: 1955 haben die Bürger von **Bern** sich ein strenges Ortsstatut geschaffen (353 Artikel auf 144 Seiten). Und schon heute hat sich die Sanierung bezahlt gemacht. Siebzig Prozent der Einzelhandelsumsätze bringen in den Sommermonaten Touristen ein, die von der gepflegten malerischen Altstadt angezogen werden.

Lüneburg, Große Bäckerstraße 5-9

1965

9 Apotheke · 8a Herrenbekleidung · 8 Papier/Druckerei · 7 Spielwaren · 6 Schuhe · 5 Musik · Kaffee

1596 RENAISSANCE · Etwa 1960 · Etwa 1800 · Etwa 1800 · Etwa 1700 BAROCK · Etwa 1480 GOTIK

Entwurf Januar 1966

Fassade alt

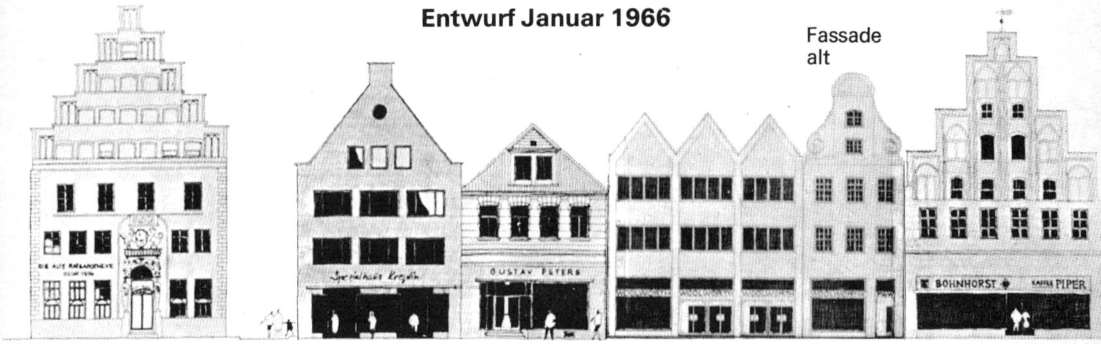

Entwurf 28. 3. 1966

Entwurf 20. 6. 1966

Fassade neu

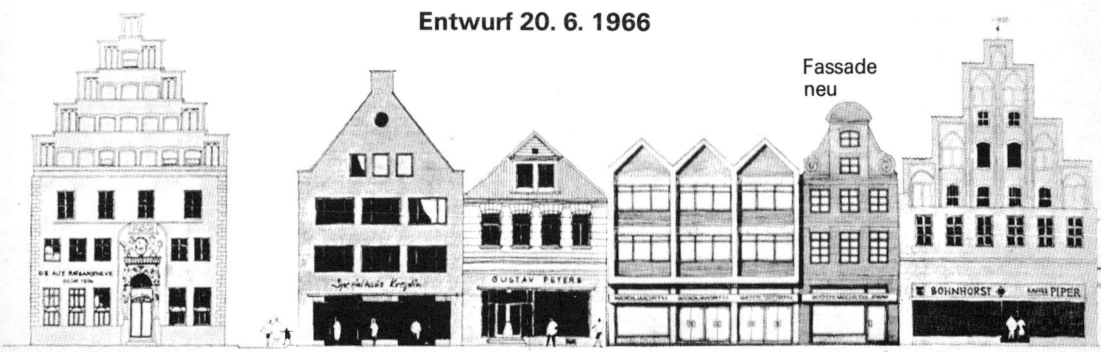

City contra Wohnen: Hausbesetzung in Frankfurt-Westend

☐ Der Student Til Schulz berichtet:

„Im Herbst 1969 waren wir, eine studentische Wohngemeinschaft von vier Personen, zwei Männer und zwei Frauen, in eine Dreieinhalb-Zimmerwohnung eingezogen ... Es handelte sich bei dem Haus (Eppsteiner Straße 47) um einen für den Westend typischen Altbau mit schöner Jugendstilfassade, großen und hohen Räumen, die meistenteils schon recht abgewohnt waren ... Wir waren die einzigen Deutschen in dem Haus, in allen anderen Wohnungen wohnten Türken und Italiener.
Wir hatten einen festen Mietvertrag über ein Jahr, aber schon im Mai ließ man uns erkennen, daß wir nicht länger erwünscht waren; über die Hälfte der Mieter, nahezu alle Türken, wurden kurzfristig auf die Straße gesetzt. Seit diesem Zeitpunkt standen fünf der insgesamt zehn Wohnungen offen und leer."

Bald waren in den leerstehenden Wohnungen Toiletten zerschlagen und Waschbecken herausgerissen. Der Verfall begann. Die verbliebenen Mieter rechneten damit, im Herbst ebenfalls ausziehen zu müssen.
Die Studenten fanden sich mit anderen jungen Leuten zusammen, mit Mitgliedern eines Filmkollektivs, mit Hippies, auch mit Sozialarbeitern, die das Wohnelend in Frankfurter Notunterkünften erlebt hatten. Man wollte die Öffentlichkeit aufrütteln und sie auf die Ereignisse im Westend aufmerksam machen. Man plante die erste Hausbesetzung: Eppsteiner Straße 47. Die im Hause wohnenden Gastarbeiter waren einverstanden, ebenso eine kinderreiche Familie, die man aus einer Frankfurter Notunterkunft holen wollte. Dann kam der 19. September 1970.

„Um 18 Uhr versammelten sich etwa 20 Personen im Haus und begannen sogleich zu arbeiten. Zuerst wurden die Zähler kurzgeschlossen, dann wurde geschrubbt und gestrichen, wurden Fensterscheiben eingesetzt und sanitäre Anlagen repariert. Stockwerk für Stockwerk ging das Licht an. Die Polizei, die in ihren regelmäßigen Streifen etwa jede Viertelstunde am Haus vorbeifuhr, unternahm nichts ... Nachdem Renovierung und Einzug in den frühen Morgenstunden beendet waren, wurde die Eingangstür mit einer meterhohen Barrikade versehen; sie zu öffnen, hätte die Polizei (wie später in Hannover) Panzerwagen benötigt. Die Rolläden im Erdgeschoß wurden heruntergelassen, gegen die Fensterkreuze Bretter genagelt und Balken gestemmt ...
Tagelang bildeten sich vor dem Hause Menschentrauben, die erregt miteinander diskutierten, wobei die Zustimmung zu unserer Aktion überwog. Die Zeitungen berichteten zurückhaltend, aber meist positiv ... Kurz darauf wurden zwei weitere Häuser besetzt; eines mußte zwar geräumt werden, aber unter dem Druck unserer Erklärungen, daß massiver Widerstand geleistet werden würde, mußte die Stadt den meist italienischen Bewohnern billige Sozialwohnungen zur Verfügung stellen. Ein dreiviertel Jahr lang war Ruhe, dann kam es zur ersten offenen Auseinandersetzung mit der Polizei im Grüneburgweg 135, wo nach der Besetzung eine zweistündige Straßenschlacht stattfand." (11)

☐ Die Hintergründe der Ereignisse:
Westend ist ein gründerzeitliches Wohnviertel. Es war lange Zeit eine bevorzugte Wohngegend, vornehm und bürgerlich – anders als die Mietskasernenviertel aus der gleichen Zeit.

Eppsteiner Straße 47, September 1970. Aus den Fenstern des fünfstöckigen Eckhauses hängen Plakate:

**Schluß mit der Zerstörung von Wohnungen!
Dieses Haus ist besetzt.
Wohnungen für Arbeiter und Studenten.
Wenn Magistrat und Polizei sich auf die Seite der Spekulanten stellen, dann sind sie Feinde aller Mieter.
Dieses Haus ist zum Wohnen da! Jetzt zwingt man uns, daraus eine Festung zu machen.
Gegen Mietwucher und Spekulation!
Wir haben dieses Haus besetzt, weil die Wohnungen seit langem leerstanden, weil die Wohnungen systematisch zerstört wurden.
Für den Eigentümer ist das Haus ein Spekulationsobjekt, für uns ist es dringend benötigter Wohnraum.
Die Wohnungen gehören denen, die darin wohnen. Laßt Euch nicht aus Euren Wohnungen vertreiben! Leistet gemeinsamen Widerstand!
Vertreibt die Spekulanten!**

Seit 1965 werden im Westend Bürohäuser gebaut. Die Firmen, die hier Verwaltung ansiedeln, schätzen nicht nur die Innenstadtnähe, sondern auch die ruhige Lage und die Größe der Grundstücke in dem einst vornehmen Viertel. Die Namen der Straßen haben immer noch einen guten Klang und liefern Firmenanschriften, die bei den Geschäftspartnern Eindruck machen.

Frankfurter Geldleute haben schnell die günstige Gelegenheit begriffen. Für Büros lassen sich viel höhere Mieten erzielen als für Wohnungen; Bürogrundstücke haben einen vielfach höheren Wert als Wohngrundstücke. Man müßte also Wohngrundstücke kaufen und sie als Bürogrundstücke wieder verkaufen! Oder auch die Bürohäuser selbst bauen und sie dann verkaufen oder vermieten! Man rechnete mit riesigen Gewinnen. Das ist Spekulation.

Die Spekulanten wandten sich an die alten Eigentümer und kauften Hunderte von Wohnhäusern. Da Abbruchgenehmigungen aber nur für unbewohnbare Häuser zu erhalten sind, hat man in vielen Fällen den Verfall beschleunigt: Die Häuser wurden (und werden) mit Gastarbeitern überbelegt; andere stehen mit voller Absicht jahrelang leer, bis sie hinreichend ruiniert sind.

Frankfurt; am Rand der City

1 Wie liegt die Frankfurter City im Vergleich zur Altstadt? Studiere den Ausschnitt aus dem Stadtplan von Frankfurt unten.

∞ 2 Die City von Frankfurt wächst, und Tausende alter Wohnhäuser müssen weichen. Ist das nicht auch eine Sanierung? Wie denkt ihr über diese Entwicklung?

Frankfurt: City und citynahe Viertel

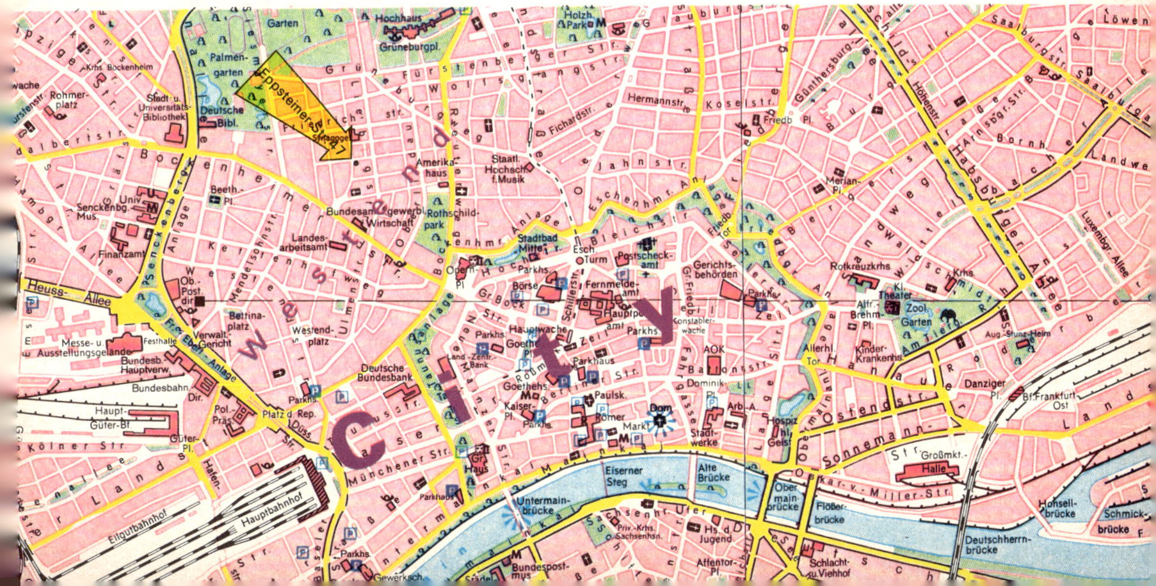

Quadratmeter-Preise in einer (ausgedachten) Stadt

50	50	50	50	50	40	40	40	50	50	50	50	40	30	30
50	50	50	50	70	50	50	50	50	70	70	50	40	40	30
50	50	70	70	70	70	100	50	100	100	100	100	50	50	40
70	70	100	100	100	100	150	100	200	100	150	50	50	40	40
70	100	200	100	100	100	150	750	1000	200	200	100	50	40	40
100	200	200	100	100	200	200	1000	1500	800	150	100	50	30	30
50	70	70	100	100	200	150	750	1000	200	50	50	40	30	30
40	50	70	70	100	150	100	100	200	100	50	40	30	30	30
40	50	50	70	100	150	100	200	100	50	50	50	30	40	30
50	50	50	50	70	100	150	100	50	40	40	30	40	40	40
40	50	50	70	100	100	70	50	50	40	40	40	30	40	30
40	50	50	50	100	50	50	30	30	30	40	30	30	20	30
40	40	50	50	40	30	30	20	30	30	30	30	25	20	20

Zehn Jahre späte[r]

0 1 2 3 4 5 6 7 km

70	70	70	70	50	50	50	70	100	70	70	50	50	50	40
70	70	70	100	100	70	70	100	150	100	100	100	70	50	40
70	70	100	100	100	100	100	200	150	100	150	100	100	70	40
100	100	150	150	150	200	200	250	250	200	200	100	70	50	50
100	100	150	200	250	800	250	1000	2000	250	250	200	100	50	50
150	150	200	200	800	800	1000	2000	2500	1000	200	150	70	50	40
100	100	150	250	800	800	1000	1500	1500	250	70	70	50	40	40
100	100	100	200	200	200	250	200	200	150	50	50	50	40	30
100	100	100	150	150	150	200	200	100	100	50	50	40	40	30
70	70	100	100	150	150	150	100	70	50	40	40	40	40	30
70	70	70	100	150	150	100	70	70	50	40	40	30	40	30
70	70	70	70	100	100	70	70	50	50	40	30	30	20	20
50	50	70	50	50	50	70	40	40	30	40	30	20	20	20

3 Auf diesen zwei Bodenpreiskarten ist die City an den extrem hohen Grundstückspreisen zu erkennen. Ziehe auf beiden Karten eine Linie um die City (Transparentpapier!) und beschreibe dann die Entwicklung in den zehn Jahren. (Siehst du eine Ähnlichkeit mit der Entwicklung im Westend?)

Für das Wohnen ist die City zu teuer. Geschäfte, Banken, Versicherungen „reißen" sich um City-Grundstücke und überbieten sich gegenseitig. Die City ist für sie der günstigste

Verteilung der Beschäftigten in London

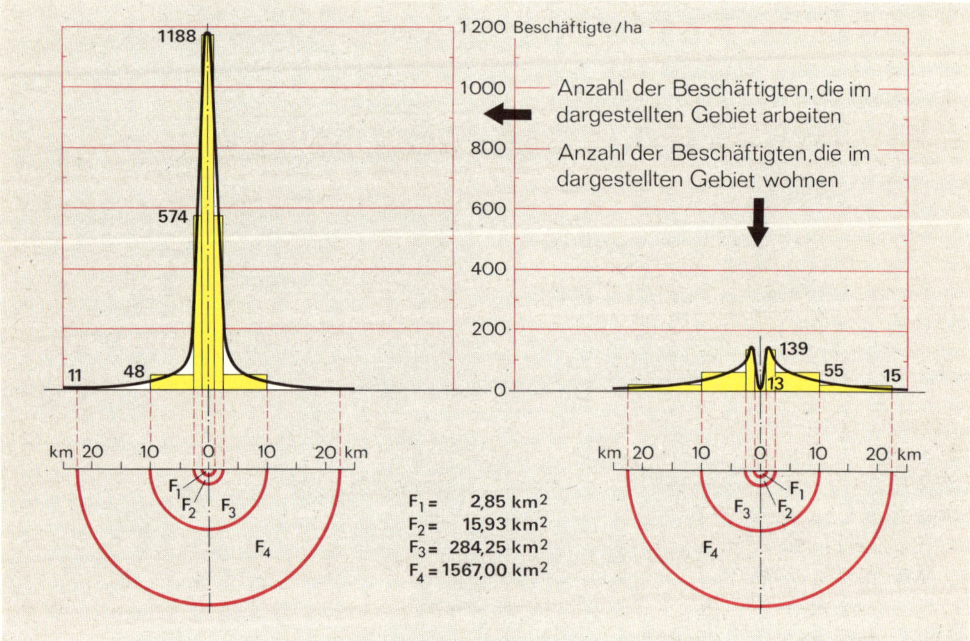

Hamburg und Umgebung
Bevölkerungsveränderung 1938 – 1970

Zone	Entfernung vom Hauptbahnhof	Fläche	Bevölkerung 1938	1970	Bevölkerungsveränderung zwischen 1938 und 1970
I	0 – 4 km	50,3 km^2	781 000	304 000	– 477 000 = 61 % Abnahme
II	4 – 8 km	150,8 km^2	578 000	654 000	+ 76 000 = 13 % Zunahme
III	8 – 12 km	251,3 km^2	184 000	539 000	+ 355 000 = 193 % Zunahme
IV	12 – 16 km	351,9 km^2	147 000	356 000	+ 209 000 = 142 % Zunahme
V	16 – 20 km	452,4 km^2	97 000	210 000	+ 113 000 = 116 % Zunahme
VI	20 – 24 km	552,9 km^2	47 000	132 000	+ 85 000 = 181 % Zunahme

Standort: Hier ist Geld zu verdienen! Ein Beispiel: die Zeil, Hauptgeschäftsstraße in der Frankfurter City. In die Zeil kommen täglich über 100 000 Käufer. Die 6 Großkaufhäuser und 60 übrigen Geschäfte verkaufen jährlich Waren im Wert von 1 Mrd. DM. Ein Quadratmeter kostet über 5 000 DM.

4 Beschreibe die Hamburg-Karte Schritt für Schritt.

5 Kommentiere die beiden London-Querschnitte auf der linken Seite unten.

6 Die London-Querschnitte und die Hamburg-Karte stellen „Wanderungen" dar. Was ist der wesentliche Unterschied zwischen diesen beiden Wanderungen?

Los Angeles – ein Vorbild?

□ Die Stadtregion von Los Angeles wächst und wächst. 9 Millionen Menschen leben heute auf einer Fläche, die 80 km lang und 30 km breit ist. Manche Stadtstraßen scheinen endlos zu sein, sie haben 12000 bis 16000 Hausnummern. Viele Kilometer voneinander entfernt liegen Wohnhäuser und Arbeitsplätze, öffentliche Gebäude und Schulen. Es gibt keinen überragenden Stadtkern wie bei uns, wo alle wichtigen Einrichtungen beieinander liegen. Die Bevölkerung von Los Angeles versorgt sich in den mehr als 50 weitverstreuten „shopping centers". Zur Stadt gehören Hunderte von Wohnvierteln. Sie sind locker gebaut; zwei von drei Familien besitzen ein Eigenheim mit Garten und mehreren Autostellplätzen (siehe auch Foto S. 45 unten rechts). Dazwischen breiten sich Industrieflächen und Flughäfen, Sportplätze und Grünanlagen aus. Der zur Verfügung stehende Raum ist verschwenderisch großzügig aufgeteilt.

Zu Fuß erreicht man wenige Ziele; öffentliche Verkehrsmittel gibt es kaum; ohne Auto kann man nicht leben. Los Angeles hat 4 Millionen Autos. 85 Prozent der Familien besitzen ein Auto, 30 Prozent haben einen Zweit- oder Drittwagen. Die Hausfrau verbringt durchschnittlich zwei Stunden des Tages am Steuer, aber nur eineinhalb Stunden in der Küche.

Kein Einwohner von Los Angeles will auf die Vorzüge des Autos verzichten. Das Wachstum der Stadt wird außerdem bestimmt durch den Wunsch nach einem Eigenheim. So dehnt sich endlos weit der „Siedlungsbrei" und verursacht immer weiteren Autoverkehr. Die Amerikaner haben für den „Individualverkehr" alles getan, sie haben gewaltige Straßenbauten errichtet: mehrspurige Stadtautobahnen, kreuzungsfreie Verkehrsknoten, gesonderte Spuren für den langsamen Lkw- und für den schnellen Pkw-Verkehr, 255 km Hochstraßen im Stadtgebiet von Los Angeles und vieles andere mehr. Polizeihubschrauber informieren bei Verkehrsstörungen die Fahrer ständig über Autoradio.

Trotzdem: Die Verkehrsströme kommen nur noch langsam voran. Der Zeitverlust innerhalb der Stadtregion ist übermäßig groß. Jährlich sterben mehr als 1000 Menschen durch Verkehrsunfälle. Autoabgase schädigen die Gesundheit. Fremde und Einheimische verirren sich im Labyrinth der Straßen.

In den USA entfielen 1972 auf 1000 Einwohner 446 Pkw, in der BRD 255. In wenigen Jahren werden wir einen ähnlichen Motorisierungsgrad erreichen. Aber unser Land hat weniger Raum für Verkehrsflächen, unsere Städte sind enger. Wird bei uns das Verkehrschaos noch schlimmer?

∞ **1** Beurteilt den Versuch, „autogerechte" Großstädte zu planen.

Motorisierung in der Bundesrepublik Deutschland

Jahr	1955	1960	1965	1970	1975	geschätzt für 1985
Pkw in Mio.	1,7	4,2	8,6	14,0	20,0	etwa 25,0
Bevölkerung in der BRD in Mio.	53	55	59	60	62	etwa 65
Motorisierungsgrad (Einw./Kfz)	33:1	14:1	7:1	4:1	3:1	etwa 2,6:1

Straßenkreuzung – Verkehrsströme

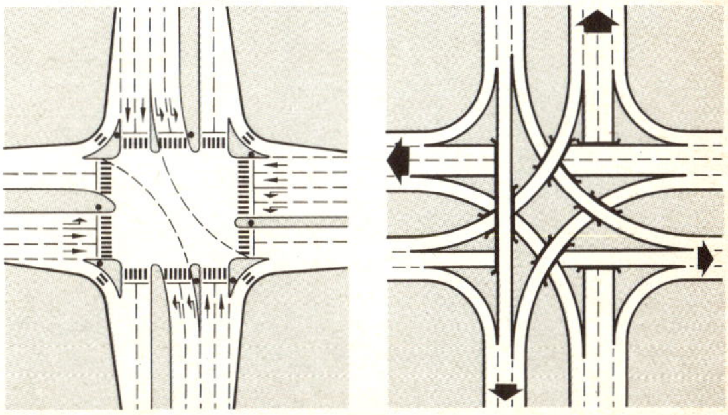

◄ **Stadtautobahnen in Los Angeles**

Soll man die Innenstadt für das Auto sperren?

□ In der City, dem Kern unserer Städte, drängen sich die meisten öffentlichen Gebäude und Firmenverwaltungen, Banken und Sparkassen, Kaufhäuser und Spezialgeschäfte, Gaststätten und sonstige Dienstleistungsbetriebe. Viele Einwohner arbeiten in der City, machen dort ihre Besorgungen und Einkäufe oder gehen Vergnügungen nach. Zahlreiche Lkws versorgen die Kaufhäuser und Einzelhandelsgeschäfte mit Waren. Auto- und Fußgängerverkehr sind deshalb in der City am dichtesten, die Verkehrsprobleme hier besonders schwierig. Die Nachteile und Gefahren des Autos: die Umweltbelastung, der Bedarf an Flächen für Straßen und Parkplätze, die Zerstörung des Stadtbildes durch Fahrzeugmassen, das Gedränge auf schmalen Bürgersteigen, die hohe Zahl an Verkehrsopfern.

Am Beispiel der Innenstadt von München kannst du versuchen, einige Probleme zu lösen.

∞ **1** Haltet ihr es für sinnvoll, die ganze Innenstadt für das Auto zu sperren? Betrachtet die Karte und nennt einige Auswirkungen dieser einschneidenden Maßnahme: a) Auswirkungen für die Besucher und Kunden, b) Auswirkungen für das gesamte Leben der Stadt.

2 In München und vielen anderen deutschen Städten hat man einige Hauptgeschäftsstraßen und schöne Plätze der Altstadt für Autos gesperrt. Hefte ein Transparentpapier auf einen Stadtplan und zeichne mit einem Farbstift die Straßen und Plätze ein, die du zu Fußgängerstraßen umgestalten würdest.

Straßennetze und ihre Verkehrsbelastung (schematisch dargestellt)

Fall 1: In vielen Städten finden wir sternförmige Straßennetze. Die radialen Einfallstraßen kreuzen sich in der Stadtmitte. Der Durchgangsverkehr strömt durch den Stadtkern. Die Verkehrsbelastung konzentriert sich auf einen Schnittpunkt.

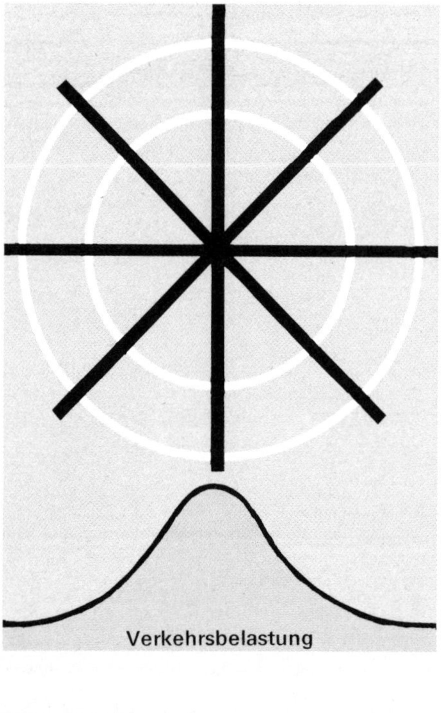

Fall 2: Tangenten und Ringstraßen leiten den Durchgangsverkehr ab. Der Stadtkern ist abgeschirmt. Die Verkehrsbelastung konzentriert sich auf vier Knotenpunkte. Durch Tangenten kann man die Nachteile des sternförmigen Straßennetzes lösen.

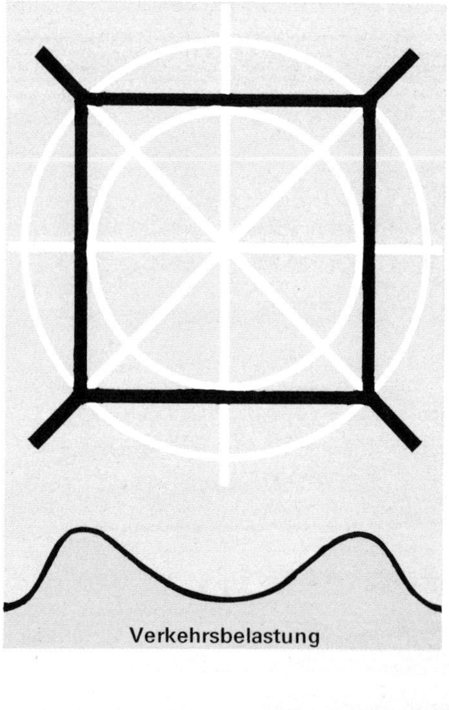

Ladenfronten | Warenhäuser | Historische oder Öffentliche Gebäude (mit schöner Fassade)

Innenstadt München

3 Wer Fußgängerzonen einrichtet, muß zugleich für den Autoverkehr sorgen. Die Autoströme müssen nach gut durchdachtem Plan umgelenkt werden, zum Beispiel um die Innenstadt herum. Zeichne mit einer anderen Farbe City-Ringstraßen.

4 Zwischen dem Hauptbahnhof (Verkehrsquelle) und der Stadtmitte (Verkehrsziel) bewegen sich dichte Fußgängerströme. Stark befahrene und breite City-Ringe wirken für Fußgänger wie Mauern. Kennzeichne die wichtigsten Übergangsstellen mit kleinen Kreisen. Was ist zu tun, damit sich die beiden Verkehrsströme gefahrlos kreuzen?

5 Die City muß mit den anderen Stadtteilen und mit entfernten Städten verbunden werden. Zeichne mit einer weiteren Farbe die Ausfallstraßen; sie sind an Fernstraßen angeschlossen.

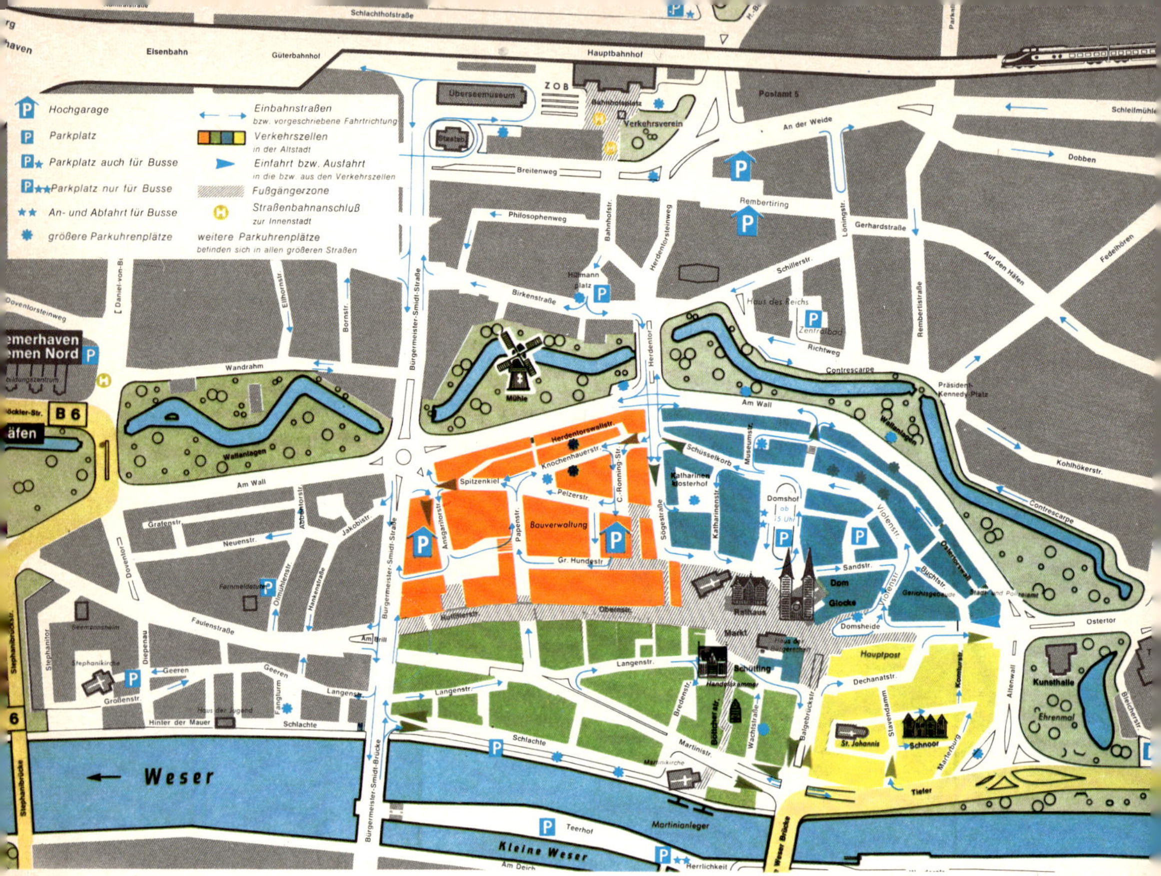

104 **Verkehrsregelung in der Innenstadt von Bremen**

6 Ringstraßen sind Umwege. Ortskundige Autofahrer suchen deshalb immer wieder nach Abkürzungen durch die Innenstadt; die engen Altstadtstraßen bleiben verstopft. Stelle am Stadtplan von Bremen fest, welchen Ausweg die Verkehrsplaner dort gefunden haben.

7 a) Entwirf nach dem Bremer Vorbild auf einem zweiten Transparentblatt mehrere „Verkehrszellen" für die Münchener Innenstadt. Die „Verkehrszellen" sollen untereinander keine Verbindung haben. b) Einbahnstraßen erschließen die innerstädtischen „Verkehrszellen". Durch Pfeile kannst du die Fahrtrichtungen bestimmen.

8 In der Nähe der Fußgängerstraßen sind Großgaragen nötig. Du kannst im Stadtkern günstig gelegene Standorte für vier Parkhochhäuser und für eine Tiefgarage einzeichnen. Die Entfernungen zu den Hauptgeschäftsstraßen sollen nicht weiter als 300 m sein.

9 An den Beispielen München und Bremen hast du erfahren, wie man den Verkehrsablauf in Innenstädten regeln kann. Besorge dir den Stadtplan deines Heimatortes oder einer größeren Nachbarstadt. Untersuche, wie die Verkehrsplaner dort die Verkehrsströme gelenkt haben: Welchen Weg nimmt der Fernverkehr (Umgehungsstraßen)? – Welches sind die wichtigsten Einfall- oder Ausfallstraßen? – Ein Teil des Stadtverkehrs durchquert die Innenstadt, weil die kürzeste Verbindung durch die Stadtmitte führt. Gibt es in deinem Heimatort Ringstraßen, die den Stadtkern vom innerstädtischen Durchgangsverkehr befreien? – Zeige Wohnstraßen in den Außenbezirken der Stadt.

∞ **10** Wo sind nach eurer Meinung Verkehrsprobleme ungelöst? Schlagt Lösungen vor.

Massenverkehrsmittel könnten unsere Städte retten!

„Wer eine Trompete kauft, der weiß, daß er darauf nicht an jedem Ort und zu jeder Stunde blasen kann.“ (Dr. Hans-Jochen Vogel, ehemaliger Oberbürgermeister von München.)

☐ Das Auto ist eine großartige Sache: auf Autobahnen und Landstraßen, im Wirtschafts- und Geschäftsverkehr, im Reise- und Ausflugsverkehr, in kleineren und mittelgroßen Städten. In den großstädtischen Ballungsgebieten der Bundesrepublik Deutschland ist jedoch ein Verkehrschaos entstanden. Auf 3 Prozent der Fläche drängen sich 30 Prozent aller Personenwagen, nämlich rund 5,5 Millionen Autos. In großen Städten muß die Benutzung des Autos eingeschränkt werden. Hier könnten Massenverkehrsmittel das Auto zum großen Teil ersetzen.

1 Vergleiche die mögliche Leistungsfähigkeit von Pkw und öffentlichen Nahverkehrsmitteln:
a) nach der benötigten Verkehrsfläche (Abbildungen unten und Seite 106 oben),
b) nach der Menge der Personen, die befördert werden kann (Tabelle Seite 106).

2 Man unterscheidet „Individualverkehr“ und „öffentlichen Personenverkehr“.
Nenne die individuellen und die öffentlichen Verkehrsmittel. Welches sind „Massenverkehrsmittel“?

Der Platzbedarf von Einzelfahrern im Auto (eine Fotomontage)

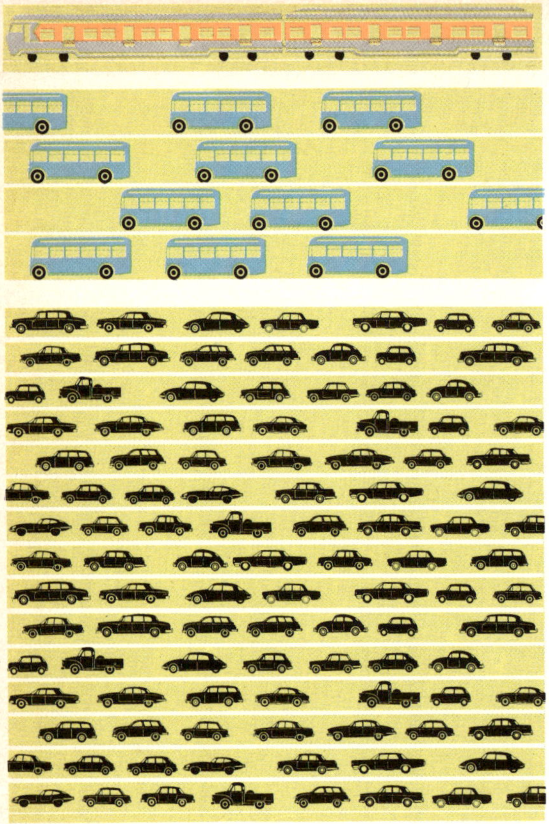

◀ Wenn in einer Großstadt 30000 Personen aus einer Richtung innerhalb einer Stunde in den Stadtkern zur Arbeit fahren wollen, dann sind erforderlich: bei Benutzung einer S-Bahn 1 Fahrspur, bei Bussen 4 Fahrspuren, bei Pkw 15 Fahrspuren.

Wichtigste Aufgabe der Massenverkehrsmittel ist der Berufsverkehr an Werktagen. Von 100 Verkehrsteilnehmern fahren im Durchschnitt 50 zur Arbeitsstätte oder zur Schule. Der Berufsverkehr konzentriert sich auf wenige Spitzenstunden. Dann bewältigen überfüllte Busse und Bahnen in den Großstädten 50 bis 70 Prozent des Verkehrs. Die Autokolonnen hingegen kommen nur noch im Schritt-Tempo voran.

3 Das Diagramm unten zeigt die tageszeitlichen Schwankungen der einzelnen Verkehrsarten. Auch die prozentuale Verteilung des Verkehrs auf die Tagesstunden ist angegeben. Die Spitzen des Berufsverkehrs und des Ein-

Menge der beförderten Personen im Vergleich
(Mögliche Leistungsfähigkeit in den Hauptverkehrsstunden, in einer Richtung)

Art	Fassungsvermögen Sitzplätze	Wagen in einer Stunde[2]	Durchschnittl. Besetzung mit Personen, einschl. Stehplätze	Beförderte Personen (mögliche Anzahl)
Pkw	5	1500	1,5	2250
Bus	50	120	56	6720
Straßenbahn[1]	120	80	160	12800
U- oder S-Bahnzug	600	40	750	30000

[1] 2 Wagen [2] bei Berücksichtigung des Sicherheitsabstandes und der durchschnittlichen Geschwindigkeit.

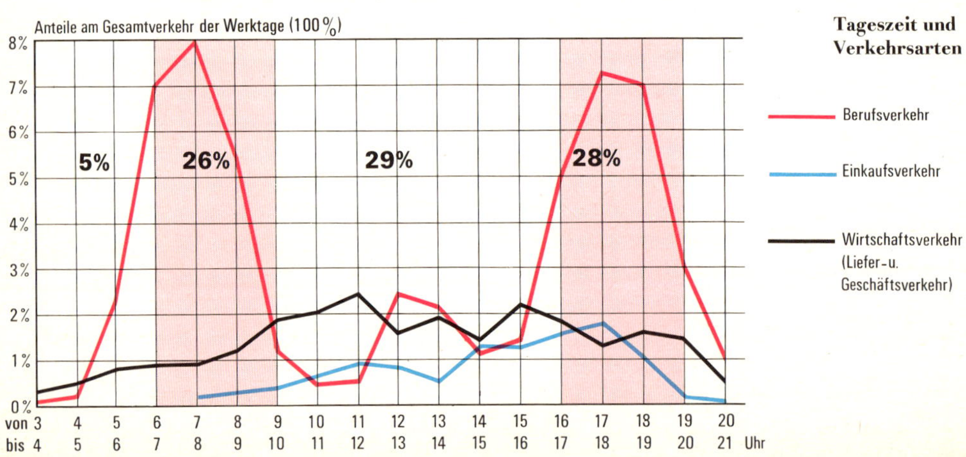

kaufsverkehrs sind das Problem. Könnte man sie nicht wenigstens etwas „entzerren"? Mache Vorschläge.

4 Viele Berufstätige aus den Vororten fahren täglich zur Arbeit in die Großstadt. Suche im Atlas eine Karte, die Pendlerverkehr darstellt. Wähle einen bestimmten Vorort. Angenommen, jeder Berufstätige dort benutzt einen Pkw. Wieviel Pkw würden täglich zur Großstadt fahren?

Die tatsächliche Leistung der Massenverkehrsmittel ist von der möglichen Leistung noch weit entfernt. Deshalb befreien sie unsere Großstädte und Innenstädte zur Zeit noch nicht von der Verkehrsnot. Immer noch sind viele Leute froh, wenn sie endlich ein eigenes Auto benutzen können und nicht mehr auf Stadtbusse, Straßenbahnen oder Vorortzüge der Bundesbahn angewiesen sind – jedenfalls gegenwärtig noch.

∞ **5** Mehrere Gesichtspunkte sind nebenan aufgezählt, nach denen ihr die vorhandenen Massenverkehrsmittel kritisch untersuchen könnt. Überlegt euch Punkt für Punkt, was euch an den Massenverkehrsmitteln gefällt und was euch nicht gefällt – auch im Vergleich zum Pkw. Geht dabei von öffentlichen Nahverkehrslinien aus, die ihr aus eigener Anschauung kennt.

∞ **6** Würdest du in einer Großstadt auf dem Wege zur Arbeit dein Auto abstellen und in einen Bus oder Zug umsteigen?

□ Die Bundesregierung unterstützt einige Firmen bei der Entwicklung und der Erprobung neuer Verkehrssysteme, die in naher Zukunft das Auto in Städten teilweise ersetzen könnten: z. B. Fahrzeuge in der Größe von Kleinbussen, die statt auf Schienen und Rädern geräuschlos auf Magnetfeldern schweben, auf Leitplanken geführt, elektronisch angetrieben und automatisch gesteuert werden. In einigen Städten sind Versuchsstrecken angelegt worden.

7 Die Zeitungen berichten über neue Verkehrsmittel. Sammelt solche Berichte.

Merkmale zur Beurteilung des öffentlichen Nahverkehrs

- **Entfernung von der Wohnung zur Haltestelle**
- **Witterungsschutz an Haltestellen**
- **Häufigkeit der Bus- oder Zugfolgen, Wartezeiten**
- **starrer Fahrplan (regelmäßige Abfahrt)**
- **Pünktlichkeit**
- **unkomplizierte Bedienung der Fahrscheinautomaten**
- **Fahrkomfort wie Geräumigkeit, Wagenbreite, Sitzplätze, Fahrgeräusche, Frischluft, Einstieg auf Bahnsteighöhe**
- **Sicherheit, automatische Türen**
- **Häufigkeit des Umsteigens**
- **Verkehrsverbund, d. h. Gültigkeit der Fahrscheine beim Umsteigen**
- **Fahrtkosten**
- **Fahrzeit (Gehzeit zur Haltestelle, reine Fahrzeit, Aufenthalte an Zwischenstationen, Gehzeit von der Zielstation zu Arbeitsplatz, Schule oder Geschäft)**

Ein Gesamtverkehrsplan: Innenstadt Stuttgart

□ Das Luftbild zeigt die Stuttgarter Innenstadt. Auf der nächsten Doppelseite ist der Verkehrsplan abgebildet: Vieles davon ist noch nicht verwirklicht.

1 Arbeitet zu zweit. Einer schlägt den Verkehrsplan auf, der Nachbar zum Vergleich die Seite mit dem Luftbild. a) Sucht auf Luftbild und Karte folgende Gebäude, Plätze und Straßen: Altes und Neues Schloß, Staatstheater, Stiftskirche, Rathaus, Hauptbahnhof, den Kleinen Schloßplatz, Planie, Königstraße und Hauptstätter Straße. b) Im Luftbild erkennt ihr mehrere Tunneleinmündungen. Lokalisiert sie auf dem Plan und verfolgt den unterirdischen Verlauf der Straßen (gestrichelte Linien).

Ursprünglich war die Königstraße die zentrale Verkehrsachse der City. Die Stuttgarter City reicht vom Bahnhof bis zur Paulinenstraße.

2 a) Umfahre den Stadtkern auf den Cityringen bzw. Citytangenten. b) Zeige die beiden Straßen, die die City durchqueren (Cityspangen). Welche Nachteile haben sie für die City? c) Angenommen, du willst mit dem Auto vom Bahnhof zum Parkhaus am Rathaus fahren. Welchen Weg wählst du? Denke dir weitere Ausgangspunkte und Fahrziele aus. d) Über welche Nebenstraßen erreichst du die Tiefgarage bei der Stiftskirche? e) Umgrenze einige „Verkehrszellen".

3 Für die Fußgänger gibt es schmale Gehwege entlang der Autostraßen, Fußgängerstraßen, Fußgängerbereich in Grünanlagen. An welchen Stellen vermutest du die stärksten Fußgängerströme?

4 Die Trassen der S- und U-Bahnen liegen parallel zu den Hauptverkehrsstraßen. An welchen Stellen kann man von einer U-Bahn in die andere, von der U-Bahn in die S-Bahn umsteigen?

□ In vielen Städten sieht es noch so aus: Parkende Autos am Straßenrand verengen die Fahrbahnen; Durchgangsverkehr und Zielverkehr benutzen die gleichen Wege im Stadtkern; an den Kreuzungen stockt der Verkehr; Autos und Straßenbahnen behindern sich; Fußgänger drängen auf den Gehwegen und sind beim Überqueren der Straße gefährdet.

Lösung der Probleme: Um den Verkehrsfluß zu beschleunigen und die Gefahren zu verringern, muß man die einzelnen Verkehrsarten trennen. Jede Verkehrsart sollte ein unabhängiges Verkehrsnetz haben. Die getrennten Verkehrsnetze müssen jedoch an einigen Knotenpunkten miteinander verbunden sein. Der ruhende Verkehr benötigt gesonderte

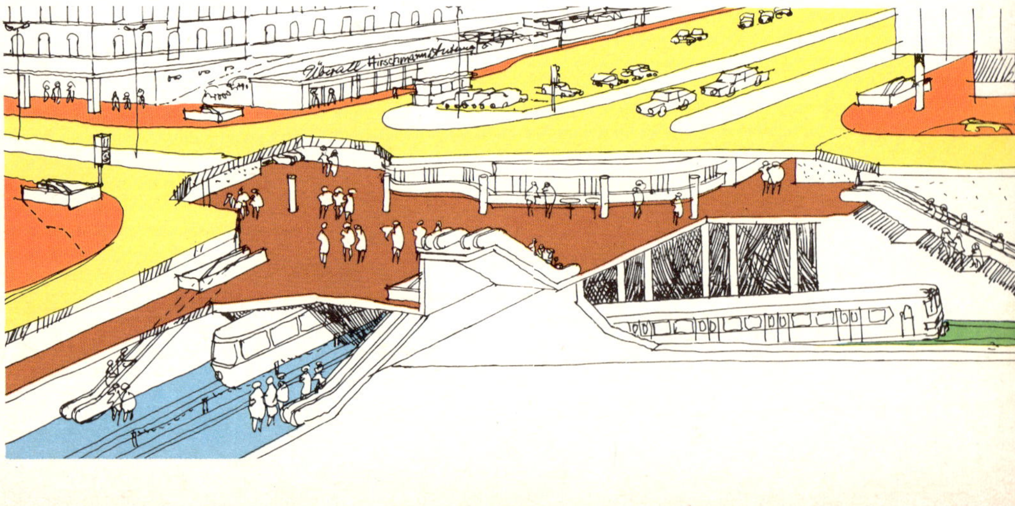

Innenstadt Stuttgart

Stellplätze abseits der Straßen. Die Schnittpunkte sollten kreuzungsfrei sein. Im engen Stadtkern sollte der Verkehr in mehreren Etagen fahren können. Vor allem aber müssen geschützte Fußgängerzonen und Fußgängerbrücken geschaffen werden!

⅄ **5** Welche dieser Forderungen findest du im abgebildeten Verkehrsplan verwirklicht?

∞ **6** In den vorhergehenden Kapiteln habt ihr einzelne Verkehrsprobleme gesondert untersucht. Welche Aufgaben hat der Gesamtverkehrsplan?

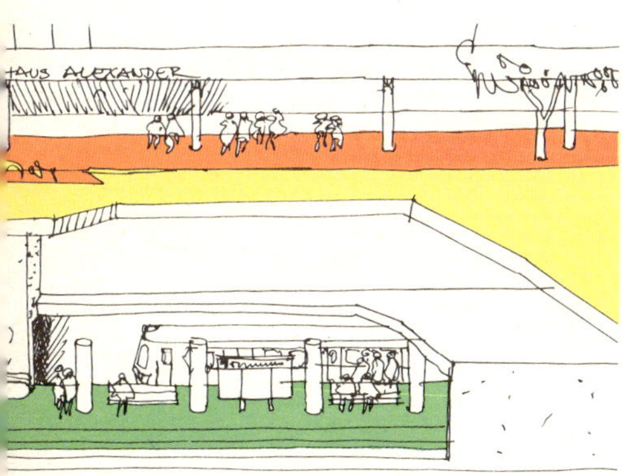

U

S **Haltestelle Stadtmitte**

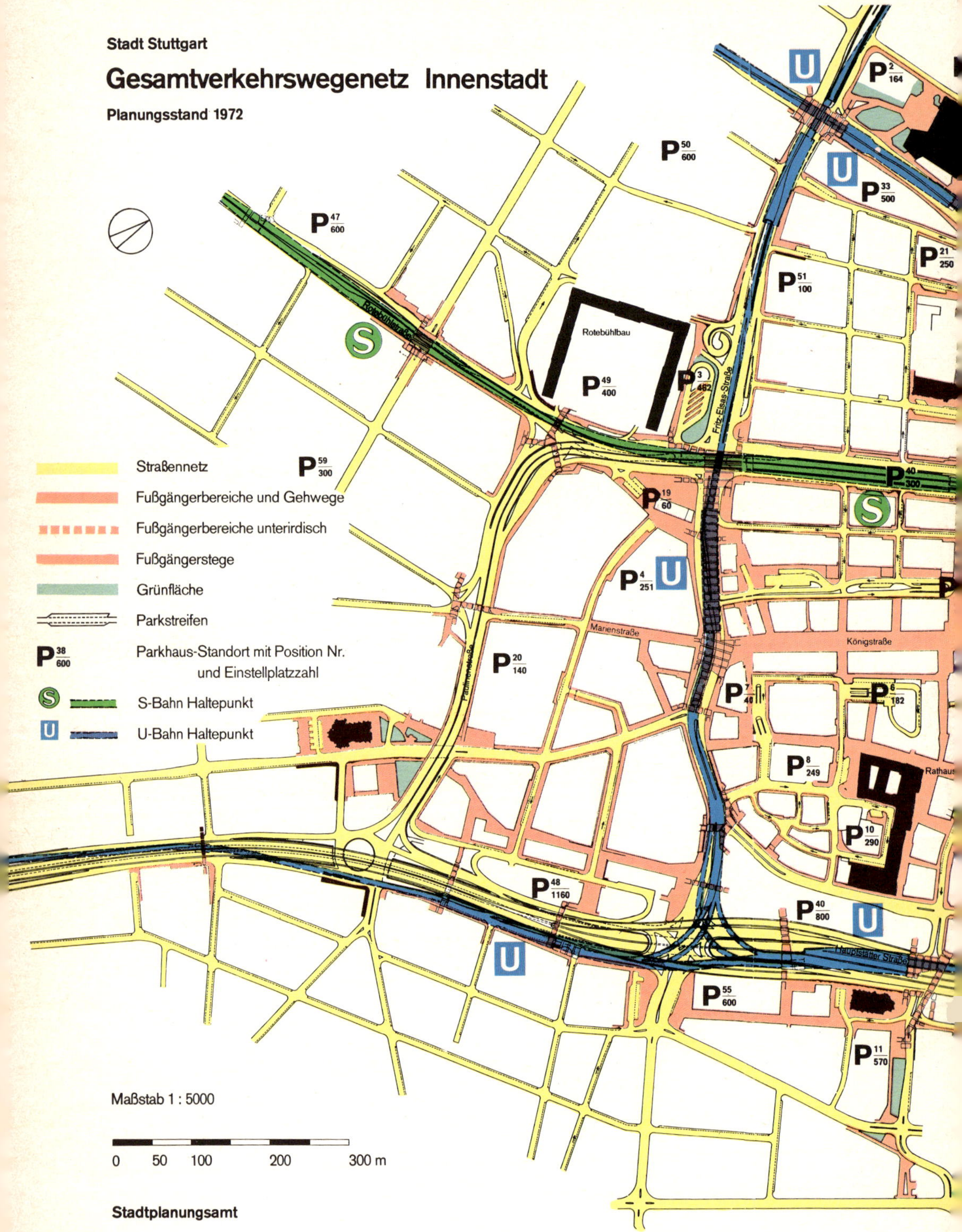
Stadt Stuttgart
Gesamtverkehrswegenetz Innenstadt
Planungsstand 1972
Straßennetz
Fußgängerbereiche und Gehwege
Fußgängerbereiche unterirdisch
Fußgängerstege
Grünfläche
Parkstreifen
P 38/600 Parkhaus-Standort mit Position Nr. und Einstellplatzzahl
S-Bahn Haltepunkt
U-Bahn Haltepunkt
Maßstab 1 : 5000
0 50 100 200 300 m
Stadtplanungsamt
Rotebühlstraße
Rotebühlbau
Fritz-Elsas-Straße
Marienstraße
Königstraße
Paulinenstraße
Rathaus
Hauptstätter Straße
P 2/164
P 50/600
P 33/500
P 47/600
P 21/250
P 51/100
P 49/400
P 3/482
P 59/300
P 40/300
P 19/60
P 4/251
P 20/140
P 7/40
P 6/182
P 8/249
P 10/290
P 48/1160
P 40/800
P 55/600
P 11/570

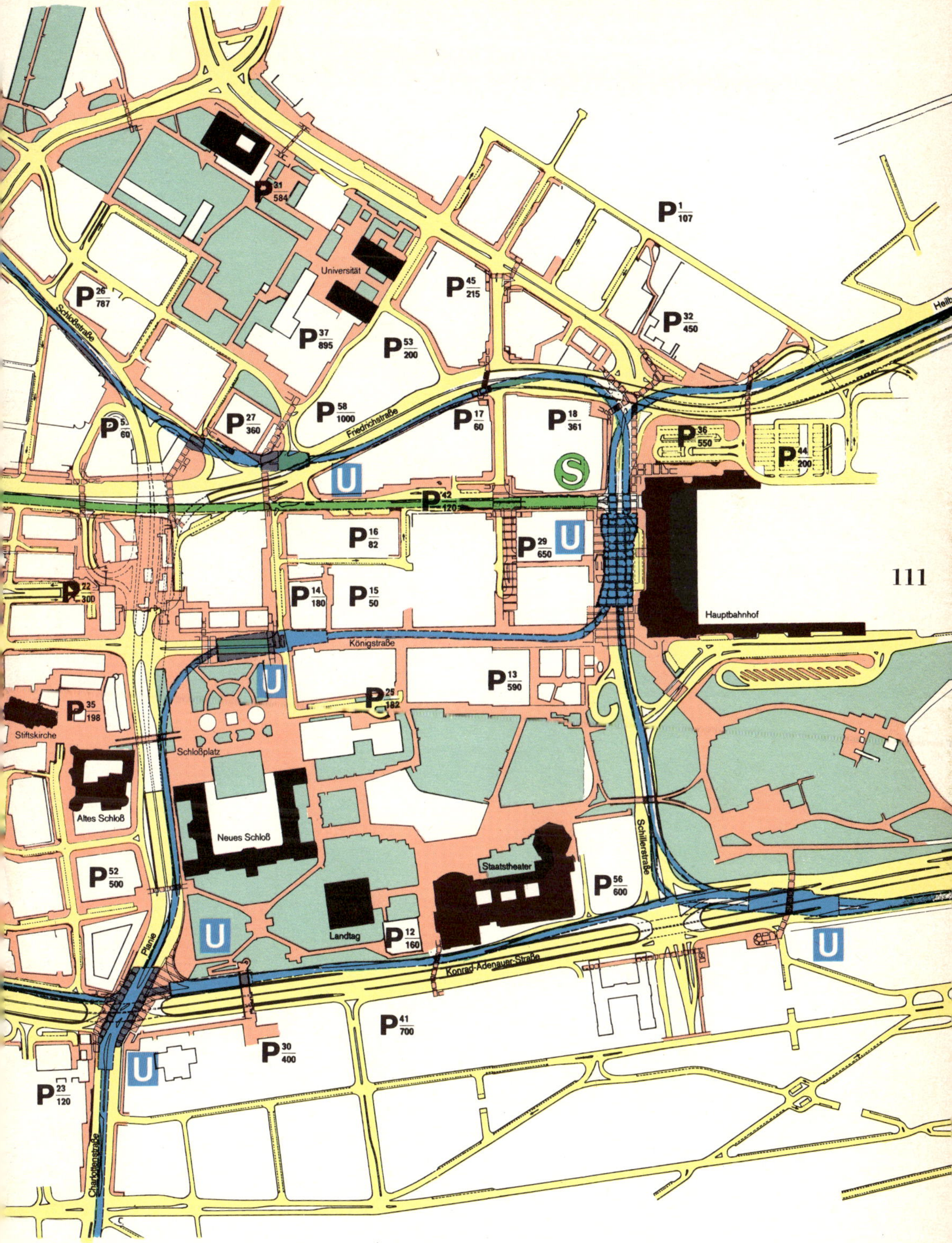
Universität
Schloßstraße
Friedrichstraße
Königstraße
Hauptbahnhof
Stiftskirche
Schloßplatz
Altes Schloß
Neues Schloß
Staatstheater
Landtag
Schillerstraße
Konrad-Adenauer-Straße
Planie
Charlottenstraße

Abnahme des Sauerstoffgehalts im Rhein
nach Angaben der Internationalen Kommission zum Schutz des Rheins gegen Verunreinigung

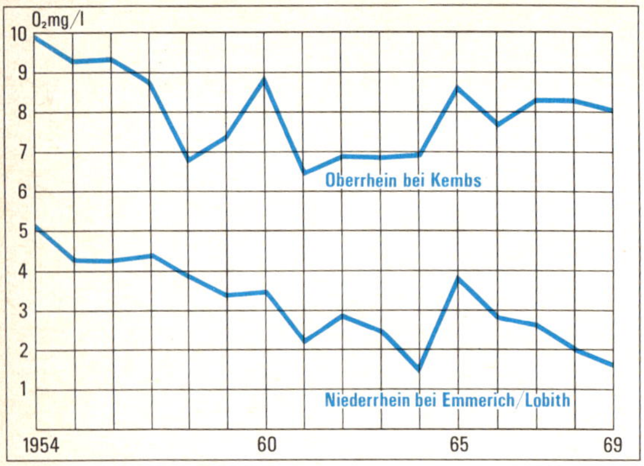

Verschmutzung des Rheins und seiner Nebenflüsse

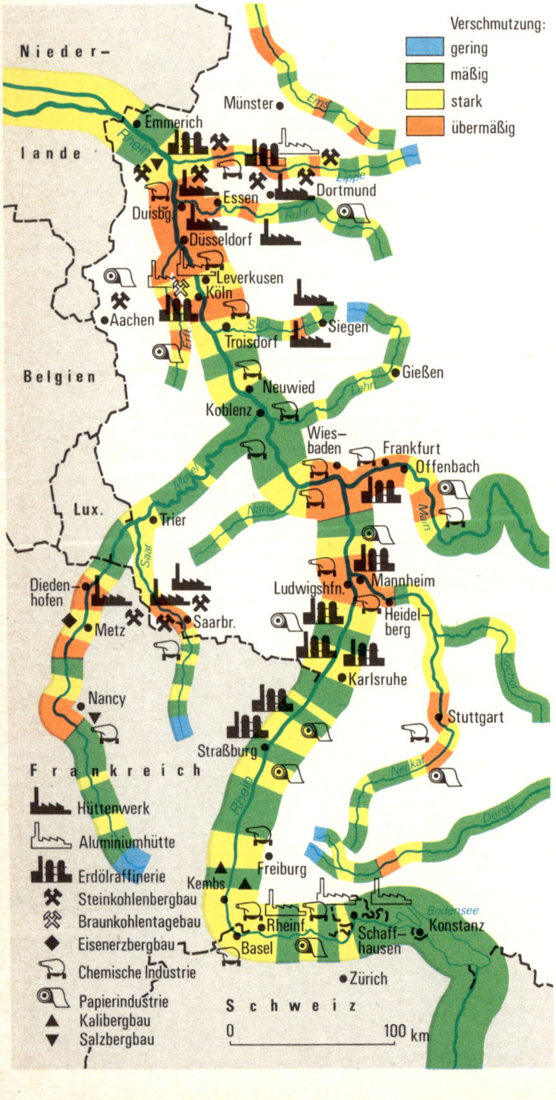

Die Umwelt erhalten

Der verschmutzte Rhein. Die Suche nach den Schuldigen.

□ „Rotterdams Bürgermeister Thomassen beklagte sich beim deutschen Bundespräsidenten. Die Bürger seiner Stadt müßten aus einer „Kloake" trinken. Aus dem Rhein nämlich. Und in der schwimmt jede Menge Dreck: Schweizer, deutscher, französischer und holländischer Dreck natürlich."

Verunreinigungen im Rhein bei Emmerich (täglich)

40 000 t Kochsalz	Titan, Chrom, Kobalt,
16 000 t Sulfate	Nickel, Kupfer, Zink,
2 300 t Nitrate	Arsen, Quecksilber,
100 t Phosphate	Blei, Öl und Überreste
550 t Ammoniak	von Waschmitteln;
230 t Eisen	insgesamt rund 65 000 t

⅄ **1** Notiere anhand der Karte die Stellen der stärksten Verschmutzung des Rheins.

⅄ **2** Täglich fließen 200 Mio. m³ Rheinwasser über die holländische Grenze. Die stündlich transportierten Laststoffe von 2700 t würden 60 Güterzüge (mit je 50 Waggons) füllen. Wie viele Züge wären es pro Tag (pro Jahr)?

3 Je mehr Abwässer in den Strom geleitet werden, desto geringer ist der Sauerstoffgehalt des Wassers. Bestimme den unterschiedlichen Sauerstoffgehalt des Rheins bei Kembs und Emmerich. Erkläre den Kurvenverlauf.

∞ **4** Allein die elsässischen Kalibergwerke bei Fessenheim leiteten noch 1972 jede Sekunde 120 kg Salz in den Rhein.
Nimm zu folgenden Aussagen Stellung:
Der Leiter des Amsterdamer Wasserwerkes klagt: „Seit Generationen war das Meer unsere größte Sorge. Jetzt kommen Salz und andere Verunreinigungen mit dem Rheinwasser durch die Hintertür herein." – Ein Techniker der elsässischen Kalibergwerke wehrt ab: „Vom Salz ist schließlich noch keiner gestorben."

∞ **5** Im neuen Umweltschutzgesetz der Bundesregierung soll das „Verursacherprinzip" gelten. Was besagt dieser Begriff?

Am 26. 10. 1972 einigten sich die Rheinanliegerstaaten darauf, künftig den Rhein sauber zu halten. Unter anderem sollen die bisherigen Salzeinleitungen der elsäßischen Kalibergwerke auf die Hälfte gesenkt und die Abfallsalze in Betonwannen auf Halden gelagert werden. Von den 10 Mio. DM Jahreskosten zahlen Holland 33 %, Frankreich und die BRD je 30 %, Schweiz 5–6 %, Luxemburg 2 %.

6 Was bedeutet diese Entscheidung bezüglich des „Verursacherprinzips"? Vergleiche z. B. den Beitrag Hollands mit dem Frankreichs. Welche Überlegungen könnten gerade zu diesem Ergebnis geführt haben? Wie müßte die Regelung aussehen, wenn nach dem Verursacherprinzip entschieden worden wäre?

□ Ein aktenkundiger Fall: Am 7. 12. 1970 verurteilte das Landgericht Kleve den Alleininhaber der Frachtreederei Hamburger Lloyd wegen vorsätzlicher und fahrlässiger Verstöße gegen das Wasserhaushaltsgesetz zu einer Freiheitsstrafe von acht Monaten sowie zu einer Geldstrafe von 5000 Mark. An Stelle der Freiheitsstrafe soll er eine Geldbuße in Höhe von 80000 Mark an einen gemeinnützigen Verein zahlen, der sich mit Maßnahmen zur Gewässerreinigung befaßt. Das Gericht ging davon aus, daß von 1965 bis 1968 auf 26 Abwässertransporten insgesamt 8375 t schädlicher Stoffe von den Tankmotorschiffen der Reederei in den deutschen Teil des Rheins gepumpt worden seien. Im März 1968 war ein Schiffsführer der Reederei auf frischer Tat bei Emmerich gestellt worden. Mitangeklagt und verurteilt wurden ein Prokurist, ein Kontrolleur und einige Schiffsführer.

Das Gericht führte aus: Der Angeklagte hatte angeordnet, „die giftigen Abwässer der Caltex-Raffinerie von Raunheim (Main) aus Gründen der Kostenersparnis unterwegs auf dem Transport im Rhein zu ‚verlieren', und nicht, wie vom Regierungspräsidium von Darmstadt vorgeschrieben, ‚auf hoher See zu vernichten'. Ihr Ziel war der Profit."

Der finanzielle Hintergrund: Die Caltex zahlte eine Frachtrate von 14 Mark pro Tonne Abwässer für deren Vernichtung auf hoher See; sie ahnte nicht, daß die auf ein Schweizer Konto überwiesenen Rechnungsbeträge zu 60 Prozent als „Provision" in der Schweiz blieben und nur je 5,60 Mark pro Tonne tatsächlich an die Hamburger Reederei gelangten. Die besonders ausgewählten Schiffsführer erhielten davon „Sonderzahlungen", deren Höhe sich fast immer genau mit der Tonnage des unterwegs im Rhein „verlorenen" Schmutzwassers deckte: „Auf der Fahrt am 9. Dezember 1967 gingen im Mittelrhein 811 Tonnen ‚verloren', die von der Reederei gezahlte ‚Prämie' betrug 812 Mark; auf der Fahrt am 7. Januar 1968 waren es 788 Tonnen, die ‚Prämie' belief sich auf exakt 788 Mark."

∞ **7** Ein Sachverständiger führte in der Gerichtsverhandlung aus, es sei möglich, daß diese Raffinerieabwässer auch mitbeteiligt gewesen seien an der Katastrophe des vorhergehenden Jahres, bei der auf einer rund hundert Kilometer langen Rheinstrecke Millionen von Fischen umgekommen waren.

Vergleicht den angerichteten Schaden mit dem Gerichtsurteil und untersucht das Strafmaß. – Bestraft kann nur jemand werden, der auf frischer Tat ertappt wird.

∞ **8** Diskutiert auch folgende Situation: Eine Chemiefabrik leitet Giftstoffe als Abwässer in den Rhein. Acht Kilometer stromabwärts entnimmt eine Großstadt Rheinwasser, reinigt es und deckt daraus einen Teil ihres Trinkwasserbedarfs.

9 Hätte es eigentlich viel genützt, wenn die Hamburger Frachtreederei das Abwasser vorschriftsmäßig in die Nordsee geschüttet hätte? Auch die Meere sind nicht unbegrenzt belastbar. Sammelt und sichtet Material über die Verschmutzung von Meeresstränden, über die „Ölpest" auf Meeren, usw.

Punkt ① zeigt eine Einleitung (helles Wasser), deren Temperatur 4 bis 6 Grad höher als die des übrigen Wassers ist. Bei Punkt ② entnimmt ein Kraftwerk das vorgewärmte Wasser und speist es bei Punkt ③ wieder ein um 18 bis 21 Grad wärmer als das Kaltwasser vor der Einleitung bei Punkt ①. Da sich das Warmwasser hier kaum mit kaltem Wasser vermischt, wird die Uferzone ④ übermäßig erwärmt. Das Gewässer „kippt" um, das heißt, das biologische Gleichgewicht ist gestört, das Leben erlischt. Abhilfe könnte eine Kühlwasserentnahme bei Punkt ⑤ schaffen. Die Rückleitung müßte in der Flußmitte enden.

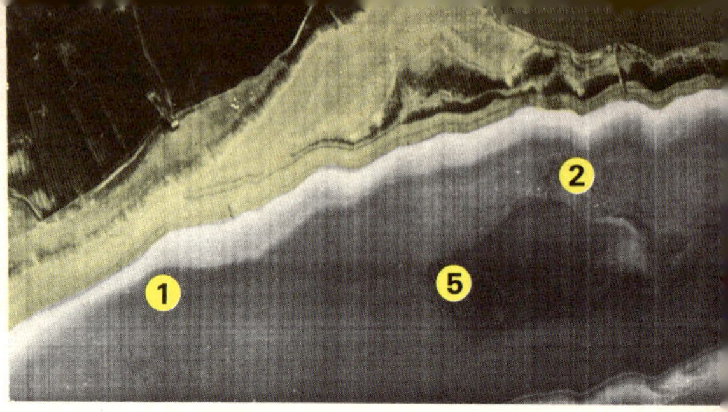

□ Zum Schutze der Gesellschaft und des einzelnen ist eine gezielte Überwachung unserer Flüsse notwendig, weil man offenbar – von Ausnahmen abgesehen – mit einer freiwilligen Kontrolle durch die Verursacher nicht rechnen kann. So machen z. B. in Nordrhein-Westfalen Hubschrauber Jagd auf Ölsünder. Mit Kontrollflügen über dem Rhein will man nicht nur Schiffen auf die Spur kommen, die „verbotene Flüssigkeiten" in den Strom ablassen, sondern auch Industriebetrieben. Die Sünder können nicht entkommen: Die Rhein-Überwacher sind mit Spezialkameras ausgestattet. Fotos machen ein Leugnen zwecklos.

10 Auch die Wärmeüberwachung eines Flusses ist bereits möglich: Vom Flugzeug aus wird mit einer Infrarotkamera der vom industriellen Ab- und Kühlwasser gestörte Wärmehaushalt des Flusses überprüft. Die Überprüfung ist wichtig, weil durch die Erwärmung der Sauerstoffgehalt des Flußwasser sinkt. Dadurch entstehen für die Fische schlechte Lebensbedingungen. Studiere das „Wärmebild" oben.

Die Bevölkerung von Duisburg beschwert sich häufig über verstärkte Luftverunreinigung bei Nachtzeit und verdächtigt die Industrie, daß sie nachts die Filteranlagen abstellt und verstärkt das „Rußblasen" vornimmt. Dieser Verdacht scheint wenigstens teilweise begründet. Um beweiskräftige Unterlagen darüber zu bekommen, wurde 1969 eine Fernsehanlage mit einer Radaranlage gekoppelt. Von einem 60 m hohen und zentral gelegenen Hochhaus beobachtet eine Fernsehkamera Tag und Nacht 163 Schornsteine verschiedener Betriebe. So können alle Luftverunreinigungen registriert und fotografiert werden.

11 Kommentiere das „Fernsehbild". (Es zeigt Entfernung, Richtung, Tag und Uhrzeit.)

Überwachung von Fabrikschornsteinen mit einer Fernsehkamera

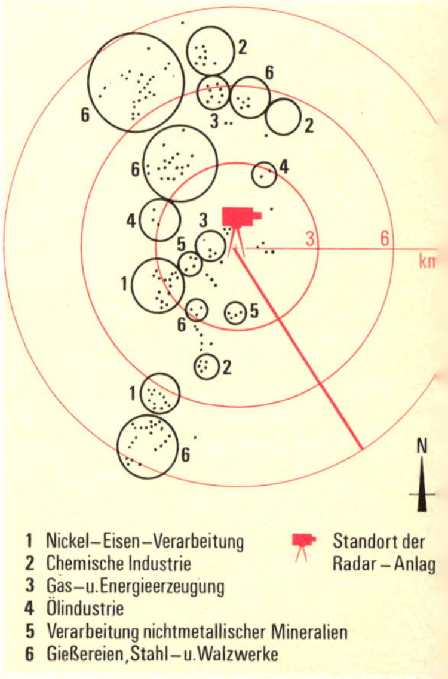

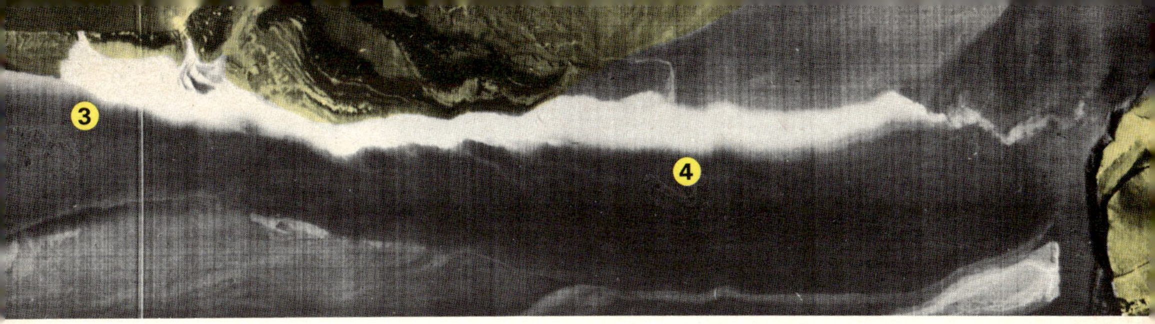

„Wärmebild" eines Flusses (Infrarotaufnahme)

Ist Umweltschutz zu teuer?

□ Diese Frage stellt sich im Jahr 1973 beispielsweise die Papierfabrik Baienfurt bei Ravensburg (Württemberg). Sie gilt als ein Hauptverschmutzer des Flusses Schussen und des Bodensees. Von Amts wegen ist angeordnet worden, daß sie nach Ablauf des Jahres keine schädlichen Abwässer mehr in den Fluß einleiten darf. Bis zu diesem Zeitpunkt muß die Fabrik also entweder eine dritte (teurere) Klärstufe bauen oder ihre Produktion (80 t Zellulose täglich) einstellen. Die Firmenleitung macht geltend, daß a) sie sich streng an die noch gültigen Wasserschutzgesetze des Jahres 1951 halte; b) sie für die Reinigung der Fabrikabwässer schon 3 Mio. DM aufgewendet habe; c) in einer ersten (mechanischen) Klärstufe bereits 98% der schädlichen Sulfit-Ablauge entfernt, in einer zweiten (biologischen) Klärstufe mehr als die Hälfte der anderen organischen Reststoffe abgebaut würden; d) der Bau der geforderten dritten (chemischen) Klärstufe ungefähr 12 Mio. DM kosten würde. Diesen Betrag könne die Fabrik aber nicht mehr aufbringen.
Für die Entwicklung von vorbildlichen Klärmethoden verlangt die Betriebsleitung eine Kostenbeteiligung der Bundesregierung, also der Allgemeinheit. Die Reinigung der Schussen ist also nicht so sehr ein technisches, sondern ein finanzielles Problem. Muß das der einzelne Betrieb bewältigen? Die Werksleitung stellt die Frage, ob gesicherte Produktionsstätten für die Allgemeinheit nicht ebenso wichtig seien wie Umweltschutz. Ob die 12 Mio. DM zum Bau einer dritten Klärstufe ausreichen, sei noch offen. Werden der Fabrik aus dem neuen Umweltschutzgesetz noch weitere Kosten entstehen, die die Wirtschaftlichkeit des Werkes in Frage stellen?

∞ **1** Um diese Kosten aufzufangen, gäbe es mehrere Möglichkeiten: niedrigere Löhne – kleinere Gewinne – Verzicht auf Investitionen (z. B. Neuanschaffung von Maschinen) – verteuerte Produkte. Diskutiert sie.

∞ **2** Es gibt Leute, die der Fabrikleitung fehlende Einsicht oder rücksichtloses Gewinnstreben vorwerfen. Fremdenverkehrsorte am Bodensee klagen über Strand- und Bäderverschmutzung. Sie drohen dem Land eine Schadensersatzklage an, wenn es nicht einschreitet. Stellt die Argumente der Papierfabrik und die der Abwassergeschädigten einander gegenüber.

∞ **3** Wird die Papierfabrik geschlossen, verlieren mehr als 100 Menschen ihre Arbeitsplätze. Ist der Umweltschutz das wert?

Einmündung der Schussen in den Bodensee

Atomkraftwerke – PRO und CONTRA

□ Atomkraftwerke sind Wärmekraftwerke: Dampf treibt Turbinen an, Generatoren erzeugen Strom. Statt Kohle oder Öl werden als Brennstoff Uranstäbe (Uran 235) verwendet. Gegenwärtig werden zwei Typen gebaut. Das Bild unten zeigt einen Schnitt durch das Atomkraftwerk Stade bei Hamburg. Dieses Werk arbeitet mit Wasserdurchlaufkühlung: Das erwärmte Kühlwasser aus der Elbe wird direkt wieder in den Fluß zurückgeleitet. Das Bild rechts oben zeigt „Calder Hall" in Großbritannien, das erste Atomkraftwerk in Westeuropa. Es arbeitet mit Kühltürmen: das erwärmte Kühlwasser wird vor der Rückleitung abgekühlt, damit der Fluß nicht mehr so stark erwärmt wird.

1 Orientiere dich anhand des Schnittbildes über die Anlage des Atomkraftwerkes Stade. Verrät dir die Skizze, wie das Werk funktioniert? Versuche zu erklären, weshalb man ein Druckgefäß, eine äußere Betonabschirmung, eine biologische Abschirmung, ein Lager für radioaktive Abfälle braucht.

2 Die Zeichnung auf der rechten Seite zeigt die verschiedenen Kreisläufe im Atomkraftwerk Stade. Ordne die drei Kreisläufe dem Schnittbild zu.

3 Bestimme auf dem Foto „Calder Hall" die Aufgaben der einzelnen Gebäude. Wodurch unterscheidet sich dieses Kraftwerk vom Kraftwerk Stade? Schreibe diese Merkmale auf.

4 Beschreibe am Atomkraftwerk Stade den Kühlwasserkreislauf.

Das Atomkraftwerk Stade, Schnittbild:

1 Reaktorgebäude
2 Reaktordruckgefäß
3 Brennelemente
4 Steuerstäbe
5 Steuerstabantriebe
6 Reaktorgrube
7 Reaktorraum
8 Kabelbrücke
9 Brennelementbecken
10 Lagergestell für Brennelemente
11 Beckenschutz
12 Lademaschine
13 Biologische Abschirmung
14 Wärmetauscher
15 Primärwasserleitung
16 Umwälzpumpe
17 Dampferzeugerraum
18 Frischdampfleitung
19 Speisewasserleitung
20 Betriebsraum
21 Kranbahn
22 Kran (220 t/30 t)
23 Stromabnehmer f. Kran
24 Lüftung
25 Umluftanlage
26 Druckspeicher
27 Borwasserbehälter
28 Primärwasserspeicher
29 Gasabklingbehälter

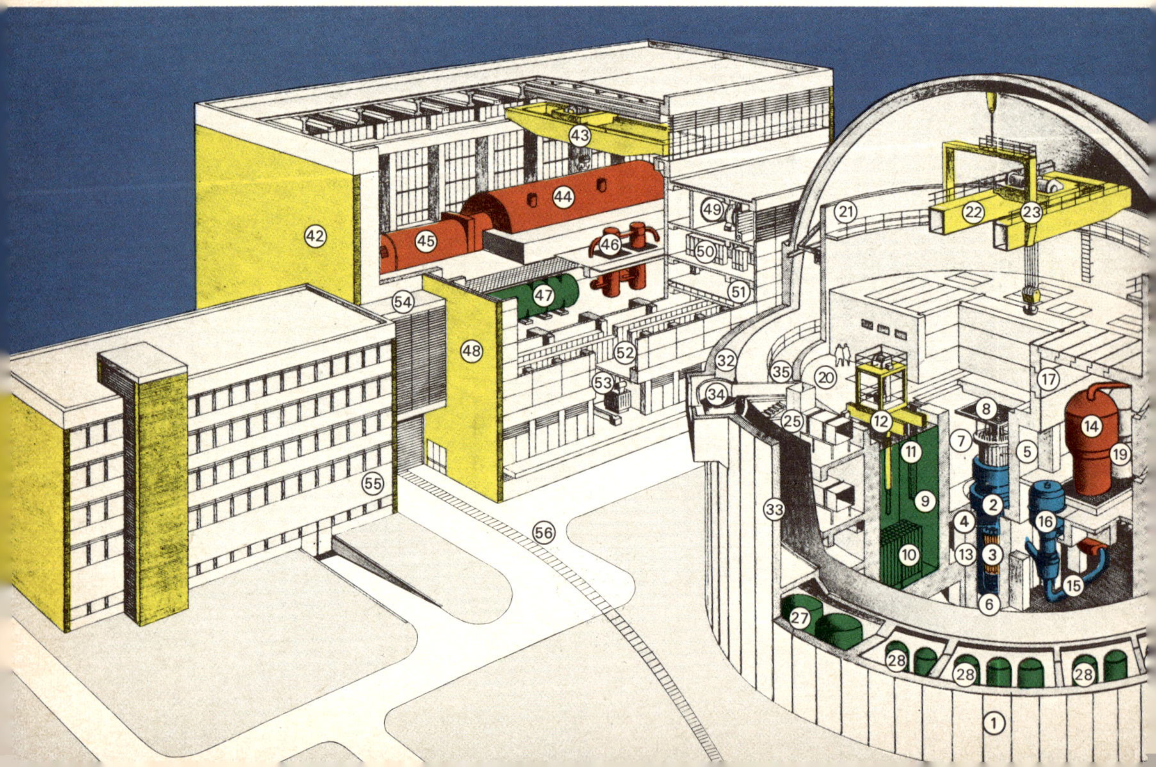

Das Atomkraftwerk von Calder Hall in England, Cumberland

Lager für radioaktive Abfälle
Sicherheitsbehälter
Ringraum
Äußere Betonabschirmung

34 Materialschleuse
35 Umgang
36 Schalldämpfer der Sicherheitsventile
37 Reaktorhilfsanlagengebäude
38 Abwasseraufbereitung
39 Lüftungsanlage
40 Labor
41 Schleuse
42 Maschinenhaus
43 Maschinenhauskran
44 Turbine
45 Generator

46 ND-Vorwärmer
47 Speisewasserbehälter und Entgaser
48 Schaltanlagengebäude
49 Lüftungsanlage
50 Hilfstafelraum
51 Rangierverteiler
52 Gs-Anlage (Batterien)
53 Niederspannungs-Transformatoren
54 Verbindungsbrücke
55 Betriebsgebäude
56 Anschlußgleis

Primärkreislauf
1 Reaktordruckbehälter
2 Umwälzpumpe
3 Wärmetauscher
4 Druckhalter

Sekundärkreislauf
5 Turbine Hochdruckteil
6 Turbine Niederdruckteil
7 Generator
8 Erregereinrichtung
9 Wasserabscheider
10 Zwischenüberhitzer
11 Kondensator
12 Hauptkondensatpumpe
13 Niederdruckvorwärmer
14 Speisewasserbehälter und Entgaser
15 Hauptspeisewasserpumpe
16 Hochdruckvorwärmer

Kühlwasserkreislauf
17 Hauptkühlwasserpumpe

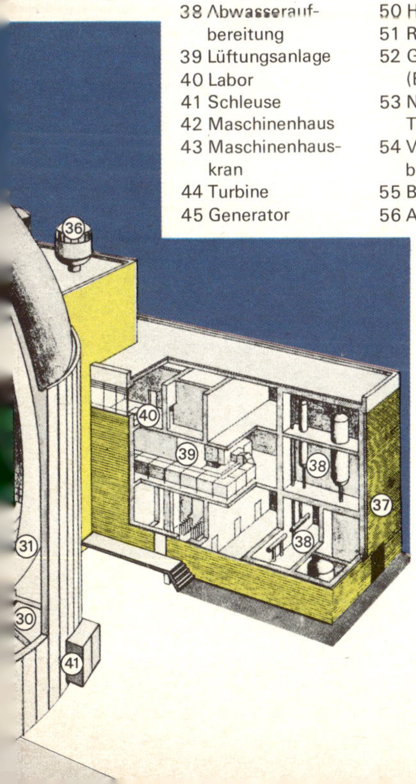

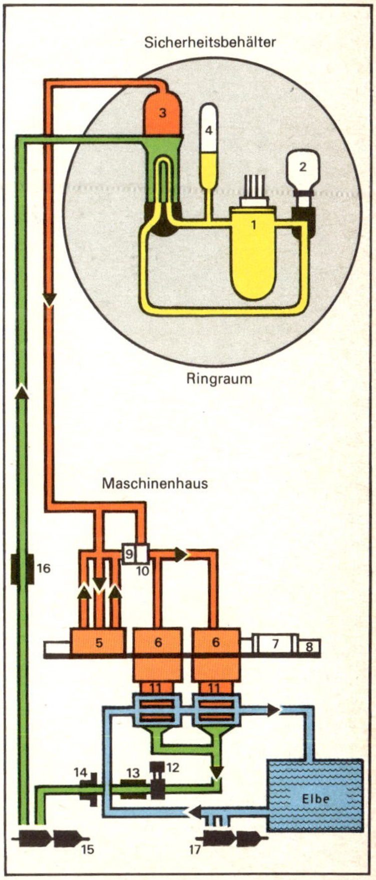

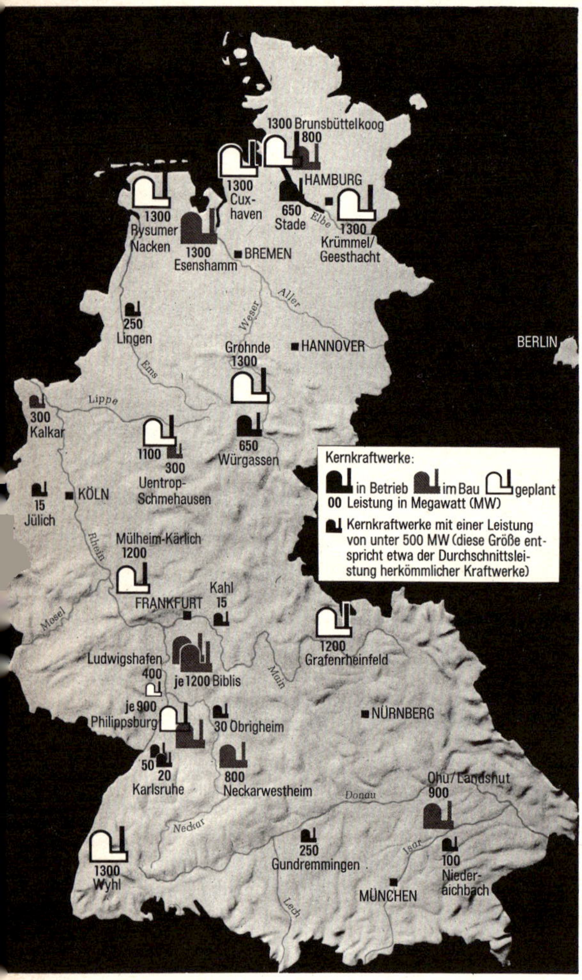

5 Die Standortkarte der vorhandenen und geplanten Atomkraftwerke in der Bundesrepublik läßt im Zusammenhang mit dem Kühlproblem eine interessante Feststellung zu.

□ Zwei süddeutsche Energiewerke haben bei den staatlichen Behörden den Bau eines Atomkraftwerkes mit Standort Breisach am Oberrhein beantragt. Die Leistung soll zunächst bei 2 × 1800 Megawatt (MW) liegen (1 MW = 1 Million Watt). Später sollen noch vier Atomreaktorblöcke mit 5000 MW dazukommen. Die gesamte Energieleistung dieses Werkes wäre dann etwa 8 800 MW. Frankreich baut bereits ein Atomkraftwerk mit 2 × 1600 MW bei Fessenheim, 20 km südlich von Breisach. Insgesamt betrüge dann die Leistung beider Kernkraftwerke mehr als 10 000 MW. Zum Vergleich: Die Stadt Freiburg hat zur Zeit einen Energiebedarf von etwa 200 MW.

∞ **6** Auf den folgenden Seiten sind Argumente für und gegen den Bau dieses Atomkraftwerks zusammengestellt. Lest und diskutiert das Pro und Contra der Reihe nach.

◀ **Atomkraftwerke in der Bundesrepublik**

▼ **Die Kühltürme des Atomkraftwerks Breisach**

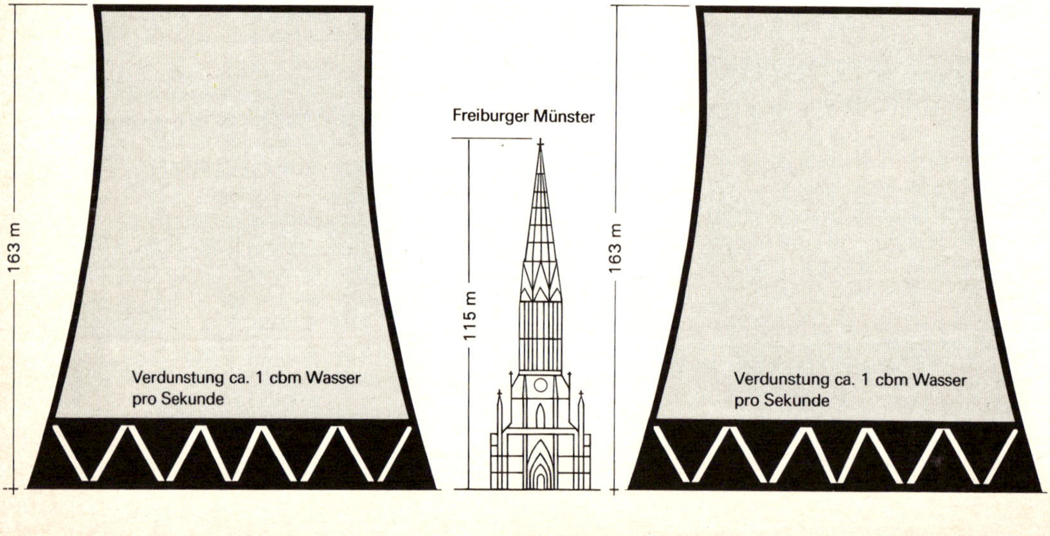

PRO	CONTRA
Standort	
Die Errichtung solcher Atomkraftwerke macht es möglich, das Rheintal zu einem „Industrieband“ auszubauen. Für die ganze Region würde das einen industriellwirtschaftlichen Aufschwung bedeuten. Viele neue Arbeitsplätze würden geschaffen.	Die schöne, biologisch und klimatisch intakte Region des Oberrheins wird sich – geplant oder ungeplant – in eine schmutzige Industrielandschaft verwandeln.
Der Bau von Atomkraftwerken ist besonders in dieser Region erforderlich. Bisher steht südlich von Karlsruhe noch kein einziges Wärmekraftwerk. Der elektrische Strombedarf dieses Gebietes wird zur Zeit ausschließlich durch Wasserkraft gedeckt, was zu keiner Belastung der Natur geführt hat.	Die Notwendigkeit der Errichtung von Atomkraftwerken ist so lange zu bezweifeln, als nicht alle herkömmlichen Energiearten voll ausgeschöpft sind. Der Vorrat von Steinkohle wird auf noch 300 Jahre geschätzt. Würde man mit dem Bau von Atomkraftwerken noch warten, könnten viele weitere Meßwerte gewonnen und Konstruktionsverbesserungen entwickelt werden.
Atomstrom ist billig. Verschiedene Industriezweige, vor allem die Aluminium- und die Steinkohlenchemische Industrie, sind auf billigen Strom in großer Menge angewiesen.	Eine wirtschaftlich günstige Energiebeschaffung darf nicht die Gesundheit des Bürgers oder das Leben der Landschaft gefährden.
Bei den in Betrieb genommenen Atomkraftwerken ist eine Belastung oder Gefährdung der Landschaft bisher nicht erkennbar. Angst vor Atomkraftwerken ist unbegründet.	Schon bei der Entscheidung für den Standort müssen alle Folgeprobleme bedacht sein: Denn wenn sich erst nach dem Bau herausstellt, daß Schäden entstehen, kann das Kraftwerk wegen seiner einzigartigen Schlüsselstellung in der gesamten Wirtschaft nicht mehr einfach abgestellt werden.
Verunstaltung der Landschaft	
Unsachliche Naturschutzvorstellungen und übersteigerte Umweltschutz-Propaganda dürfen das Vorhaben nicht verhindern. Wo immer möglich, wird auf die Landschaft Rücksicht genommen.	Mehr als 70 m hohe Überlandleitungsmasten werden in den Himmel ragen, dazu 100 m hohe Schornsteine, die radioaktive Stoffe in die Luft abgeben sollen. Kühltürme von 160 m Höhe werden wie Riesenklötze in der Landschaft stehen.
Rheinwasser-Erwärmung und Kühlwasser-Verdunstung	
Kernkraftwerke haben einen elektrischen Wirkungsgrad von zur Zeit 33%, d. h. daß je 1000 MW gewonnener Elektrizität 2000 MW in Wärme umgewandelt nutzlos an die Umwelt abgegeben werden müssen. Bei Flußwasser-Durchlaufkühlung (die zunächst für Fessenheim vorgesehen war) würde sich der Rhein (je nach Wasserstand bis zu 10 °C erwärmen (z. B. von 15 °C auf 25 °C.)	Der Rhein ist jetzt schon durch Abwässer bis an die Grenze seiner biologischen Selbstreinigungskraft mit Schmutzstoffen belastet. Wird er dazu noch erwärmt, besteht die Gefahr, daß er „umkippt“. Fische und viele Pflanzen würden absterben. Giftige Blaualgen, Cholera- und Typhuserreger und andere Krankheitserreger erhielten dagegen beste Lebensbedingungen.
Beim Atomkraftwerk Breisach soll nicht mit Durchlaufkühlung, sondern mittels „nasser Kühltürme“ gekühlt werden. Auf diese Weise wäre das dem Rhein wieder zurückgeführte Wasser kaum wärmer als das entnommene. Lediglich Wasserdampf wird an die Atmosphäre abgegeben. „Trockene Kühltürme“ sind von der Industrie noch nicht entwickelt.	Bei der Kühlung mit „nassen Kühltürmen“ wird in der Sekunde etwa 1 m^3 Wasser verdunstet. Bei den angenommenen 10000 MW würden innerhalb von 24 Stunden 864000 m^3 Wasser in die Atmosphäre abgegeben werden. In Freiburg und im Oberrheingraben beträgt die Luftfeuchtigkeit im Durchschnitt der Monate September bis März ohnehin zwischen 79% und 90%. Der Wasserdampf kondensiert: in weitem Umkreis würden mehr Wolken und mehr Nebel auftreten.

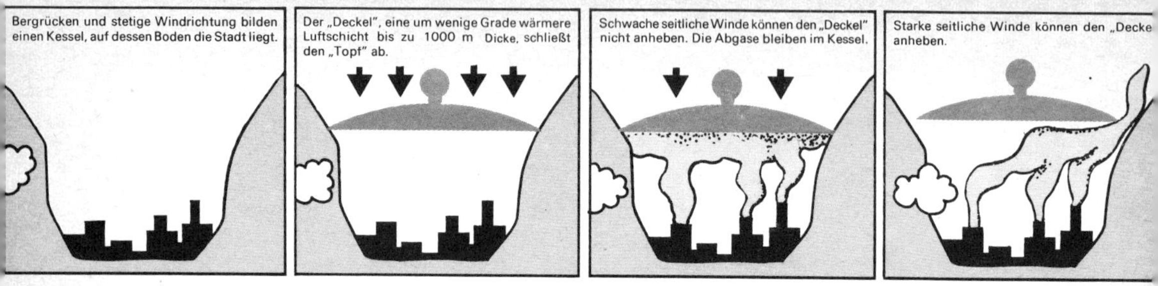

Zum Klima im Oberrheinischen Tiefland und am Kaiserstuhl: Besonders häufig treten langdauernde Inversionswetterlagen auf, d. h. zwischen Vogesen und Schwarzwald bildet sich ein Kaltluftsee, der nach oben durch wärmere Luft wie mit einem Deckel abgesperrt ist (Temperaturumkehr). Das sind Wetterlagen mit geringer Bewölkung und keinem oder schwachem Wind. Ist dann die Luftfeuchtigkeit hoch, bildet sich Nebel. Die Bauern vom Kaiserstuhl befürchten deshalb vor allem eine Verschlechterung des Klimas, die Sonnenscheindauer würde geringer und damit die Qualität der Weine schlechter.

PRO

„An kühlen Tagen mit hoher relativer Luftfeuchte würden zwar Schwaden am Kühlturmaustritt sichtbar sein, ihre Länge wäre etwa 50–800 m, sie würden einen Winkel von 20° überstreichen. Auch innerhalb dieses kleinen Sektors gebe es aber keine geschlossene Wolkendecke. Die Entfernung vom geplanten Kraftwerkstandort zum Kaiserstuhl sei in jedem Fall größer als 800 m, so daß mit einer Abschattung der Reben nicht zu rechnen sei. Eine Änderung der Luftfeuchte außerhalb der zu beobachtenden Schwaden würde nicht spürbar sein. Bei der angenommenen verdampften Kühlwassermenge von 3 m³/Sek. betrage die Erhöhung der relativen Luftfeuchtigkeit 2–3 % bei einer Lufttemperatur von 2 °C. ..." Nebel hält sich aber in der Regel nur bei Windstärken um 0 bis 1,5, d. h. bis zu einer mittleren Windgeschwindigkeit von 0,5 m/Sek. oder 43 km pro Tag.

CONTRA

Modellrechnung: „Bei einer mittleren Tagestemperatur von 10 °C und 79–90% relativer Luftfeuchtigkeit genügen im Mittel 0,5 bis 1 g Wasser, um 1 m³ Luft in Nebel zu verwandeln. Nehmen wir an, bei der Kühlung würden pro Tag 311 000 m³ verdunstet, so würden täglich bis 400 km³ Nebel entstehen.
Bei Inversion in 600 m über dem Rhein bedecken 400 km³ Nebel eine Fläche von 625 km², d. h. eine Kreisfläche mit dem Durchmesser des Oberrheingrabens in einer Höhe von 600 m. Dieser Nebel wird pro Tag etwa 50 km in Windrichtung Nord-Süd verschoben, während diese Nebelmasse durch die Kühlung der Kraftwerke in Breisach in 24 Stunden nachgebildet wurde." Da in diesem Gebiet die mittlere Tagestemperatur etwa 200 Tage im Jahr unter 10 °C liegt, sind die Auswirkungen auf das Klima als sehr schwerwiegend anzusehen.

Die Gründe und Gegengründe sind am Rhein viel diskutiert worden. Die Bauern dort haben immer noch keine Klarheit darüber gewonnen, wer recht hat. Deshalb demonstrieren und protestieren sie gegen den Bau. In einer Besprechung sagte ein Gutachter: „Wir stehen vor der etwas verzweifelten Tatsache, daß wir Aussagen machen sollen über Dinge, über die wir sehr wenig wissen." Darf man in dieser Situation mit dem Bau des Kraftwerkes beginnen? Müßte man warten, bis alle Auswirkungen bekannt sind? Kann man so lange warten?

Standortsuche für ein Kernkraftwerk am Rhein bei Karlsruhe

Mit Hilfe von Fotomontagen versucht man schon während der Planung festzustellen, wie sich das Kraftwerk in die Landschaft einfügt.

DDT – angeklagt und verurteilt

□ 1939 wurde das „DDT" von dem Schweizer Chemiker P. Müller entwickelt. Als Wundermittel verhalf es ihm zu Weltruhm. 1948 erhielt er den Nobelpreis für Medizin. Inzwischen ist DDT in vielen Staaten der Welt verboten, in der BRD seit 16. 5. 1971. Es gilt als eines der gefährlichsten Langzeitgifte.

Seit dem Zweiten Weltkrieg wurden etwa 20 Mio. t DDT auf der ganzen Erde versprüht. Als erfolgreichstes Schädlingsbekämpfungsmittel aller Zeiten befreite es Feldfrüchte vom Schädlingsbefall und steigerte dadurch die Ernteerträge. Seine Verwendung rettete wahrscheinlich viele Millionen Menschen in den Entwicklungsländern vor dem Verhungern. Bei einer Flecktyphusepidemie in Neapel wurde es erfolgreich zur Seuchenbekämpfung eingesetzt. Die Amerikaner verwandten es im Zweiten Weltkrieg als „Läusepulver". Man glaubte, mit Sicherheit zu wissen, daß es unschädlich sei.

Wissenschaftler aus vielen Ländern forderten in den letzten Jahren die Industrie auf, sofort weltweit die Produktion von DDT einzustellen. Man hatte erkannt: Durch DDT sterben Bienen, dann Vögel, dann Säugetiere. DDT fand sich überall auf der Erde, in Meeresfischen, bei den Pinguinen der Antarktis – und bei Menschen. Über die Nahrungskette hatte bereits jeder Europäer durchschnittlich zwei Milligramm je kg Körpergewicht in seinem Fettgewebe gespeichert. Es kann vom Organismus nicht abgebaut werden, und Mütter geben es an ihre Kinder weiter. Es greift vor allem das Nervensystem an.

1 Das Schaubild zeigt den DDT-Gehalt bei Menschen verschiedener Länder. Es ermöglicht einen Vergleich der unterschiedlichen Gefährdung. Kommentiere diese Darstellung.

2 Erläutere den Begriff „Nahrungskette". Man kennt drei Arten solcher Ketten: Plankton – Fisch – Raubfisch – Mensch, Alge – Insekt – Vogel – Mensch, Feldfrucht – Rind – Mensch.

∞ **3** Viele Entwicklungsländer sind heute noch auf DDT angewiesen, sagen manche Fachleute. Zur Diskussion stehen verschiedene Meinungen. Nimm Stellung: „Wer Hunger hat, sieht im DDT allein das Mittel zur Steigerung der Nahrungsmittelproduktion; die längerfristigen Auswirkungen auf das Gleichgewicht der Natur interessieren nicht."

„Die rasch wachsende Menschheit kann auf chemische Pflanzenschutzmittel wohl nie ganz verzichten, wenn ihr Tisch gedeckt bleiben soll."

„In den Entwicklungsländern sterben viele Menschen, wenn es kein DDT gibt; doch werden in diesen Ländern – auf lange Sicht – noch viel mehr Menschen sterben, wenn DDT auch künftig verwendet wird."

Die Wissenschaft kennt mehr als 2000 Pflanzenarten, die eine gewisse Giftwirkung gegen Insekten haben. Man müßte Pflanzengifte finden, die genau so wirksam wie DDT gegen Schädlinge sind, aber nicht die gefährlichen Nebenwirkungen haben.

Durchschnittlicher DDT-Gehalt (mg/kg Fettgehalt) im menschlichen Körper

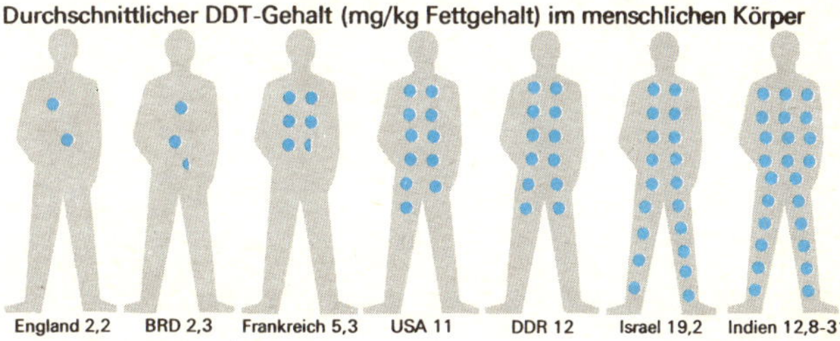

Versprühen von DDT ▼

Rhein-Main-Flughafen, Frankfurt

Das Bewußtsein für Umweltprobleme wächst

□ Am 14. Mai 1972 wurde der neue Frankfurter Rhein-Main-Großflughafen „Terminal Mitte“ (600 Starts und Landungen täglich) eröffnet. Von Befürwortern des Ausbaus wurde er als „Flughafen der Zukunft“ gelobt, von den Gegnern als eine „gigantische Fehlplanung“ getadelt.

Durch ein Urteil des Verwaltungsgerichtshofs in Kassel vom 24. 4. 1973 wird der weitere Ausbau vorläufig blockiert. Das Urteil wurde durch eine Klage der Stadt Offenbach, des Landkreises Groß-Gerau, 12 umliegender Gemeinden und 14 Privatpersonen herbeigeführt. Ihre Begründung lautete: Verringerung des Waldbestandes, Luftverschmutzung, Lärmbelästigung und Gefährdung der 100000 Bürger im Einflußbereich des Super-Terminals, Verstoß gegen die Menschenrechte. Der Vorsitzende der Bundesvereinigung gegen Fluglärm: „Die Zeit arbeitet für die Lärmgegner, das öffentliche Bewußtsein nimmt die Umweltschäden durch Flugverkehr immer ernster.“ (12)

1 Was die Planer wollten: a) Durch eine dritte Startbahn sollte der Flughafen erweitert werden. Man rechnete mit folgender Leistungssteigerung: 1973 = 220000, 1975 = 287000, 1980 = 327000 Starts und Landungen.

b) Gleichzeitig sollte der Start- und Landeverkehr um mehrere hundert Meter nach Westen verlegt werden. Den Grund dafür kannst du aus dem Foto (Blickrichtung West) erschließen.

∞ **2** Erstens: Für die Erweiterung des Flughafens müßten viele Hektar Wald abgeholzt werden. Zweitens: Beim Start einer Boeing 707 wird so viel Sauerstoff verbraucht, wie ein Wald von 17000 ha an einem Tag erzeugt. Wie paßt das zusammen?

∞ **3** Diskutiert das Argument: „Ohne dritte Startbahn müssen wir jede Steigerung der Leistungsfähigkeit aufgeben. Bleibt das Urteil bestehen, werden wir Provinzflughafen.“

In der BRD sind gegenwärtig Bau oder Ausbau der Flughäfen München-Erding, Hamburg-Kaltenkirchen und eines dritten Flughafens bei Köln-Bonn-Düsseldorf durch Proteste der Öffentlichkeit blockiert.

Fluglärm beim Start einer vierstrahligen Düsenmaschine in Düsseldorf-Lohausen.

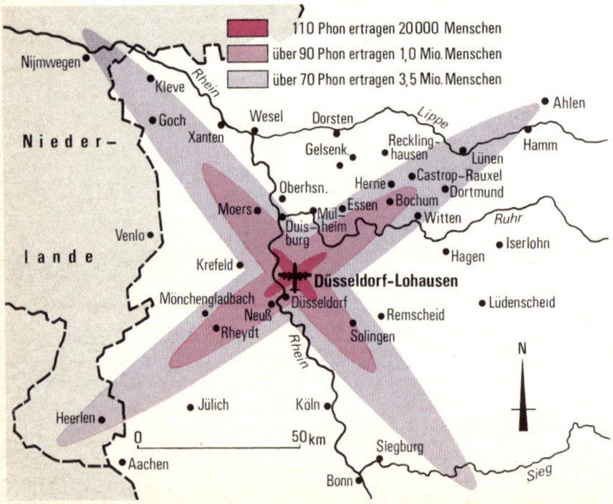

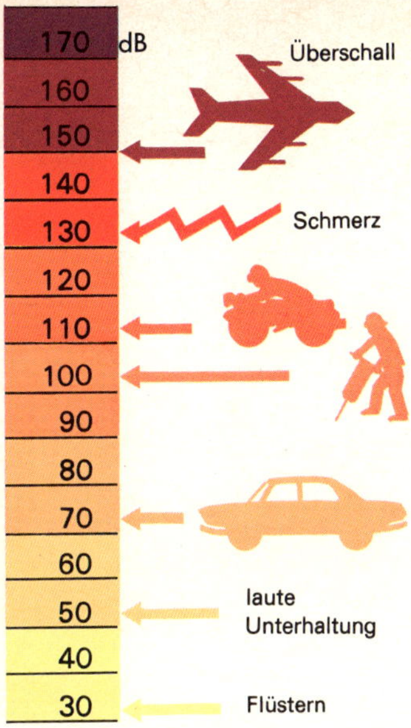

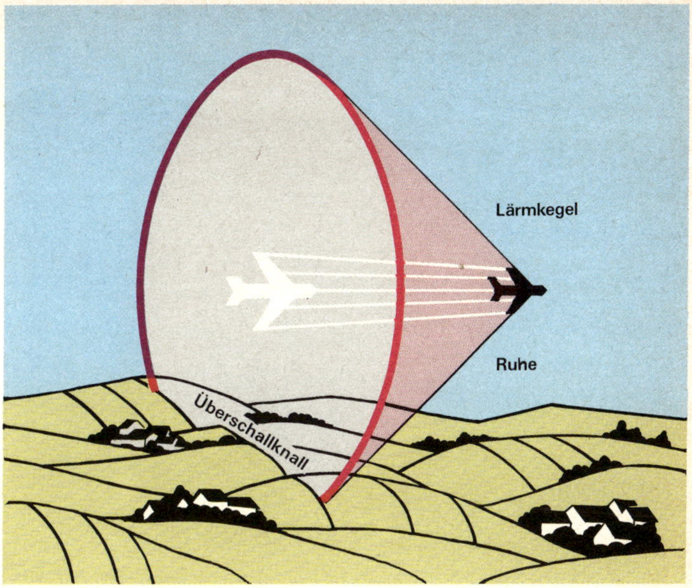

□ In den 60er Jahren wurden die ersten Verkehrsflugzeuge mit Überschallgeschwindigkeit konstruiert: von der UdSSR die „TU 144", von England/Frankreich die „Concorde", von den USA die „SST Boeing 2707". Die „SST Boeing 2707" sollte mit dreifacher Schallgeschwindigkeit in etwas mehr als zwei Stunden den Atlantik überqueren können. Im November wurde vom US-Senat mit 52 gegen 41 Stimmen die weitere Entwicklung aufgehalten. Das Hauptargument: Der technische und wirtschaftliche Nutzen dieses Flugzeuges stehe in keinem vertretbaren Verhältnis zu den möglicherweise verheerenden Folgen für die Umwelt. US-Senator Proxmire nannte das Flugzeug ein „lärmendes und stinkendes Spielzeug für den Jet-Set", das nur einer Handvoll Leuten einen zweifelhaften Vorteil biete, aber Millionen Menschen darunter werde leiden lassen.
Gründe der SST-Gegner: Die 50 km breite Lärm- und Luftdruckschleppe, die das Flugzeug hinter sich herziehe, gefährde die Gesundheit von Millionen Menschen. – Da es in 20 km Höhe fliegen soll, würde es in der Stratosphäre Wasser und Kohlendioxyd zurücklassen, die Erde würde allmählich in Zirruswolken eingehüllt. Die klimatischen Bedingungen auf der Erde könnten dadurch entscheidend verändert werden. – Die Mammut-Triebwerke des Flugzeuges könnten die Ozonschicht in der Stratosphäre zerstören. Sie hält einen Teil der gefährlichen ultravioletten Strahlung der Sonne zurück.
Gründe der SST-Befürworter: 150000 Amerikaner würden durch das Projekt Arbeitsplätze erhalten. – Bei 500 verkauften Flugzeugen würden die Deviseneinnahmen des Staates bei 37 Mrd. Mark liegen. – Die USA würden durch den Baustopp die technologische Führungsrolle in der Welt verlieren.

⅄ **4** Der US-Senat hatte die Gründe für und gegen den Bau des Überschallflugzeuges zu prüfen. Schreibe diese Gründe in einer Tabelle heraus.

⅄ **5** Die Dezibel-Tabelle (dB) zeigt verschiedene Lautstärken und Verursacher auf. Bestimme einige dB-Zahlen: eines fahrenden Pkw, die Grenze des Entstehens von Gehörschäden, die Schmerzgrenze durch Lärm, die dB-Zahl in Flughafen-Randgemeinden und die dB-Stärke der Schallschleppe bei Überschallflug.

6 Erkläre mit eigenen Worten die Zeichnung von der Entstehung des Überschallknalls und der Schallschleppe.

Zollgrenzen

□ **1** Was wird bei den Grenzkontrollen auf den Bildern unten kontrolliert?

2 Das gibt es fast an jeder Staatsgrenze: Waren, die auf einer Seite des Schlagbaumes billiger sind als auf der anderen. Vielleicht habt ihr eigene Erfahrungen. Berichtet.

3 Lohnt es sich, im Ausland zu kaufen?

a) Die Familie A mit Kindern im Alter von 17, 15 und 12 Jahren kauft vor der Rückreise aus dem Urlaub in Frankreich von den rechts oben angeführten Waren (Tabelle) genausoviel, wie sie zollfrei mitbringen darf. Beim Einkauf in der Bundesrepublik sähe die Rechnung für die Familie anders aus.

b) Die Familie B plant einen Tagesausflug von ihrem Wohnort nach Frankreich. 1 km Fahrt mit dem Pkw kostet 0,25 DM. Bis zu welcher Entfernung würde die Zollersparnis die Fahrtkosten aufwiegen, d. h. der Tagesausflug „kostenlos" sein?

In der Bundesrepublik Deutschland lasten auf Genußmitteln wie Tabak, Alkohol und Tee hohe Steuern. Deshalb sind auch die Zollvorschriften für den Reiseverkehr besonders streng. Die Freimengen für diese Waren sind bei der Einreise unterschiedlich hoch, je nachdem aus welchem Land die Reisenden in die Bundesrepublik kommen.

Für Personen, die im Zollgrenzbezirk wohnen, gelten strengere Bestimmungen: Bei der Rückkehr von Frankreich dürfen z. B. nur 40 Zigaretten zollfrei mitgenommen werden. (Die Familien von Aufgabe 3 wohnen außerhalb des Zollgrenzbezirks.)

□ Werden Waren in größerem Umfang vom Ausland eingeführt, kosten sie Zoll. Doch nur selten wird der Zoll direkt an der Grenze bezahlt. Der Zolldienst an der Grenze ist vor allem Kontrolldienst. Für die Berechnung und Einziehung des Zolls sind die Zollämter in den Städten zuständig.

Warum müssen überhaupt Zölle erhoben werden, wenn Waren über eine Grenze von einem Land in ein anderes gebracht werden? Die Gründe:

Grenzkontrollen: So . . . ▼

Was Frankreichreisende wissen sollten (Beispiele):

Ware	Gewicht, Menge	Preis in Frankreich, Landeswährung	Preis in der BRD, DM	Freimengen (je Person über 15 Jahre)
Zigaretten	20 Stück	1,75	2,20	300 Stück
Rauchtabak	100 g	5,00	12,50	400 g
Weinbrand (obere Preisklasse)	1 l	23,00	29,75	1,5 l
Kaffee	½ kg	8,00	9,30	750 g

[1]) 100 französische Francs ≙ 57,00 DM (Herbst 1973)

1. Zölle sind Finanzquellen des Staates.
2. Zölle sind Wirtschaftsinstrumente des Staates.
- Hohe Zölle erschweren die Einfuhr und schützen vor Auslandskonkurrenz (Schutzzoll).
- Niedrige oder ausgesetzte Zölle regen zur Einfuhr an und fördern bestimmte Wirtschaftszweige.
3. Zölle sind Mittel der Außenpolitik.
- Zollerleichterungen gegenüber befreundeten Staaten erleichtern die gemeinsame Politik.
- Zollfreiheit zwischen Staaten fördert die wirtschaftliche Zusammenarbeit und einen möglichen politischen Zusammenschluß.

4 Die Bundesrepublik Deutschland ist ein Industrieland. Ihr Außenhandel ist typisch für Industriestaaten:

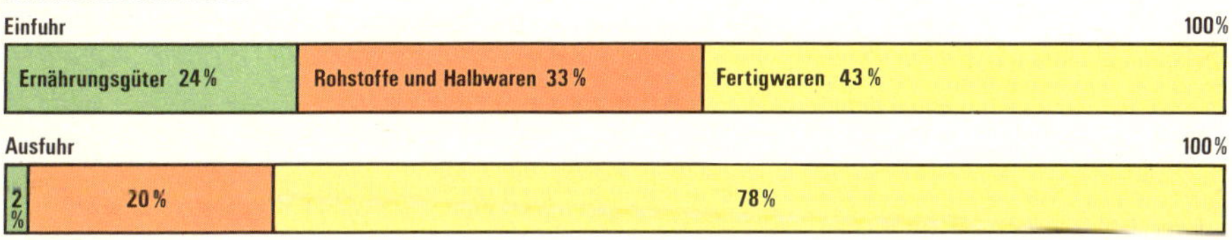

a) Erläutere das Diagramm.

∞ b) Wie würdet ihr die Einfuhrzölle für Ernährungsgüter, Rohstoffe/Halbwaren und für Fertigwaren festsetzen (hoch, niedrig)? Begründet eure Meinung.

. . . und so ▼

Die Europäische Gemeinschaft – Abbau von Grenzen

☐ Am 25. März 1957 begann die Geschichte der Europäischen Gemeinschaft (EG): Sechs Partnerländer unterschrieben den Vertrag über die Europäische Wirtschaftsgemeinschaft (EWG). Am Abend dieses Tages verbrannten Jugendliche an den Grenzen zwischen den Mitgliedsländern Schlagbäume. So groß war die Freude und so groß war die Hoffnung auf ein geeintes Europa. Und wo stehen wir heute?

1 Vergleiche die beiden Darstellungen unten. Beschreibe die Unterschiede. Äußere dich besonders zu den kleinen Ringen und dem großen Ring. Lies dazu auch den Ausschnitt des EWG-Vertragstextes auf der nächsten Seite.

2 Erläutere das Diagramm rechts oben. Stelle fest, seit wann die Zölle im EWG-Binnen-

Zollgrenzen und die EWG

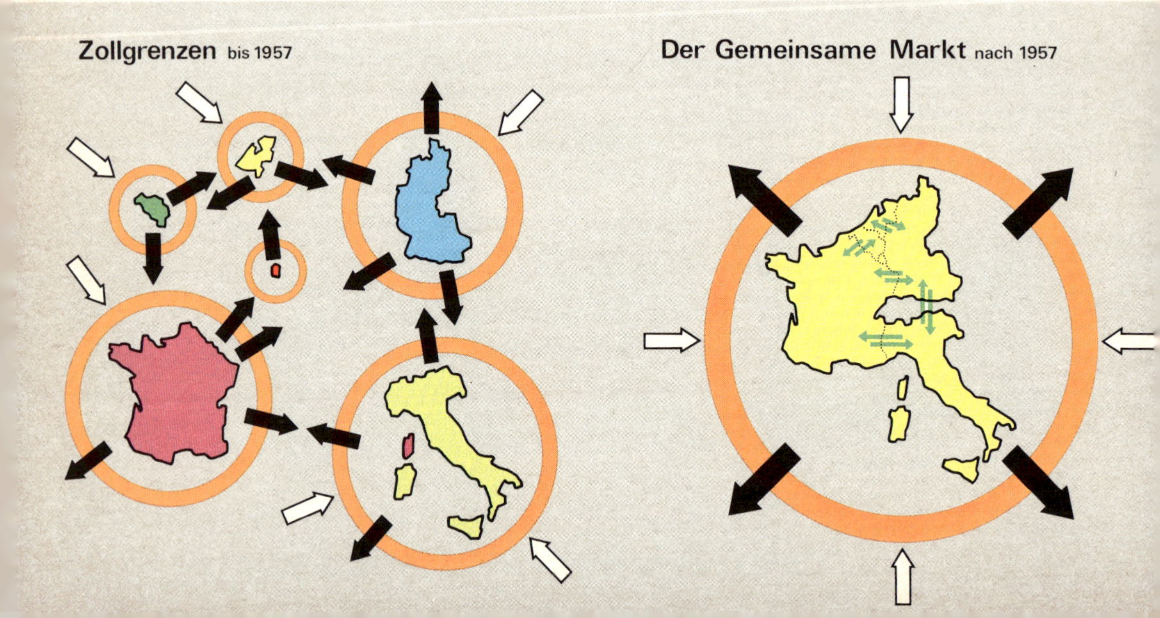

Artikel 3 des EWG-Vertrages:

„Die Tätigkeit der Gemeinschaft umfaßt nach Maßgabe dieses Vertrags und der darin vorgesehenen Zeitfolge
a) die Abschaffung der Zölle und mengenmäßigen Beschränkung bei der Einfuhr und Ausfuhr von Waren,
b) die Einführung eines gemeinsamen Zolltarifs und einer gemeinsamen Handelspolitik gegenüber dritten Ländern ...“

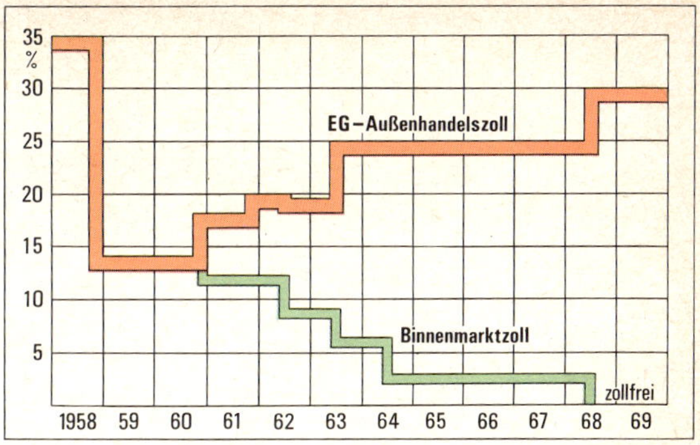

Zolltarife in % des Güterwertes

markt und im EWG-Außenhandel sich getrennt entwickeln. Vergleiche mit dem EWG-Vertragstext.

3 Berechnet, wieviel DM Zoll 1960 und 1969 für einen amerikanischen Wagen bezahlt werden mußten, der ohne Zoll einen Wert von 10000 DM hatte. Was kostete in den beiden Jahren ein gleichwertiger französischer Wagen an Zollgebühr?

4 a) Kommentiere die beiden Säulendiagramme unten. Sie verdeutlichen die Entwicklung der Ein- und Ausfuhr zwischen den EWG-Mitgliedsländern und anderen Handelspartnern in der Zeit von 1958 bis 1971.

b) Inwieweit läßt sich aus den Diagrammen ablesen, daß der Zollabbau zu einem verstärkten Handel innerhalb der EWG geführt hat?

□ „Geteilte Wirtschaftsräume und geteilte Märkte sind gleichbedeutend mit geringer Leistung ... Der Gedanke eines einzigen großen Binnenmarktes ist deshalb der Wesenskern der Bewegung für eine wirtschaftliche Integration (Vereinigung).“ (Walter Hallstein, Präsident der Kommission der EWG 1958–1967.)

5 Stelle eine Liste der Vorteile eines großen Binnenmarktes auf. Denke sowohl an die Verbraucher als auch an die Hersteller der Waren.

Außenhandel der EG-Länder

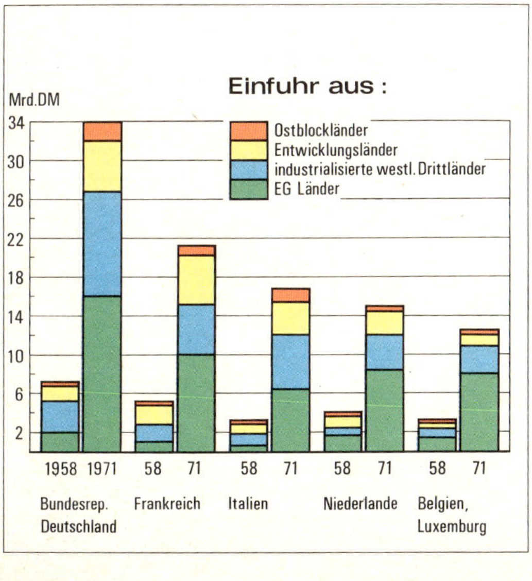

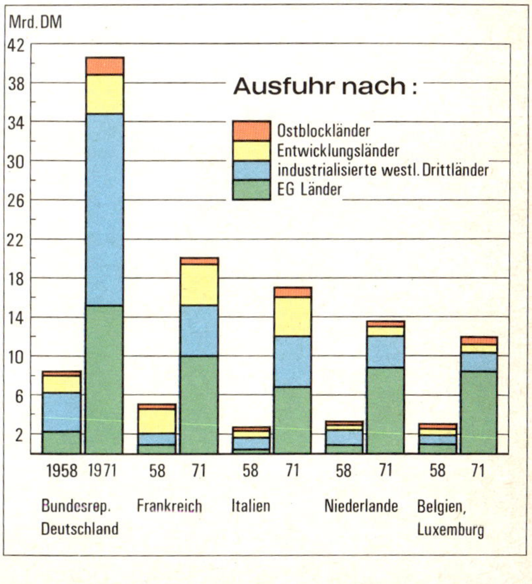

∞ **6** Die wirtschaftliche Leistung eines Staates oder einer Staatengemeinschaft wird als Bruttosozialprodukt bezeichnet. (Wie das Bruttosozialprodukt errechnet wird, lernst du im Kapitel „Weltmächte USA und Sowjetunion“ auf S. 132. Stützt die Darstellung unten auf dieser Seite die Aussagen von Walter Hallstein?

□ **7** Erläutere die Tabelle.

Die Inlandserzeugung von Agrarprodukten in Prozent des Eigenverbrauchs in den Ländern der EWG der Sechs (1967/68)

	BRD	Frankreich	Italien	Benelux	Niederlande	EWG
Getreide	78	143	69	52	39	91
Kartoffeln	100	100	99	102	118	102
Zucker	86	81	148	135	120	95
Gemüse	62	96	115	113	173	103
Geflügelfleisch	49	102	99	139	328	98
Rind- u. Kalbfleisch	88	112	58	87	107	89
Schweinefleisch	95	91	89	130	168	100
Käse	83	109	94	54	230	103
Butter	105	131	68	100	293	117

8 Einige Länder produzieren mehr, als sie für den Eigenverbrauch benötigen (großes Angebot), andere sind auf die Einfuhr von Agrarerzeugnissen angewiesen (große Nachfrage). Beschreibe die Handelsströme, wie sie in einem großen Markt der einzelnen Länder fließen könnten.

9 Wirtschaftlicher Zusammenschluß fördert die Spezialisierung und Arbeitsteilung unter den einzelnen Mitgliedsländern. Belege die Aussage für die EWG anhand der Tabelle der Agrarprodukte.

Es war nicht immer einfach, die Zölle abzubauen, besonders die Schutzzölle bei Agrarprodukten. Die Bauern in der Bundesrepublik, aber auch in Frankreich und anderen Mitgliedsländern, protestierten und demonstrierten gegen viele der gemeinsamen EWG-Beschlüsse.

Die EG und die Weltmächte USA und Sowjetunion: Bruttosozialprodukt (1971 in Mrd. DM)

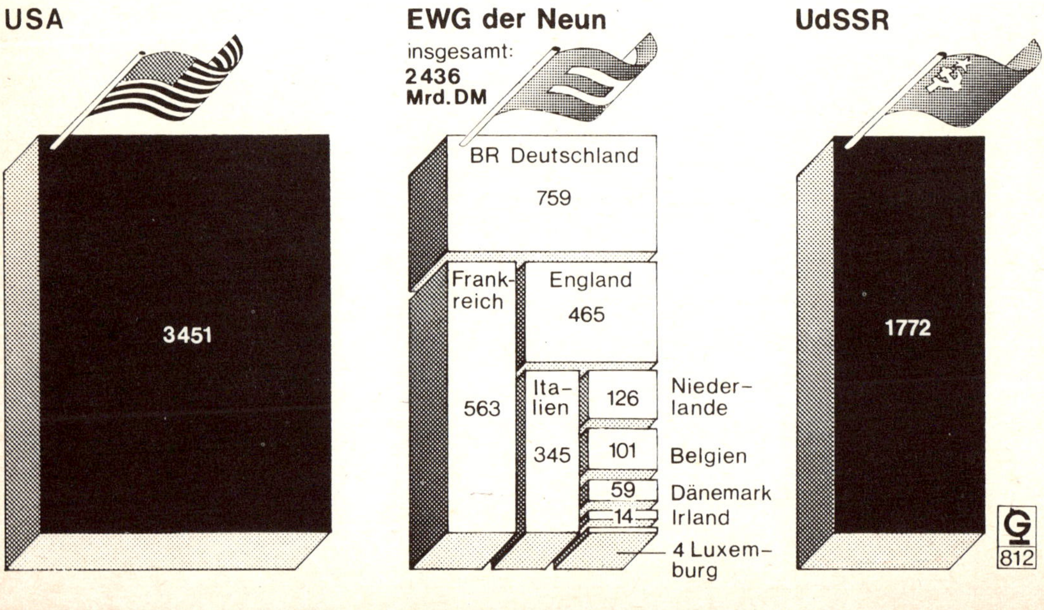

Weizenpreise in DM je dz

	BRD	Frankreich	Italien	Niederlande
1959	42,1	28,8	42,5	31,9
1969	39,0	34,8	40,3	38,8

Hektarerträge in der BRD in dz

	1959	1969
Weizen	31,6	40,1
Roggen	25,8	32,4
Runkelrüben	483,1	968,9
Mineraldüngerverbrauch in der BRD (kg/ha)		
Stickstoff	40,4	67,3
Phosphat	44,6	57,3
Kapitaleinsatz in der BRD (DM/ha)		
	5392,0	7932,0

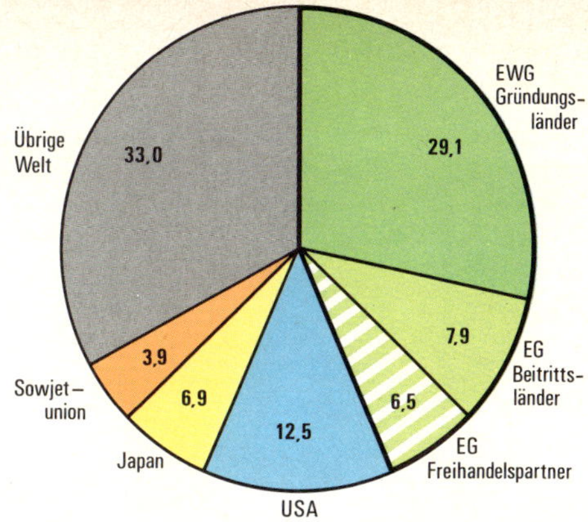

Anteile an der Weltausfuhr in %

∞ **10** Diskutiert anhand der Preistabelle oben über die Proteste der Bauern. In welchen Ländern werden die stärksten Widerstände gegen einen freien Austausch aufgetreten sein? In welchen Ländern haben die Bauern wohl dem Gedanken des freien Austausches zugestimmt? Begründet eure Auffassung.

Gleiche oder wenigstens ähnliche Preise bilden eine wichtige Voraussetzung für einen gemeinsamen Markt mit freiem Warenaustausch. Die großen Preisunterschiede zwischen den Hochpreis- und den Niedrigpreisländern verhinderten im Jahr 1959 noch den freien Austausch. Es gab drei Möglichkeiten:
- die Anpassung der Preise für den Gemeinsamen Markt an die Hochpreisländer,
- die Anpassung der Preise für den Gemeinsamen Markt an die Niedrigpreisländer,
- die Einigung auf einen mittleren Preis.

11 Welche von den drei Lösungsmöglichkeiten wurde für die Weizenpreise durchgesetzt?

Situation im Hochpreisland

Ein Landwirt in der Bundesrepublik bekam 1969 für einen dz Weizen 3 DM weniger als 1959. Er mußte aber für Dünger, Reparaturen und seinen Lebensunterhalt 1969 sehr viel mehr bezahlen als 1959.

Situation im Niedrigpreisland

In Frankreich bekam ein Landwirt 1969 6 DM mehr als 1959. Der Hektarertrag bei Weizen betrug 1969 rund 35 dz. Baute ein Landwirt Weizen an, so bekam er 1969 also pro ha 210 DM mehr.

∞ **12** Überlegt: a) Was muß ein Landwirt im Hochpreisland tun, um sein Einkommen zu halten oder zu steigern?
b) Wie wird sich der Weizenanbau im Niedrigpreisland entwickeln, wenn die Landwirte mehr Geld für den dz bekommen?

Das Erstaunliche ist, daß nicht nur in den Niedrigpreisländern, sondern auch in den Hochpreisländern die Landwirte zur Mehrproduktion angeregt werden.
Was du an den Weizenpreisen gelernt hast, gilt auch für alle anderen Agrarprodukte. Du mußt aber berücksichtigen, daß es für jedes landwirtschaftliche Erzeugnis andere Hoch- und Niedrigpreisländer geben kann.
Die Mehrproduktion führte bei einigen landwirtschaftlichen Produkten, besonders bei den Molkereiprodukten, zu einer Überproduktion innerhalb der EG. Das ist das neue Problem: es gibt Überschüsse (z. B. „Butterberg"), die sich auch außerhalb der EG nicht absetzen lassen, jedenfalls nicht zu EG-Preisen.

∞ **13** Die EG ist der wichtigste Handelspartner für die meisten Länder der Dritten Welt (Karte S. 130 unten). Sie ist auf den Export ihrer Waren und den Import von Rohstoffen angewiesen. Sprecht über die Bedeutung des Handels für die EG (Kreisdiagramm oben)!

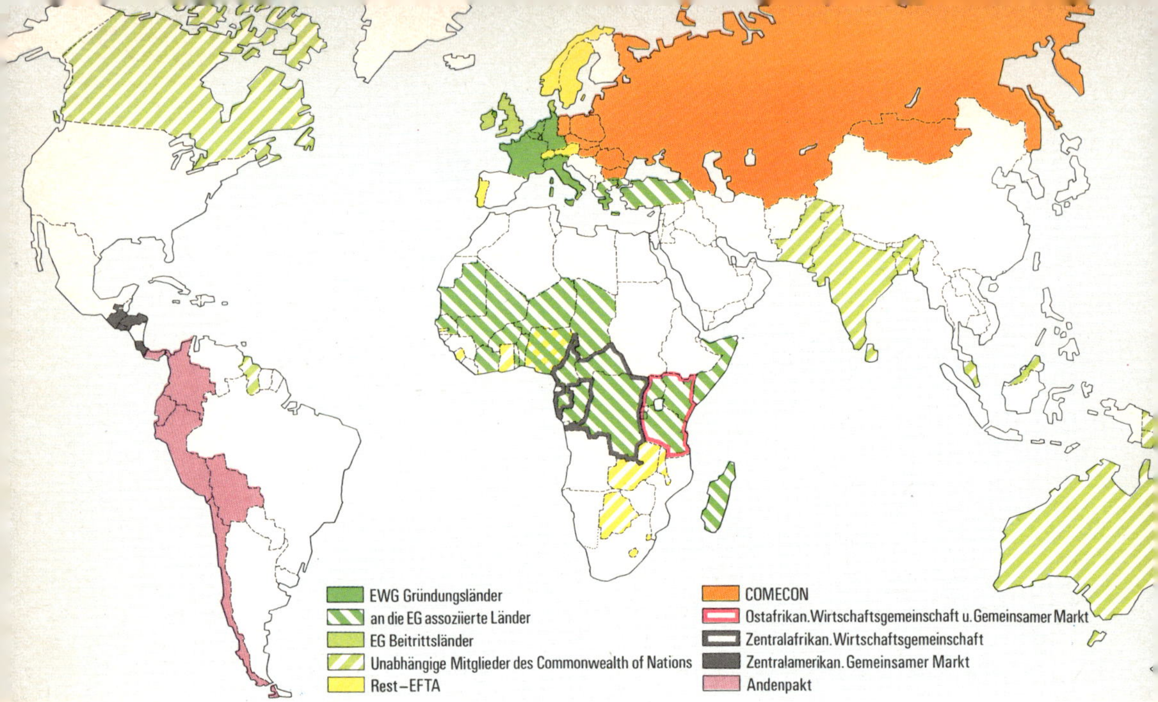

Die wichtigsten Wirtschaftsgemeinschaften der Erde

☐ Die bedeutendste Wirtschaftsgemeinschaft neben der EG ist der Rat für Gegenseitige Wirtschaftshilfe (COMECON = **C**ouncil **o**f **M**utual **Econ**omic Aid). Er wurde schon 1949 gegründet. Von Anfang an hatte im COMECON die Sowjetunion die politische und wirtschaftliche Führung. Ziel war eine Arbeitsteilung zwischen den Mitgliedsländern: Die einzelnen Länder sollten ihre Produktion spezialisieren und die Wirtschaft der Sowjetunion ergänzen.

Die großen Handelsmächte auf dem Weltmarkt

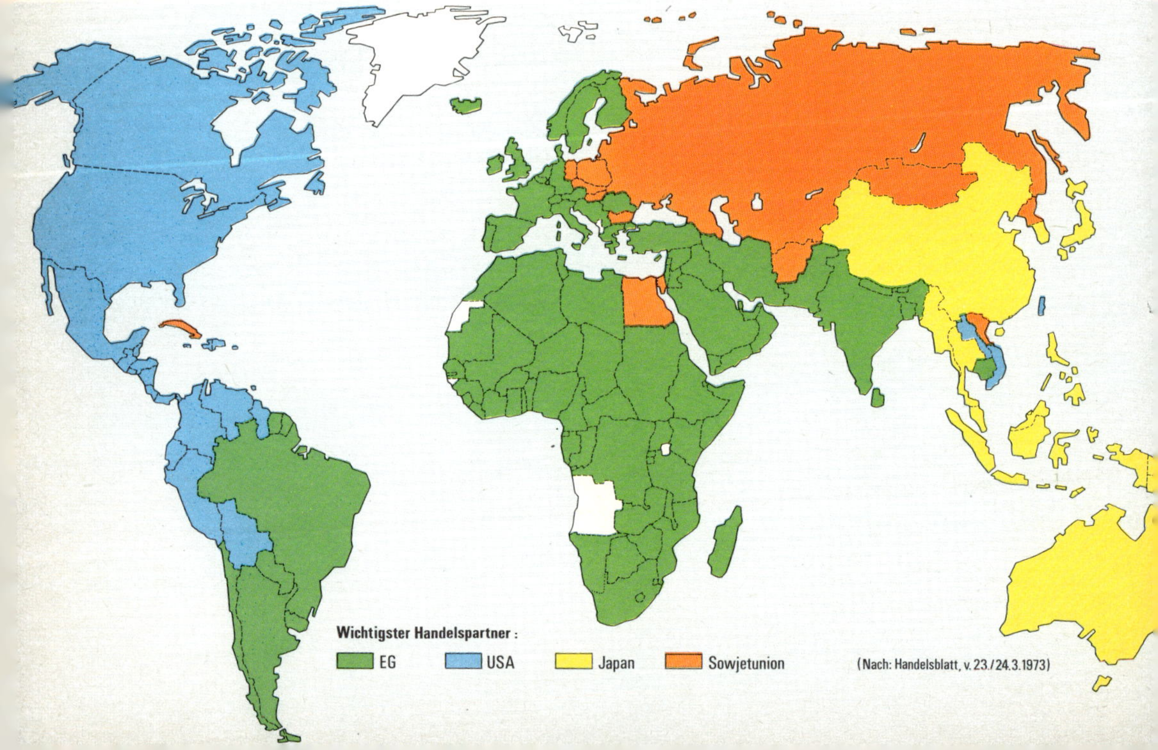

Staat	Fläche (km²)	Bevölkerung 1972 in Mio
Argentinien	2777000	24
Australien	7687000	13
Bangladesh	143000	75
Brasilien	8512000	99
BRD	249000	61
China	9561000	775
EG	1528000	253
Frankreich	547000	52
Großbritannien	244000	55
Indien	3268000	563
Indonesien	1492000	129
Japan	370000	107
Kanada	9976000	22
Pakistan	804000	56
Sowjetunion	22402000	245
Sudan	2506000	17
USA	9363000	209

Weltmächte USA und Sowjetunion

Auf die Frage nach den größten Wirtschaftsmächten der Erde werden die meisten Menschen ohne Zögern antworten: die USA und die Sowjetunion. Welcher der beiden Staaten nimmt jedoch den ersten Platz ein? Und wer steht an dritter Stelle? China, Japan oder die EG?

Es ist nicht leicht, eine genaue Reihenfolge aufzustellen. Man muß sich überlegen, wie und woran die Macht eines Staates gemessen werden kann.

1 Man könnte z. B. nach Flächengröße oder Bevölkerungszahl messen. Wir versuchen es mit beiden zusammen. Gehe dabei so vor: Notiere für jeden Staat der Tabelle den Ranglistenplatz für die Größe und den Ranglistenplatz für die Bevölkerungszahl. Zähle dann für jeden Staat die beiden Ranglistenplätze zusammen. Der Staat mit der kleinsten Summe kommt auf Platz eins der neuen Liste.

∞ **2** Beurteilt die so gefundene Rangliste. a) Stimmt sie mit euren Vorstellungen über die Rangfolge der mächtigsten Staaten der Erde überein?
b) Überlegt: Geben Flächengrößen und Bevölkerungszahlen hinreichende Auskunft über die Wirtschaftsmacht eines Staates? Vergleicht an Beispielländern wie Kanada, Indien, Brasilien.

Flächengröße, Bevölkerungszahl und auch natürlicher Reichtum sind wichtige Voraussetzungen für die Macht eines Staates. Aber sie sind nur Voraussetzungen. Anderes muß hinzukommen: die günstige Lage, die wirtschaftliche Leistung der Einwohner, die politische Führung ...

3 Was wirtschaftliche Leistung ist und wie sie bestimmt werden kann, wird dir an dem untenstehenden Diagramm verständlich: a) Was stellen die Linien dar?
b) Addiere für jedes Jahr von 1960 bis 1972 die Werte der einzelnen Wirtschaftsbereiche. Fertige im gleichen Maßstab ein neues Diagramm. Was sagt dein Diagramm aus?

Die Wirtschaftsbereiche in der BRD: Der Wert der erarbeiteten Waren oder Leistungen

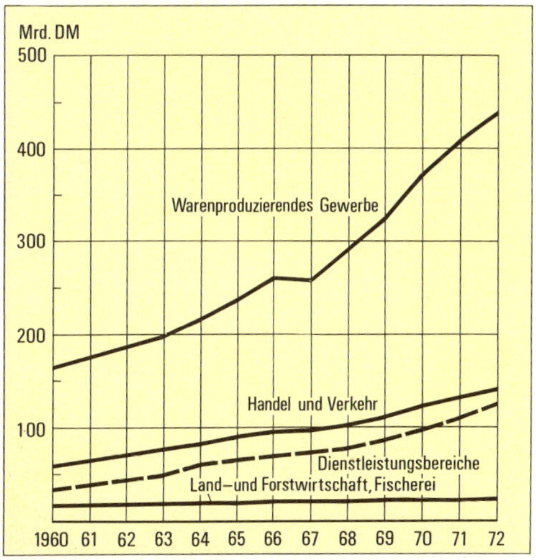

Wirtschaftsleistung und Arbeitsproduktivität ausgewählter Staaten (1971)

Staat	Sozialprodukt in Mrd. Dollar	Sozialprodukt je Einwohner in Dollar
Argentinien	20	828
Australien	35	2830
Bangladesh	etwa 5	etwa 70–80
Brasilien	30	337
BRD	236	3810
China	190	244
EG	626	2400
Frankreich	148	2920
Großbritannien	121	2170
Indien	43	84
Indonesien	11	96
Japan	250	2000
Kanada	76	3550
Pakistan	9–10	140–150
Sowjetunion	485	2000
Sudan	1,5	109
USA	991	4840

4 Du hast für die BRD die wirtschaftliche Gesamtleistung für die einzelnen Jahre von 1960 bis 1972 aufgezeichnet. Diesen Wert nennt man das „Sozialprodukt" oder das „Bruttoinlandsprodukt". Damit ist also der Wert aller wirtschaftlichen Güter und Handlungen angegeben, der in einem Staat innerhalb eines Jahres von allen erwerbstätigen Menschen erarbeitet worden ist. Teilt man den Wert des Sozialprodukts durch die Anzahl der Einwohner, dann hat man einen guten Maßstab für die wirtschaftliche Leistung der Menschen eines Staates. Kommentiere die Tabelle auf S. 131 unten rechts.

∞ **5** Stellt eine neue Rangliste der Staaten aus der Verbindung von Staatengröße, Bevölkerungszahl und Sozialprodukt auf. Überlegt vorher, ob ihr allen drei Angaben einen gleichen Wert geben wollt. Probiert, wie sich die Rangliste ändert, wenn ihr das Sozialprodukt zweifach wertet.

∞ **6** Das Sozialprodukt ändert sich fortwährend. Ein Staat kann z. B. neue Industrien aufbauen. Welche Chancen seht ihr in diesem Zusammenhang für Indien und China?

Die wichtigsten Industrienationen

um 1870	1913	1973
Großbritannien	USA	USA
USA	Deutsches Reich	Sowjetunion
Frankreich	Großbritannien	Japan
Deutsches Reich	Frankreich	(China?)
Rußland	Rußland	Bundesrepublik Deutschland
		Großbritannien
		Frankreich

☐ Die Sowjetunion hat sich als Ziel gesetzt, die USA vom ersten Platz der führenden Wirtschaftsmächte zu verdrängen. „Im nächsten Jahrzehnt (1961–1970) wird die Sowjetunion beim Aufbau der materiell-technischen Basis des Kommunismus die USA – das mächtigste und reichste Land des Kapitalismus – in der Produktion überflügeln." (Aus dem Programm der Kommunistischen Partei der Sowjetunion, angenommen auf dem XXII. Parteikongreß 1961.)

7 Untersuche anhand der Diagramme ① bis ⑥, inwieweit die Sowjetunion ihre Absicht verwirklichen konnte.

a) Vergleiche den industriellen Entwicklungsstand der USA und der Sowjetunion für 1913, 1950 und 1971.

b) Vergleiche die Wachstumsraten für Erdölförderung, Elektroenergieproduktion und Industrieproduktion.

∞ **8** 1913 war Rußland – verglichen mit den USA – ein Entwicklungsland (Diagramm ⑤). Über 80% der Bevölkerung arbeiteten in der Landwirtschaft. In den USA arbeiteten vor dem Ersten Weltkrieg nur 35% der Erwerbstätigen in der Landwirtschaft. Seit 1928 bemüht sich die Sowjetunion mit Hilfe von Fünfjahresplänen um einen schnellen Aufbau der Industrie. Die Diagramme ① bis ⑥ informieren über die Industrieproduktion der beiden großen Mächte. a) Versucht sie zu kommentieren. b) Wie werden diese Entwicklungen weitergehen? c) Vergleicht besonders die Diagramme ⑤ und ⑥. Steckt darin nicht ein Widerspruch?

Jährliche Zuwachsraten der Industrie in der Sowjetunion

Planperiode	Gesamt	Schwerindustrie (Eisen u. Stahl)	Verbrauchsgüterindustrie
1. Fünfjahresplan (1928–32)	19,3%	28,5%	12,0%
2. Fünfjahresplan (1933–37)	17,1%	19,5%	14,8%
4. Fünfjahresplan (1945–50)	13,5%	12,8%	15,7%
5. Fünfjahresplan (1951–55)	13,0%	13,8%	12,0%
Siebenjahresplan (1958–65)	7,2%	9,3%	7,3%

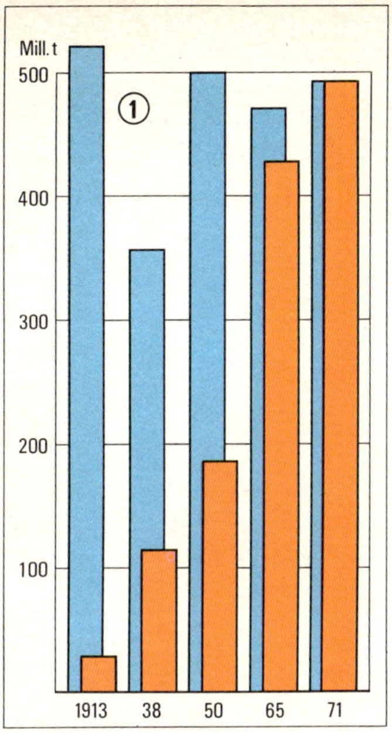

Steinkohle

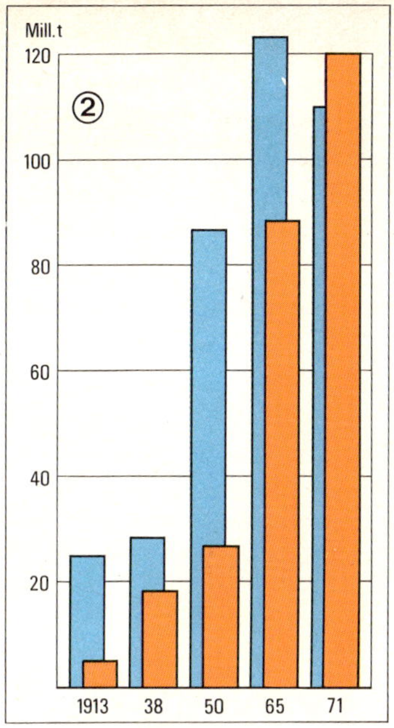

Rohstahl

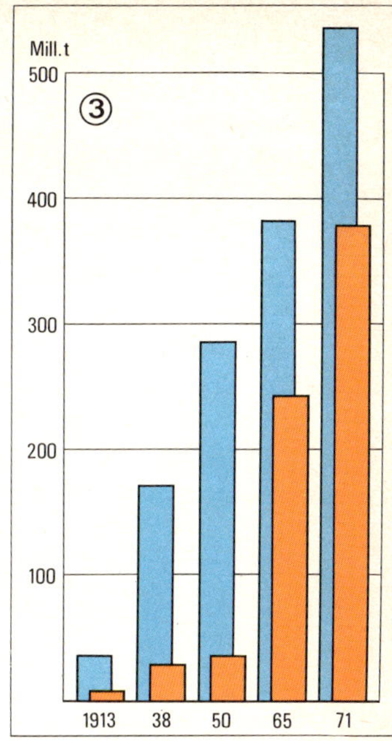

Erdöl

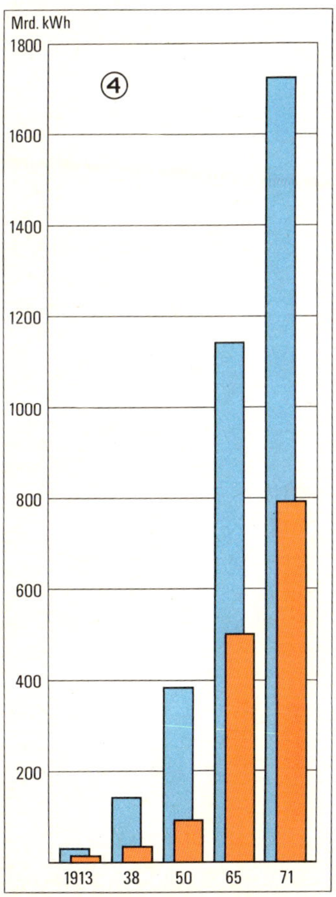

Stromerzeugung

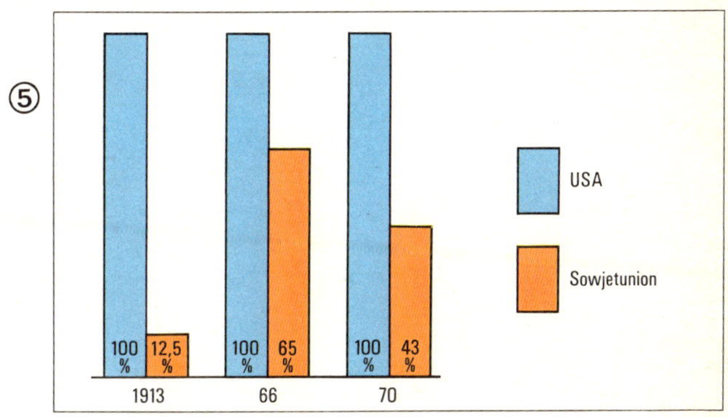

Verhältnis der Industrieproduktion (USA = 100 %)

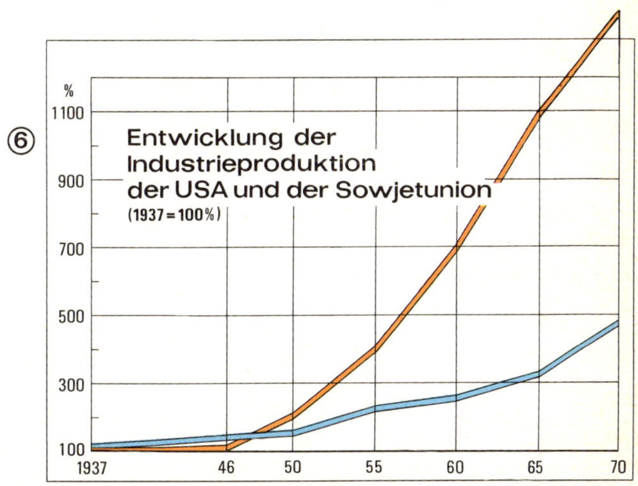

Entwicklung der Industrieproduktion der USA und der Sowjetunion (1937 = 100 %)

Transportleistung der sowjetischen Eisenbahn

Ausgewählte Güter	Mittlere Transportentfernung (km) 1940	1968	Frachtmenge 1940
Kohle, Koks[1]	701	679	152
Erdöl	1234	1210	30
Eisen	966	1375	27
Erze aller Art	612	634	35
Schnittholz	1019	1563	43
Getreide	736	1075	45
Baumaterial	253	419	4
gesamte Güter	700	841	593

[1]) für 1968 nur Kohle

Anteile der Verkehrsträger am Frachtverkehr

	USA	Sowjetunion
Eisenbahn	41,7%	67,8%
Schiff	15,8%	16,7% (See) 4,5% (Fluß)
Pipeline	20,3%	5,3%
Straße	21,8%	5,7%

□ Reichhaltige Bodenschätze und riesige Wasserkraftreserven sind die wichtigste Grundlage der Wirtschaftsmacht **Sowjetunion.** Auf ihrem Territorium gibt es alle wichtigen Rohstoffe.

9 In welchen Teilen der Sowjetunion befinden sich große Rohstoffreserven? Beurteile Lage und Entfernung der Rohstoffreserven zu den Gebieten dichter Bevölkerung. Arbeite an Atlaskarten, ziehe die Tabelle der mittleren Transportentfernung hinzu.

10 Die Transportentfernung wirkt sich auf die Wahl der Verkehrsträger aus. Erkläre die geringe Bedeutung des Straßenverkehrs in der Sowjetunion im Vergleich zu den USA.

11 Beschreibe die räumliche Verteilung der Eisenerz- und Kohlelagerstätten. Welche Probleme ergeben sich daraus für die Stahlerzeugung? Wo würdest du die Stahlherstellung und die Stahlweiterverarbeitung ansiedeln?

Drei „Kohle-Eisen-Basen" sind die Zentren der sowjetischen Industrieproduktion:

① Das Donbas (Ukraine) ist das älteste und wichtigste Schwerindustriegebiet. Es besteht aus drei Zentren: dem Donez-Steinkohlenrevier, den energie- und verkehrsorientierten Industriestädten am Dnjeprbogen und dem Eisenerzgebiet von Kriwoi Rog.

② Der Ural mit seinen wertvollen Bodenschätzen wurde nach 1930 schwerpunktmäßig als Industrierevier ausgebaut. Damals wurde die Verbindung der 2000 km voneinander entfernt lagernden Bodenschätze Kohle und Eisenerz geplant: Es entstand das Ural-Kusnezker Kombinat. Im Pendelverkehr gelangte Erz aus dem Ural nach Kusnezk und umgekehrt Kohle aus Kusnezk in den Ural. Das Ural-Kusnezker Kombinat produzierte 1940 30% des Stahls und 20% des Roheisens der Sowjetunion. Der Aufbau der „Zweiten Kohle-Eisen-Basis" war trotz der großen Entfernungen ein Erfolg.

③ Im Gebiet um Kusnezk entsteht seit 1960 die „Dritte Kohle-Eisen-Basis", das Kuzbas. Der Irkutzker Industrieraum versorgt das Kuzbas mit der notwendigen Elektroenergie.

12 Kommentiere das folgende Diagramm. – Ungünstig oder günstig für die Sowjetunion?

Anteil der Sowjetunion an den Weltvorräten und an der Welterzeugung

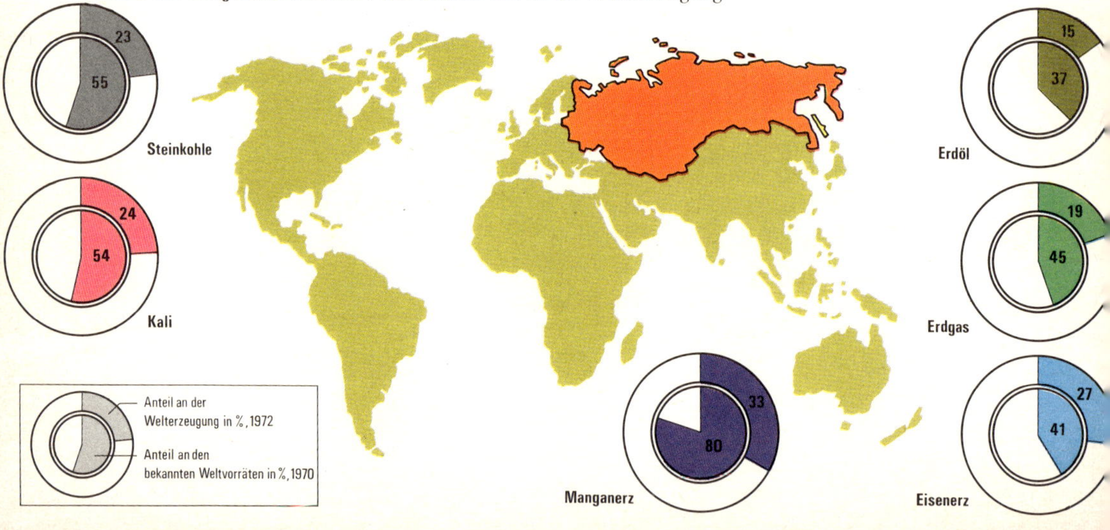

Produktion ausgewählter Verbrauchsgüter (1971)

in 1 000 t	USA	UdSSR	Japan	BRD
Zellwolle	277	243	355	90
Synthetische Fasern	1 949	203	1 166	641
Kunststoffe	8 186	1 860	5 100	5 514
Zellstoff	29 653	5 412	5 911	761
Papier/Pappe	45 312	7 086	12 907	6 189
in 1 000 St.				
Kraftwagen	8 573	529	3 718	3 513
Lastkraftwagen	2 046	612	2 093	303
Rundfunkgeräte	18 579	8 794	28 092	5 496
Fernsehgeräte	11 179	5 814	13 231	2 537

□ Die **USA** sind gegenwärtig die größte Industriemacht der Welt. Fast 40% der gesamten Weltindustrieproduktion stammen aus amerikanischen Fabriken.

13 Studiere im Atlas die wichtigsten Industrieräume in den USA. Wo kannst du eine besondere Konzentration von Bodenschätzen, Industrie und Bevölkerungsdichte feststellen? Wie liegen die Bodenschätze, die Industriezentren und die Räume mit großer Bevölkerungsdichte zueinander?
Vergleiche diese Verhältnisse mit denen in der Sowjetunion.

14 Stelle die wichtigsten Eisenerz- und Kohleabbaugebiete in den USA fest. Erläutere die Lage der amerikanischen Schwerindustrie. Vergleiche Entfernungen und Transportmöglichkeiten mit dem Kohle- und Eisenerztransport in der Sowjetunion.

Schwerindustrie und andere Industrie konzentrieren sich in den USA südlich der Großen Seen im „Manufacturing Belt" (Industriegürtel). Hier entstanden die größten Industriebetriebe der Welt, und hier wurde zum ersten Mal das Fließband verwendet: 1870 in den großen Schlachthäusern von Chicago und ab 1913 in den Autowerken von Henry Ford in Detroit. Das Fließband führte zur Serienherstellung. In der Autoindustrie z. B. betrug 1972 die Welt-Automobilproduktion 27 541 000 Pkw und Kombiwagen. Die USA allein produzierten 8 828 000 Stück. Auf 1 000 Einwohner kamen 1972 in den USA 408 Autos; dies war der höchste Pkw-Bestand der Welt. Vergleich: Sowjetunion 5, Europäische Gemeinschaft 192, Bundesrepublik Deutschland 207.

15 Im Gegensatz zur Sowjetunion werden in den USA überwiegend Verbrauchsgüter hergestellt. Vergleiche die Produktionsziffern ausgewählter Verbrauchsgüter. Beurteile danach den Bedarf an Rohstoffen und Energie in den USA und in der Sowjetunion.

16 Kommentiere das folgende Diagramm. – Ungünstig oder günstig für die USA?

Kritische Beobachter warnen vor allem vor Schwierigkeiten in der Energieversorgung. Die Vereinigten Staaten, in denen 6% der Erdbevölkerung leben, benötigen ⅓ des gesamten Energieverbrauchs der Welt. Die Erdöleinfuhr der USA: 1950 8,4%; 1960 16,3%; 1970 21,5%; 1971 24,0% des Gesamtverbrauchs in den USA.

Anteil der USA an den Weltvorräten und an der Welterzeugung

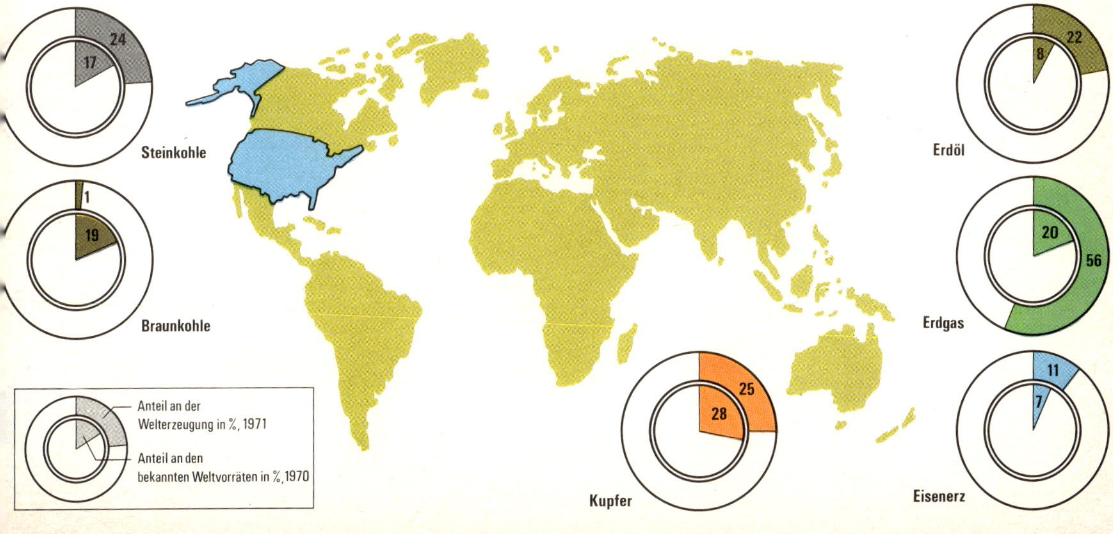

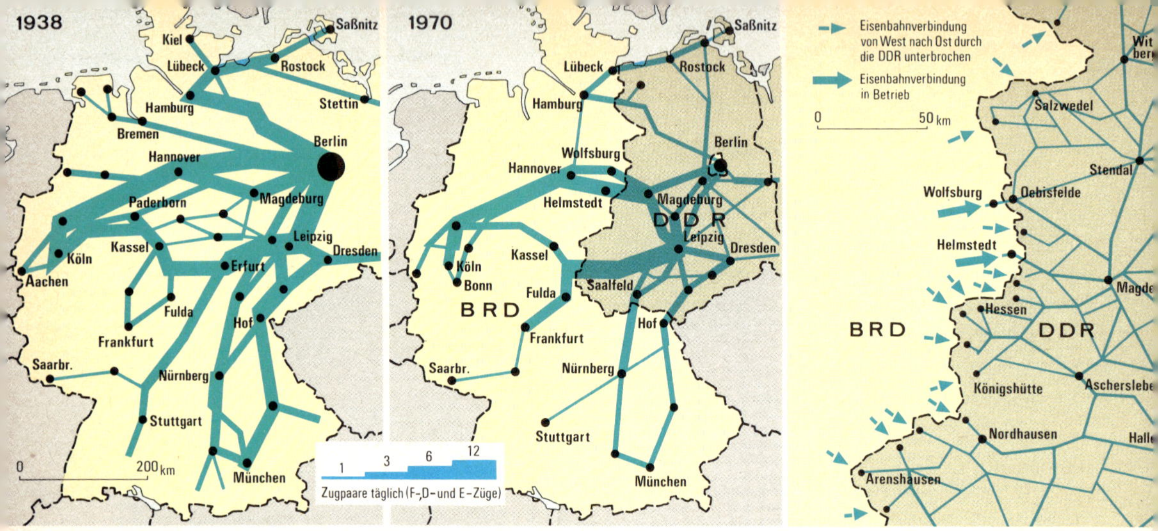

Eisenbahnnetz der durchgehenden Verbindungen über die heutige Grenze

Geteilte Staaten

□ Seit dem Ende des Zweiten Weltkrieges im Jahre 1945 ist Deutschland geteilt. Die Gebiete östlich der Oder und Neiße wurden abgetrennt; Mittel- und Westdeutschland wurden in zwei Staaten, Berlin in West- und Ostberlin geteilt. Diese Doppelseite zeigt einige Auswirkungen der neu aufgebauten Grenzen.

1 Kommentiert die drei Karten oben.

2 a) Erläutere anhand des Säulendiagramms rechts die Bevölkerungsentwicklung seit der Teilung.

b) Erläutere die Tabelle „Wohnbevölkerung nach Altersgruppen". Vergleiche besonders den Anteil der Menschen unter 18 Jahren mit dem Anteil der Menschen über 60 Jahre. Versuche, eine Erklärung für die unterschiedlichen Anteile in der Bundesrepublik Deutschland und der Deutschen Demokratischen Republik zu geben.

∞ c) Welche Folgen hat dieser Altersaufbau für die Wirtschaft der DDR?

3 Nicht nur aus der DDR, sondern auch aus den ehemaligen deutschen Ostgebieten sind Menschen in die BRD gekommen. Studiere die Karte „Umsiedlung der Vertriebenen in der BRD". In welchen Bundesländern ließen sich die Menschen nach der Flucht zuerst nieder? Suche nach Gründen für die Umsiedlung nach 1949. Warum fand die Umsiedlung vor allem nach Nordrhein-Westfalen und Baden-Württemberg statt?

Durch die aus dem Osten gekommenen Menschen ergaben sich für die BRD nicht nur Belastungen. Ihr Wissen und Können kam dem wirtschaftlichen Wiederaufbau sehr zugute. Beispiele dafür sind die „Flüchtlingsindustrien" der Firma Zeiss (optische Geräte) und die Modeschmuckfabriken in Neugablonz.

□ **4** Warum wurde die Wirtschaft der heutigen DDR durch die Teilung besonders hart getroffen? Benutze das Material der rechten Seite.

5 Können die Auswirkungen der „Zerreißgrenze" abgebaut werden? Informiert euch, welche Möglichkeiten der Grundvertrag zwischen der Deutschen Demokratischen Republik und der Bundesrepublik Deutschland bietet.

6 Deutschland ist nicht das einzige Land auf der Erde, das durch eine „Zerreißgrenze" in zwei Staaten geteilt wurde. Nennt mindestens drei andere Beispiele.

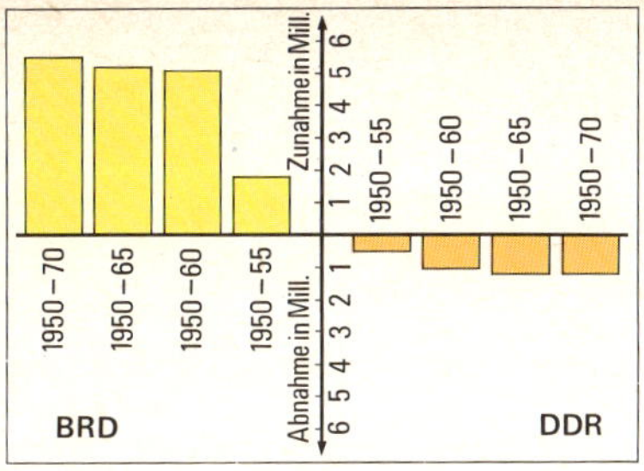

Veränderung der Bevölkerungszahl in der BRD und der DDR seit 1950

Wohnbevölkerung nach Altersgruppen 1972

Alter	DDR	%	BRD	%
unter 18	4 764 100	28	16 591 500	27
18–25	1 494 700	9	5 650 800	9
25–45	4 530 200	27	17 134 900	28
45–60	2 515 500	14	10 027 900	16
über 60	3 763 700	22	11 976 700	20
insgesamt	17 068 200	100	61 381 800	100

Handelsverflechtungen Mitteldeutschlands (1936)

Lieferungen in % der eigenen Produktion gingen

a) in andere deutsche Gebiete 49 %

b) in das Ausland 15 %

Bezüge in % des eigenen Verbrauchs kamen

a) aus anderen deutschen Gebieten 55 %

b) aus dem Auslande 6 %

Bis 31.12.1965 umgesiedelt: 1 032 035 Menschen

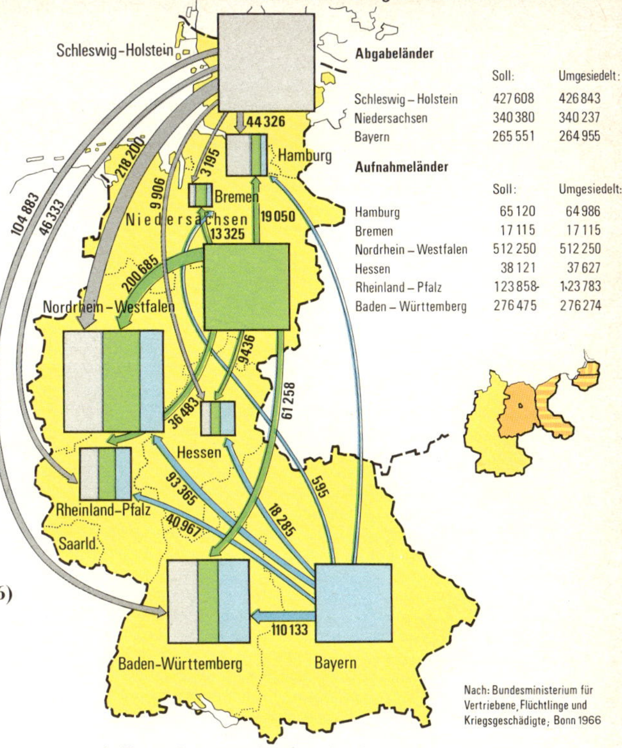

Umsiedlung der Vertriebenen in der BRD 1949–1965

Die Verteilung der Industrie 1945

Grad der Zerstörung in Prozent:

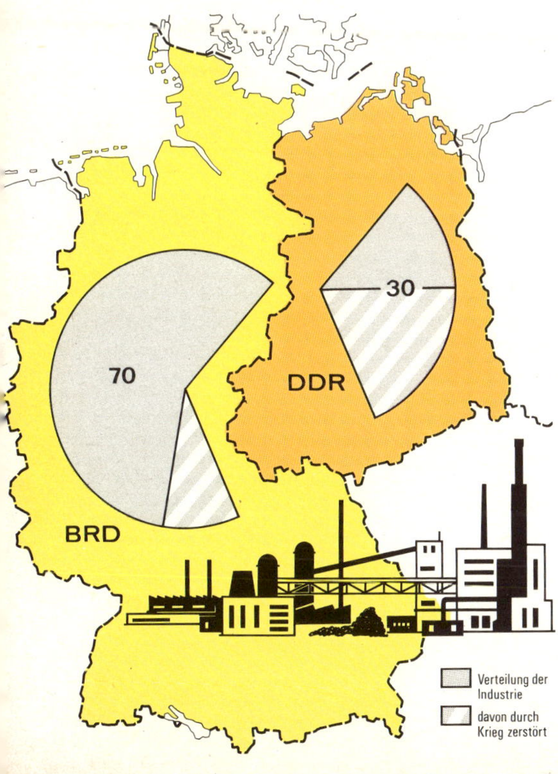

Ausgewählte Industrien 1936, verteilt auf die Gebiete der heutigen BRD und DDR

Industriezweige in Prozent:

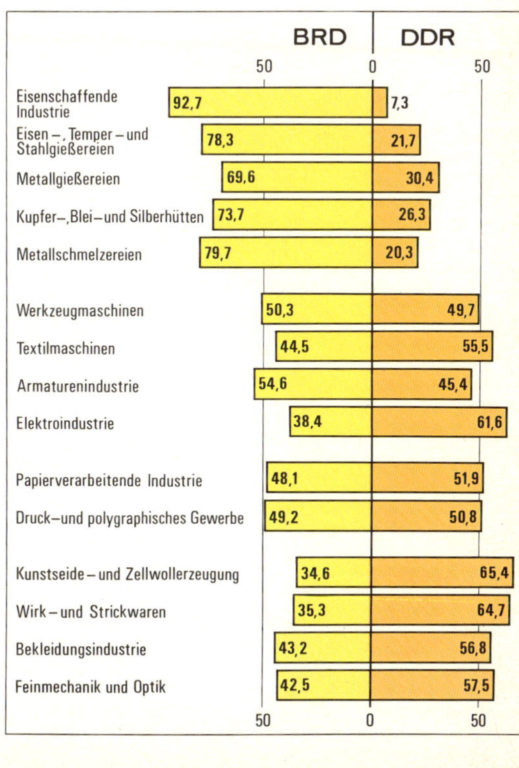

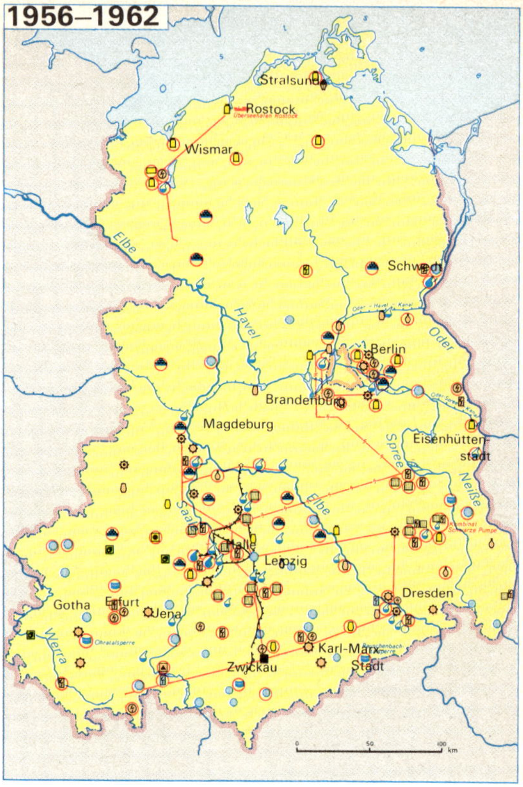

Der Aufbau der DDR-Industrie in drei Schritten

□ Die DDR-Wirtschaft war durch den Zweiten Weltkrieg und durch die sehr hohen Reparationsleistungen an die Sowjetunion stark geschwächt. Nur Braunkohle war und ist in der DDR in ausreichendem Maße vorhanden.

7 Betrachte die drei Karten. Bestimme für die einzelnen Zeitabschnitte die Schwerpunkte des Ausbaus. Einige davon kannst du als Folge der Zerreißgrenze erklären. Versuche diese Entwicklung zu begründen. Benutze auch die Tabelle zur Roh- und Walzstahlproduktion und die Tabelle der Handelsflotte der DDR.

∞ **8** Erklärt den Standort und den starken Aufbau der chemischen Industrie in der DDR.

9 Für die DDR hat Rostock die Funktion von Hamburg übernommen. Du kannst das aus dem Diagramm „Güterumschlag in den Seehäfen der DDR" entnehmen. Wie beurteilst du die Verbindung des Rostocker Hafens mit seinem Hinterland im Vergleich zu Hamburg?

∞ **10** Die Wirtschaft Mitteldeutschlands war früher nach Westen orientiert (Tabelle 1936, S. 137). Die Wirtschaft der DDR ist dagegen überwiegend nach Osten hin ausgerichtet (Tabelle 1971, S. 139). Erläutert diese Feststellungen anhand der Statistik „Handelsverflechtungen der DDR". Hat sich diese Umkehr der Handelsbeziehungen auch auf die Industriestandorte ausgewirkt?

11 Der Aufbau der DDR-Wirtschaft war verbunden mit der Errichtung einer strengen Planwirtschaft (im Gegensatz zur „sozialen Marktwirtschaft" in der BRD). Alle Bereiche der Wirtschaft werden durch zentrale staatliche Planung gesteuert. Das zeigt sich bereits in der Liste der Ministerien (siehe rechts). – Bestimme diejenigen Ministerien der DDR, die es in der BRD nicht gibt. Stelle einen Zusammenhang her zwischen dem Aufbau einer sozialistischen Planwirtschaft und den von dir bezeichneten Ministerien.

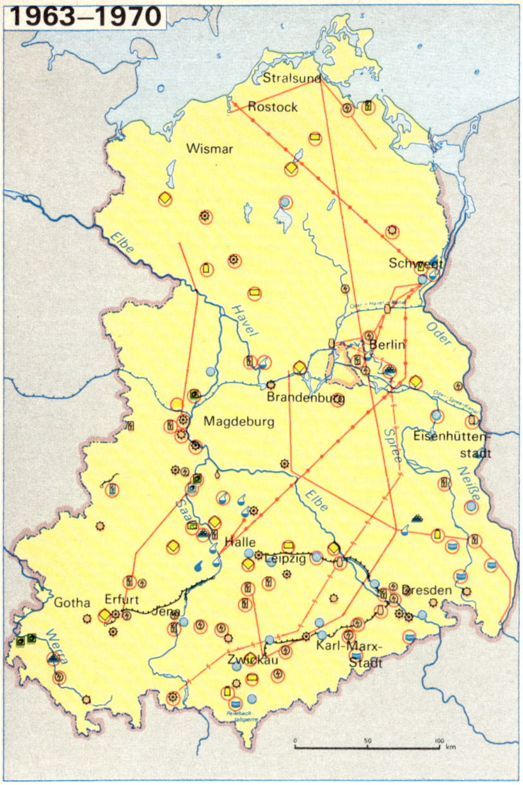

- Wärme- und Heizkraftwerk
- Kernkraftwerk
- Pumpspeicherwerk
- Gaswerk
- Steinkohlenindustrie
- Braunkohlenindustrie
- Chemische Industrie
- Erdölverarbeitung und Petrolchemie
- Eisenerztagebau
- Eisenmetallurgie
- Feuerfest-Industrie
- Kupfererzbergbau
- Nichteisenmetallurgie
- Kaliindustrie
- Steinsalzwerk
- Baumaterialienindustrie
- Schwermaschinenbau
- Allgemeiner Maschinenbau
- Schiffbau
- Elektrotechnik/Elektronik und wissenschaftlicher Gerätebau
- Leichtindustrie
- Nahrungs- und Genußmittelindustrie
- Kraftfuttermischwerk
- Kühlhaus
- Talsperre bzw. Rückhaltebecken
- Elektrifizierte Eisenbahnlinie
- Erdöl- bzw. Produktenleitung
- Gasverbundleitung
- 380-kV-Leitung

Signaturen ohne roten Kreis: Wiederaufbau oder bedeutende Erweiterung

Signaturen mit rotem Kreis: Neubau oder Neuaufschluß

In die Karten sind jeweils die Objekte eingezeichnet, deren Baubeginn in den angegebenen Zeitraum fiel

Entwicklung der Roh- und Walzstahlproduktion (in 1000 t)

	Rohstahl	Walzstahl
1936	1197	898
1950	999	781
1955	2508	1906
1960	1995	3750
1965	4313	2986
1970	5053	3407
1972	5670	3708

Handelsverflechtungen der DDR (1971) in % des Ein- und Ausfuhrwertes

	Einfuhr	Ausfuhr
COMECON	65,4%	69,3%
Sowjetunion	38,3%	38,2%
andere Länder	33,6%	28,9%
BRD	10,3%	10,0%

Schiffe der Handelsflotte der DDR

	Anzahl	Wasserverdrängung (BRT)	Tragfähigkeit (tdw)
1950	—	—	—
1955	9	10316	13345
1960	47	196898	277424
1965	127	569602	794715
1970	175	940060	1339953
1972	194	1027671	1443869

Güterumschlag in den Seehäfen der DDR

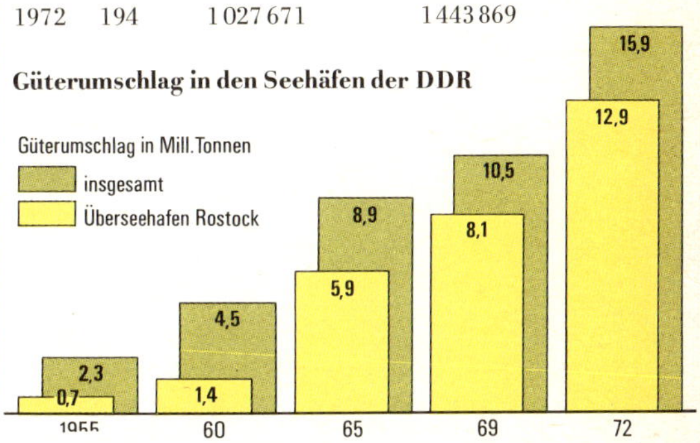

Min. f. Verteidigung	Min. f. Handel und Versorgung
Min. d. Inneren	Min. f. Materialwirtschaft
Min. f. Erzbergbau, Kali und Metallurgie	Min. f. Kultur
Min. f. Chem. Industrie	Min. f. Gesundheitswesen
Min. f. Schwermaschinenbau	Min. f. Volksbildung
Min. f. Fahrzeugbau	Min. f. Fach- u. Hochschulwesen
Min. f. Elektrotechnik und Elektronik	Min. f. Auswärtige Angelegenheiten
Min. f. Leichtindustrie	Min. f. Wissenschaft
Min. f. Bezirksgeleitete u. Lebensmittelindustrie	Min. f. Justiz
Min. f. Bauwesen	Min. f. Umweltschutz u. Wasserwirtschaft
Min. f. Verkehrswesen	Min. f. Glas- u. Keramikindustrie
Min. f. Post- und Fernmeldewesen	Min. f. Staatssicherheit
Min. f. Forstwirtschaft, Nahrungsgüter u. Landwirtschaft	Min. f. Wissenschaft und Technik
Min. f. Außenwirtschaft	Min. f. Kohle u. Energie

Reiche und arme Länder in der Entwicklung

2000 Millionen Menschen hungern

□ So wie diese Mutter (Foto), die mit ihren Kindern in der Straße eines indischen Dorfes auf eine Handvoll Reis oder ein Stück Brot wartet, hungern in Asien, Afrika und Lateinamerika unzählige Menschen. Wenn die Ernte gut ausgefallen ist, hat man dort ein paar Monate lang genug zu essen. Danach wird die Ernährung immer eintöniger und schließlich knapp. Wenn die Ernte schlecht ausfällt ...

Bei normaler körperlicher Arbeit müssen dem erwachsenen Menschen mit der Nahrung täglich 2800 bis 3000 Kalorien zugeführt werden. Bei weniger als 2000 Kalorien am Tage tritt Unterernährung ein. Nach einer Schätzung der Weltgesundheitsorganisation WHO (**W**orld **H**ealth **O**rganisation) ist heute jeder fünfte Mensch unterernährt.

1 Orientiere dich über die Maßeinheit Kalorie (Lexikon, Physikbuch).

2 Ernährungstabellen (Apotheke), Gesundheitsbücher und Chemiebücher geben den Kaloriengehalt unserer wichtigsten Nahrungsmittel an. Stelle eine Kalorientabelle zusammen und berechne möglichst genau die Kalorienmenge, die du an einem Tag zu dir nimmst.

3 Kommentiere die Karte. Notiere die Kontinente, in denen die Nahrung ausreicht/nicht ausreicht. (Nimm die UdSSR zu Europa.) Wo in Europa wird gehungert?

⅄ **4** Schreibe fünf der Länder auf, die besonders vom Hunger bedroht sind.

□ Ebenso wichtig wie die Menge ist die Zusammensetzung der Nahrung. Höchstens 60% der Kalorienmenge sollen durch Kohlehydrate gedeckt werden, 25% der Kalorienmenge soll der Mensch in der Form von Fett zu sich nehmen. Besonders wichtig sind die Eiweißstoffe, die etwa 15% der Kalorienmenge ausmachen sollen. Fehlen sie, so kommt es zu Fehlernährung (**PCM** = **P**rotein **C**alorie **M**alnutrition), die man auch den „weißen Hunger" nennt. Er hat ähnliche Folgen wie die Unterernährung: „Der geschwächte Körper meidet von sich aus alle Anstrengungen. Die Leistungskurve fällt schnell ab. Die Kleinkinder, die nicht mehr wie

Hunger

Säuglinge die nötigen Nahrungsbestandteile mit der Muttermilch erhalten, sterben in großer Zahl an Proteinhunger, selbst wenn sie nach Kalorien bemessen ausreichend versorgt sind." Die meisten Überlebenden tragen unheilbare Gehirnschäden davon.

„Dreht euch doch mal um!"

5 In den Hungergebieten sind Mais, Jams, Maniok und Hirse die Haupt-Nahrungsmittel. Orientiere dich über die Zusammensetzung dieser Nahrungsmittel. Sind sie geeignet, den „weißen Hunger" abzuwenden?

6 **Zusammensetzung der durchschnittlichen Tagesnahrung:**

	Getreide u. Kartoffeln	Milch und Milchprod.	Fleisch, Eier, Fisch	Gemüse	Zucker	Fett
in der BRD	550 g	380 g	223 g	156 g	85 g	69 g
in Indien	400 g	14 g	5 g	62 g	46 g	11 g

a) Fertige zwei Diagramme; auf dem einen soll die Gesamt-Nahrungsmenge und auf dem anderen die Menge der einzelnen Nahrungsmittelgruppen durch Säulen dargestellt sein (Millimeterpapier, 10 g = 1 mm Säulenhöhe). Vergleiche.

b) Ermittle den prozentualen Anteil der Nahrungsmittelgruppen. Fertige Diagramme von der prozentualen Verteilung. Vergleiche mit den Angaben im Text über die richtige Zusammensetzung der Nahrung. (Milch, Fleisch, Eier und Fisch enthalten viel wertvolles Eiweiß.)

7 Sechs von zehn Menschen auf der Erde sind fehl- oder unterernährt. Berechne die Gesamtzahl. Vergleiche mit der Überschrift dieses Kapitels.

8 Kommentiere die Zeichnung oben.

Weltkarte des Hungers: verfügbare Kalorienmengen

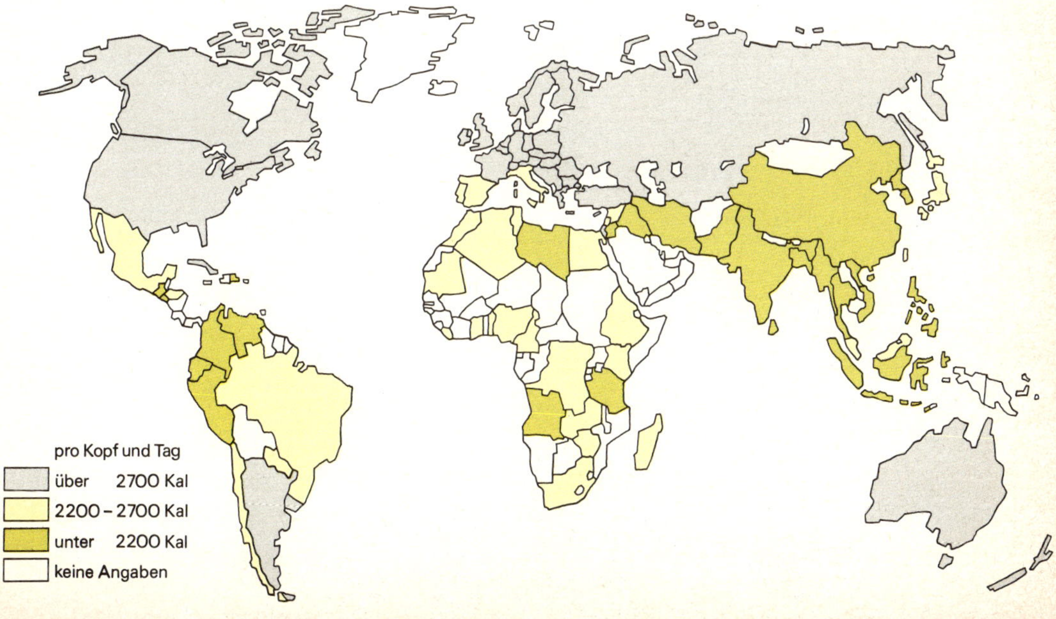

Feldarbeit mit dem Hakenpflug, Marokko

☐ **9 Auf 1 ha Ackerland erntet man jährlich**

	in Indien	Brasilien	Japan	BRD
Weizen	8 dz	9 dz	22 dz	29 dz
Reis	10 dz	–	30 dz	–

Hier findest du einen der Gründe für den Hunger in den „armen Ländern". Erkläre.

10 Beschreibe die Form des Pfluges im Bild links. Wie ist seine Wirkungsweise? Orientiere dich über den bei uns gebräuchlichen Scharpflug und seine Wirkungsweise.

11 Das Bild gibt auch Auskunft über den Feuchtigkeitsgrad der Ackerkrume. Wie beurteilst du die Erntechancen?

12 1963 liefen in Europa fast 4,5 Mio. Traktoren, in Afrika 237 000. Vergleiche.

Der Mandi-Distrikt in Indien war bis vor kurzem ein Gebiet äußerster Armut. Dann wurden dort innerhalb weniger Jahre die Erträge der Landwirtschaft um 70% gesteigert. Man hatte fünf Dinge getan:

– Mechanisierung der Landwirtschaft, vor allem mit einfachen Kleintraktoren;
– Bewässerung der trockenen Felder und Entwässerung versumpfter Gebiete;
– Düngung;
– Bereitstellung von hochwertigem Saatgut;
– Unkrautvernichtung und Schädlingsbekämpfung.

142

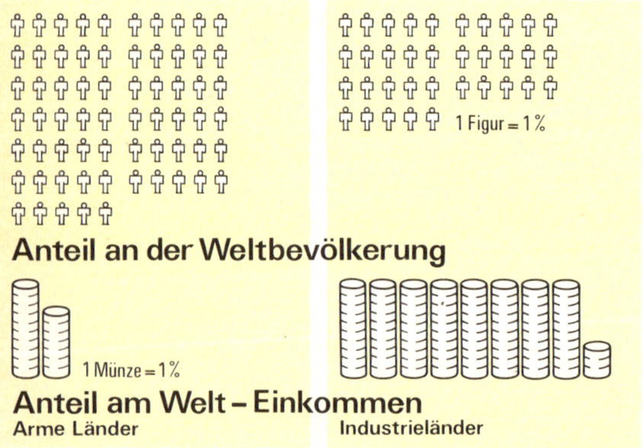

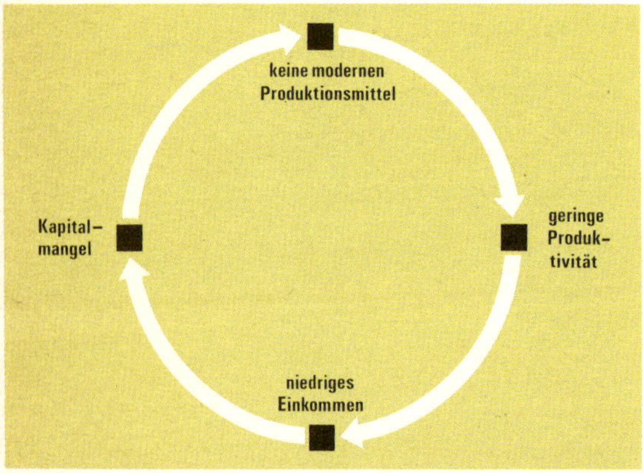

13 Mit solchen Maßnahmen könnte man den Hunger in vielen armen Ländern bekämpfen. Aber riesige Geldsummen wären nötig. Kommentiere das Diagramm links.

14 Rechne: Wieviel Prozent des Welt-Einkommens entfallen auf je 1 Prozent der lebenden Weltbevölkerung
a) in den Industrieländern,
b) in den „armen Ländern"?

15 Der nebenstehende Ursachenkreis stellt dar, warum Hungergebiete nicht aus eigener Kraft in der Lage sind, ihre Landwirtschaft grundlegend zu verbessern und damit der Not ein Ende zu machen. Erkläre, wie eines aus dem anderen hervorgeht. Wo müßte man ansetzen, um Abhilfe zu schaffen?

16 Viele sagen: Die Länder mit Nahrungsmittelüberschuß sollten den Hungergebieten ihre überschüssigen Nahrungsmittel schenken. Andere behaupten, das wäre – außer in Katastrophenfällen – keine wirkliche Abhilfe. a) Nimm dazu Stellung. b) Erläutere das chinesische Sprichwort: Gib dem Hungernden einen Fisch, und er hat für einen Tag zu essen; gib ihm eine Angel, und er wird immer satt sein.

□ Die Bezeichnung „arme Länder" ist ungenau. Die Landwirtschaft vieler Hungergebiete könnte reiche Erträge bringen. Brasilien, ein „armes Land", ist eines der rohstoffreichsten Länder der Erde. Die „armen Länder" besitzen also häufig natürlichen Reichtum. Arm sind sie, weil ihre Wirtschaft nicht genügend entwickelt ist. (Was das im einzelnen bedeutet, untersuchen spätere Kapitel in diesem Buch.) Wir sprechen deshalb besser von „Entwicklungsländern". Ihnen werden gewöhnlich die „Industrieländer" gegenübergestellt. Man hat sich (bei der Weltbank) darauf geeinigt, alle Länder als Entwicklungsländer zu bezeichnen, in denen das Pro-Kopf-Jahreseinkommen unter 600 US-Dollar liegt. Das Pro-Kopf-Jahreseinkommen ergibt sich, wenn alle in einem Land gezahlten Löhne und Gehälter, die Gewinne der Unternehmen und alle sonstigen Einkommen eines Jahres zusammengezählt und durch die Einwohnerzahl geteilt werden. Das Pro-Kopf-Jahreseinkommen ist kein idealer Maßstab, denn das Geld hat nicht überall die gleiche Kaufkraft. Die Durchschnittszahl des Pro-Kopf-Einkommens kann auch darüber hinwegtäuschen, daß es in einem Land wenige sehr Reiche und viele Arme gibt. Trotzdem zeigt das Pro-Kopf-Einkommen deutlich den Unterschied zwischen Industrieländern und Entwicklungsländern.

17 Studiere die Karte. Vergleiche sie eingehend mit der Karte der Hungergebiete. Was ist festzustellen?

⅄ **18** Stelle in einer Tabelle 10 Länder mit einem Pro-Kopf-Einkommen über 1200 $ und mehr als 2700 Tageskalorien zusammen, daneben solche mit einem Pro-Kopf-Einkommen unter 100 $ und weniger als 2200 Tageskalorien. $ = US-Dollar.

19 Welche europäischen Länder sind nach dem Sprachgebrauch der Weltbank Entwicklungsländer? Italien nimmt eine Sonderstellung ein: Das durchschnittliche Pro-Kopf-Einkommen beträgt 1050 $, die Bewohner der südlichen Provinzen verdienen aber im Durchschnitt noch nicht einmal 500 $ im Jahr.

⅄ **20** Berechne das Pro-Kopf-Jahreseinkommen in deiner Familie. Berücksichtige alle Einkommensquellen.

Weltkarte des Einkommens: Pro-Kopf-Einkommen und Bevölkerung

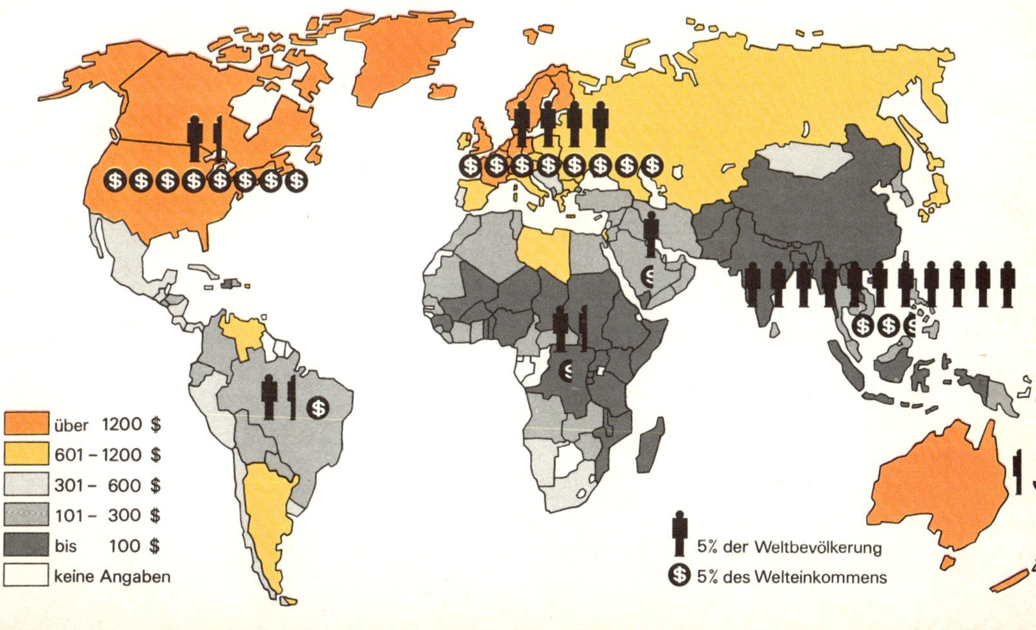

Kapitalhilfe allein genügt nicht

□ Nach dem Zweiten Weltkrieg hungerte Europa. Die Landwirtschaft erzeugte nicht genügend Nahrungsmittel. Die Rohstofflager und die Kassen der Industriebetriebe waren leer. Europa war zu einem Entwicklungsgebiet geworden, das sich aus eigener Kraft nicht mehr helfen konnte. Am 5. Juni 1947 sagte der damalige US-Außenminister MARSHALL über diesen Zustand: „In Wahrheit liegt die Sache so, daß Europas Bedarf an ... wichtigen Gütern während der nächsten drei oder vier Jahre sehr viel höher ist als seine gegenwärtige Zahlungsfähigkeit, so daß beträchtliche zusätzliche Hilfeleistungen nötig sind, wenn es nicht in einen ... Verfall ernster Art geraten soll. Die Lösung liegt in einer Durchbrechung des circulus vitiosus (= Teufelskreis)." (13)
MARSHALL setzte seine Auffassung durch. Die westeuropäischen Länder erhielten von den USA 14,7 Mrd. Dollar Kapitalhilfe. Das Aufblühen der europäischen Wirtschaft und das deutsche „Wirtschaftswunder" sind großenteils den Marshallplangeldern zu verdanken.
Heute geben die Industrieländer den Entwicklungsländern in ähnlicher Weise Kapitalhilfe. Die offiziellen Zuwendungen beliefen sich von 1960 bis 1968 auf 52 Mrd. Dollar. Allein die Bundesrepublik zahlte bisher 17 Mrd. DM Kapitalhilfe. Über den „Erfolg" dieser Maßnahmen geben die folgenden Schaubilder einige Hinweise:

144 **Anteil an der Welt-Nahrungsmittelproduktion**

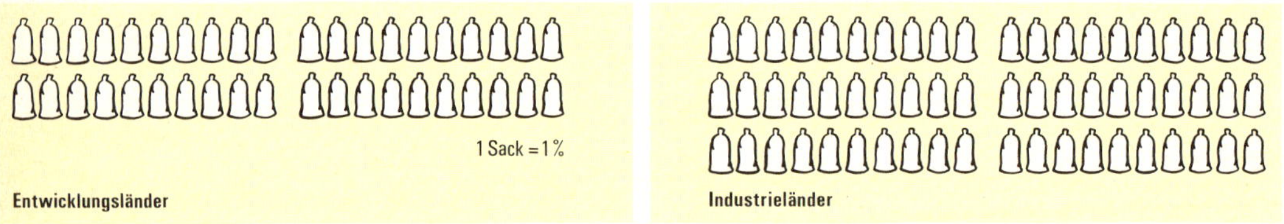

Anteil an der Weltproduktion der verarbeitenden Industrie

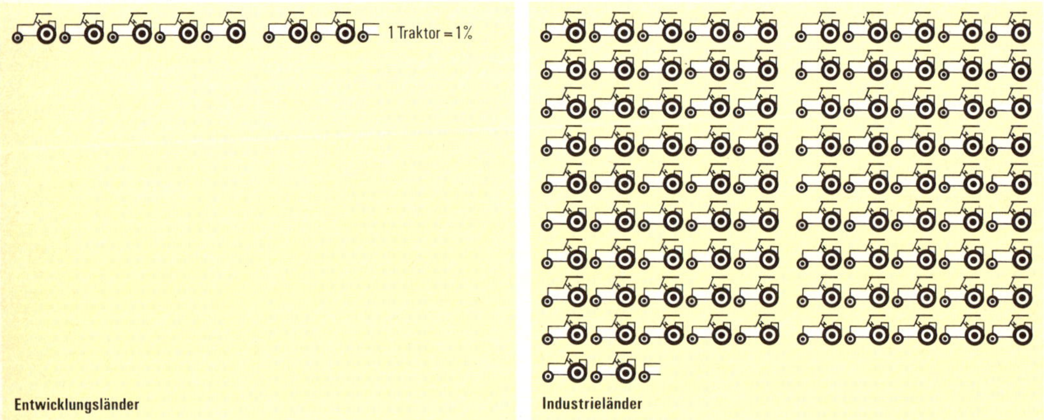

1 Vergleiche die Verteilung der Nahrungsmittelproduktion mit der Verteilung der Erdbevölkerung auf die Industrieländer und die Entwicklungsländer. Kommentiere.

∞ **2** Vergleiche ebenso die Verteilung der Industrieproduktion mit der Verteilung der Erdbevölkerung.

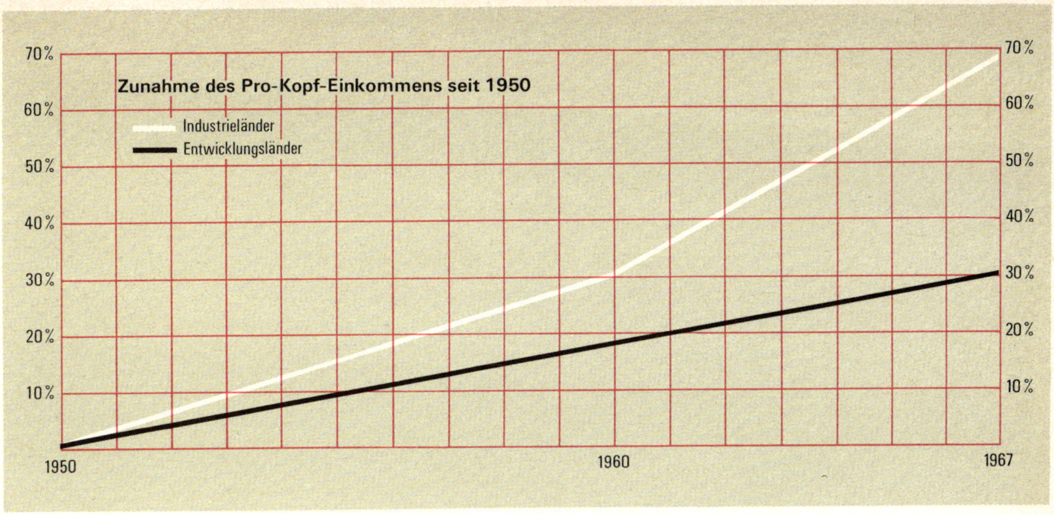

Zunahme des Pro-Kopf-Einkommens in Prozent pro Jahr:

	1950–1960	1960–1967
Afrika	1,7	1,6
Südasien	1,7	1,7
Südamerika	2,1	1,6
Industrieländer	2,8	3,6

3 Kommentiere die Kurve des Pro-Kopf-Einkommens.

4 Beachte, wie sich nach 1960 die Einkommensentwicklung gegenüber dem vorhergehenden Zeitabschnitt verändert hat
a) in Afrika und Südamerika,
b) in den Industrieländern.
Was ist für die Zukunft zu befürchten?

5 Bei der Kapitalhilfe für die Entwicklungsländer ist zu unterscheiden zwischen Krediten und nicht rückzahlbaren Zuwendungen. Der größte Teil der BRD-Kredite wird zu folgenden Bedingungen vergeben: Laufzeit 30 Jahre, Zinssatz 2 %, die ersten 10 Jahre sind tilgungsfrei. Vergleiche mit den Bedingungen, unter denen man von der Bank ein Darlehen für den Bau eines Hauses bekommt.

6 Die Schulden der Entwicklungsländer an die Regierungen der Industrieländer betragen umgerechnet 200 Mrd. DM. Die Schulden der Entwicklungsländer wachsen mehr als doppelt so schnell wie ihre Einnahmen aus Exporten. Nimm dazu Stellung.

Außenminister MARSHALL sprach von einem „circulus vitiosus", einem Teufelskreis, dem niemand aus eigener Kraft entrinnen kann. Der „Ursachenkreis" auf Seite 142 ist ein solcher Teufelskreis. Der Marshallplanhilfe gelang es, den Teufelskreis im Europa der Nachkriegsjahre aufzubrechen. Bei den Entwicklungsländern ist dies durch Kapitalhilfe bisher nicht gelungen. Es ist auch keine Hoffnung, allein auf diesem Weg Besserung zu schaffen. Der Teufelskreis der Armut und des Elends, in dem die Entwicklungsländer gefangen sind, ist viel komplizierter, als es die Darstellung auf Seite 142 ahnen läßt. Deshalb kann ihn auch eine Art Marshallplan nicht aufreißen. Nur wenn es gelingt, die weiteren Faktoren, die in ihm wirken, zu entschärfen, ist vielleicht Abhilfe möglich. Wir werden sie in den folgenden Kapiteln untersuchen.

Teufelskreis der Armut (1): Bevölkerungsvermehrung

□ Der Distrikt X eines Entwicklungslandes hat 120000 Bewohner. Seine Landwirtschaft ernährt nur 80000 Menschen. Ein Entwicklungsprogramm wird eingeleitet. Ziel: Erhöhung der landwirtschaftlichen Produktion um 50% in 10 Jahren. Am Ende dieses Zeitabschnitts sollen also alle Menschen des Distrikts genug zu essen haben. – Das Programm wird fristgerecht und mit dem erwarteten Ergebnis abgeschlossen: Für 120000 Menschen wird Nahrung erzeugt. Doch inzwischen zählt der Distrikt 153000 Menschen! Die Bevölkerungsentwicklung ist dem Plan „davongelaufen". Immer noch hungern 33000 Menschen. Diese Geschichte ist zwar am „grünen Tisch" ausgedacht. Sie kann sich jedoch heute in jedem Entwicklungsland ereignen. Von 1950 bis 1960 hat die Bevölkerung der Entwicklungsländer jährlich um etwa 2,5% zugenommen. Es gibt Schätzungen, nach denen sie künftig sogar bis zu 3,5% im Jahr anwachsen soll.

1 Für den „Distrikt X" ist eine jährliche Zuwachsrate von 2,5% zugrunde gelegt. Berechne, wie bei einer Rate von 3% die Bevölkerung in 10 Jahren anwachsen würde. (Du mußt in Jahresschritten rechnen!) Wie viele Menschen müßten hungern?

2 Kommentiere das Diagramm und seine Überschrift „Bevölkerungsexplosion".

3 Vergleiche die Bevölkerungsentwicklung in den Industrieländern mit der Entwicklung in den Entwicklungsländern.

4 Fertige eine Tabelle, die angibt, um wieviel Prozent die Bevölkerung der Entwicklungsländer seit 1920 jeweils in 20 Jahren zugenommen hat. Kommentiere.

Die Bevölkerungsexplosion

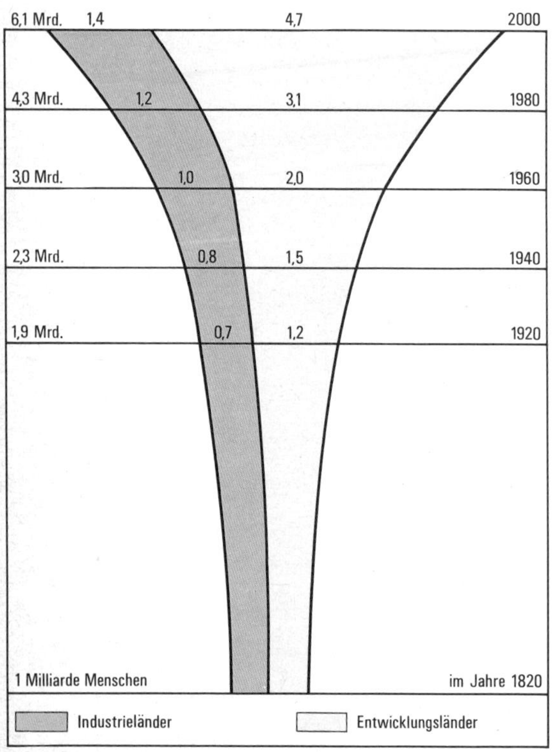

□ Die unterschiedliche Zunahme der Bevölkerung in den Industrieländern und in den Entwicklungsländern ist nicht ohne weiteres zu erklären. Wir müssen zurückschauen, wie es zu der heutigen Bevölkerungsentwicklung in den Industrieländern kam: Für die Entwicklung bis zum 18. Jahrhundert ist eine Erinnerung von Johann Wolfgang von Goethe kennzeichnend. Er berichtet über einen jüngeren Bruder, der früh verstarb, und fährt dann fort: „Unter mehreren nachgeborenen Geschwistern, die gleichfalls nicht lange am Leben blieben, erinnere ich mich nur eines ... Mädchens, das aber auch bald verschwand." Schließlich stellt er fest, daß nur er und eine Schwester übrig blieben.

Wir sehen: Die Zahl der Geburten war hoch, aber es starben auch viele Menschen, meist schon in früher Kindheit. Die Gesamtbevölkerung nahm nur langsam zu.

Eine neue Phase der Bevölkerungsentwicklung begann im 19. Jahrhundert. Die Fortschritte der ärztlichen Kunst, der Hygiene

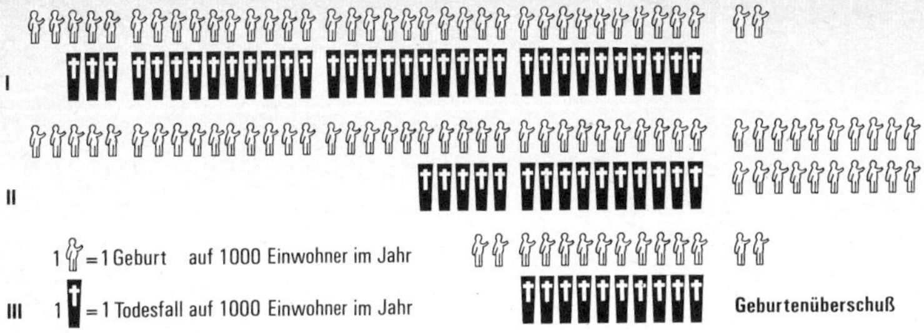

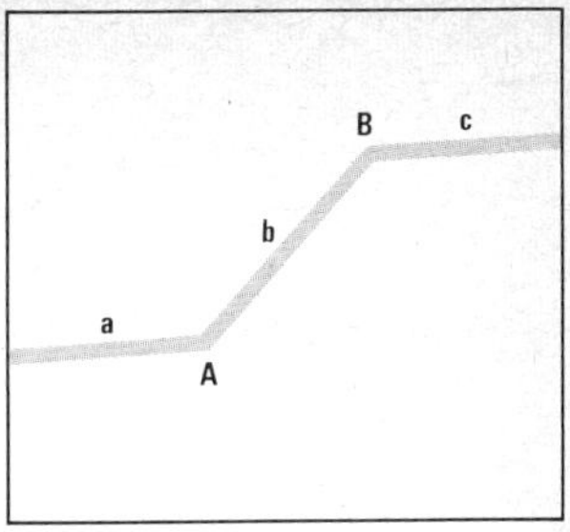

und der Zivilisation allgemein ließen die Lebenserwartung des Menschen stark ansteigen. Es gab weniger Todesfälle – die Zahl der Geburten blieb gleich. Jetzt wuchsen in einer Familie 5 bis 10 Kinder heran. Die Bevölkerung wuchs rasch.
Seit der Mitte dieses Jahrhunderts befinden sich die Industrieländer in einer dritten Phase: Als Folge der Familienplanung haben viele Eltern nur noch ein bis zwei Kinder. Die Zahl der Geburten und der Sterbefälle ist wieder nahezu gleich.

5 Erläutere das Diagramm auf Grund des Textes.

6 Ordne die Abschnitte der Kurve den Phasen des Diagramms zu. Gib für die Punkte A und B ungefähre Jahreszahlen an.

□ Die Entwicklungsländer stehen noch in der zweiten Phase der Bevölkerungsentwicklung: hohe Geburtenzahl, wenig Todesfälle. Die Regierungen einiger Länder sehen, daß die wirtschaftliche Lage nicht besser werden kann, solange dieser Zustand andauert. Deshalb versuchen sie, die Bevölkerung von der Notwendigkeit der Familienplanung zu überzeugen. Aber das ist schwierig, wenn die Menschen Kindersegen als ein besonderes Geschenk Gottes ansehen, wenn viele Familien Kinder als mithelfende Arbeitskräfte brauchen, wenn man viele Kinder haben möchte, um im Alter versorgt zu werden. Die meisten Erwachsenen in den Entwicklungsländern kennen außerdem die Methoden der Familienplanung überhaupt nicht. In der Mehrzahl dieser Länder wird deshalb die Kurve der Bevölkerungsentwicklung nicht flacher.

7 Das Bild zeigt ein Plakat der pakistanischen Regierung. Du kannst die Schriftzeichen nicht lesen, trotzdem läßt sich vermuten, was das Bild dieser Familie mit nur zwei Kindern sagen will. Beachte die Kleidung, den Ausdruck der Gesichter! Vergleiche mit dem Bild der indischen Mutter auf Seite 140.

8 Erläutere die Zeichnung.

Eine böswillige Zeichnung?

Werbung für Familienplanung

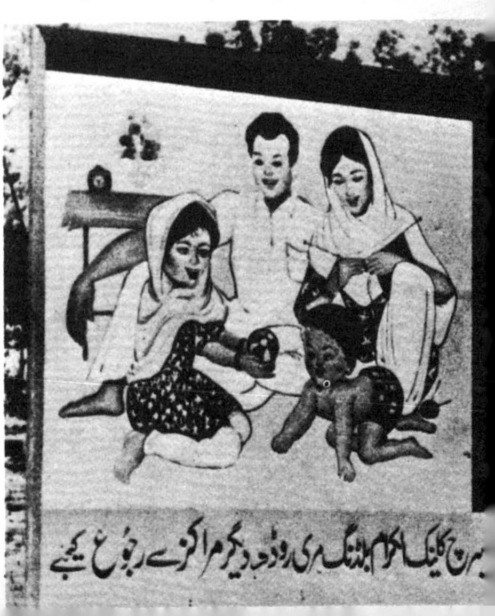

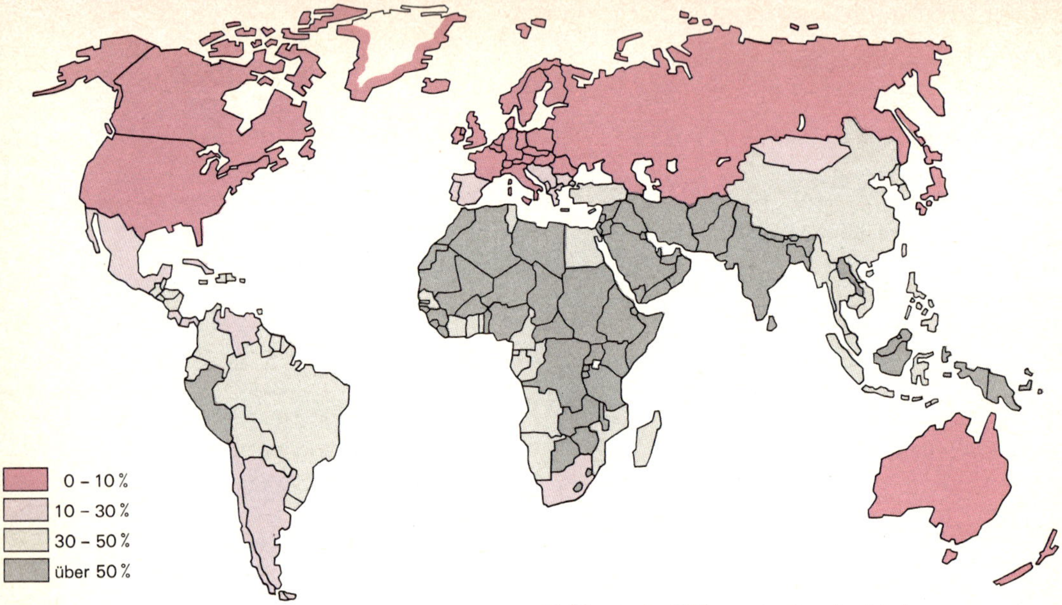

Weltkarte des Bildungsstandes: Analphabeten

Teufelskreis der Armut (2): Bildungsnotstand

□ **1** Arbeite an der Karte. Stelle Beziehungen her zwischen a) Bildungsstand und Einkommen (benutze dazu auch die Karte auf Seite 143), b) Bildungsstand und Ernährungslage (benutze dazu auch die Karte auf Seite 141).

Zeitungen auf 1000 Einwohner

Gabun	0
Kamerun	4
Haiti	5
Iran	7
Philippinen	17
Brasilien	32
BRD	326

Jährliche Zunahme der aufgenommenen Schüler (1950–1965)

	Grund-schule	Mittel-schule	Hoch-schule
Argentinien	2,4%	5,8%	7,5%
Brasilien	17,8%	10,0%	7,7%
Marokko	10,3%	17,9%	14,5%
Ghana	10,1%	30,0%	22,0%
Indien	7,5%	7,5%	8,2%

Erwachsene Analphabeten in den Entwicklungsländern

	1950	1970
% aller Erwachsenen	45	33
Gesamtzahl	700 Mio.	810 Mio.

2 Wie können Analphabeten im Wirtschaftsleben zurechtkommen? Sie können z. B. keine Bewerbung schreiben, keinen Arbeitsvertrag lesen, die Gebrauchsanweisung eines neuen Geräts nützt ihnen nichts ... Berücksichtigt auch, daß sie nur in beschränktem Umfang rechnen können.

3 a) In Ländern mit vielen Analphabeten ist es nicht möglich, wichtige Nachrichten schriftlich zu verbreiten. In den meisten Entwicklungsländern gibt es deshalb nur wenige Zeitungen. Kommentiere die Tabelle.

b) Was bedeutet es für den Informationsstand der „breiten Massen" dieser Länder, wenn nur wenige Menschen Radiogeräte oder Fernseher besitzen?

4 a) Welches Land macht die größten Fortschritte beim Abbau des Analphabetentums? Vergleiche in der Tabelle links. In welchem Land wird die Zahl der Lehrer, Ärzte, Ingenieure am schnellsten zunehmen? (Es ist allerdings zu berücksichtigen, daß die Ausgangslage in den einzelnen Ländern verschieden ist. Betrachte dazu die Karte.)

b) Berechne überschlägig, um wieviel Prozent jeweils die Zahl der Schüler in 10 Jahren ansteigt. Du ahnst, was das für den Schulhausbau, für die Anschaffung von Lehrmitteln, für die Ausbildung von Lehrern bedeutet.

Wohin?
Zurück?
Zu den Tagen der Trommeln
und festlichen Gesänge
im Schatten
sonnengeküßter Palmen –
Zurück?
Zu den ungebildeten Tagen
zu dunkeln
strohgedeckten Hütten,
wo Güte herrschte
und Trost wohnte –
zurück zum Aberglauben?
Oder vorwärts?
Vorwärts? – Wohin?
In die Slums, wo Mensch auf Mensch
gepfercht ist,
wo Armut und Elend
ihre Buden aufschlugen
und alles dunkel und traurig ist.
Vorwärts! – Wohin?

M. F. Dei-Anang

Das größte Problem bleibt auch hier das Anwachsen der Bevölkerung. Die Zahl der Kinder, die eingeschult werden müßten, wächst schneller als die Zahl der Lehrer und der Schulhäuser. Das Bildungsproblem wird also trotz großer Anstrengungen nicht kleiner, sondern größer. Das zeigt z. B. die unterste Tabelle links. Vielleicht erreichen es die Entwicklungsländer eines Tages, keine Analphabeten mehr zu haben. Dann bleibt immer noch die Frage, ob es den Menschen dort gelingt, in der Welt der technischen Zivilisation heimisch zu werden.
Dafür zwei Beispiele:

Ein Entwicklungshelfer erzählt: „Im Hafen spreche ich mit einem Kuli, der mit umwickeltem Kopf eine überladene Karre mit Getreide voranstößt. Der Mann hat ein überraschend umfassendes Weltbild, und ich frage, warum er hier im Hafen nicht Vorarbeiter oder Verwalter ist. ‚Warum soll ich etwas wollen, was mir nicht zugemessen ist?' fragte der Kuli zurück. ‚In meinem vorigen Leben war ich vielleicht ein Brahmane und war böse, darum bin ich jetzt Kuli. Wenn ich auch als Kuli noch Unziemliches will und mich nicht bescheiden kann, dann komme ich in meinem nächsten Leben vielleicht als räudiger Hund oder als Schwein zur Welt. Darum bin ich mit meiner Stellung zufrieden.'" (14)

Aus Indien wird berichtet: Tagesration für Kinder 112 g Weizen. Tagesration für Ratten 120 Pfund Weizen. Soviel schüttet der Tempeldiener den heiligen Ratten von Deshnoke in silberne Schalen. Etwa hunderttausend Ratten leben im prachtvollen marmornen Tempelbezirk. Anhänger der Rattengöttin Karni-Mata, die selbst nichts zu essen haben, verehren in den Ratten die Seelen ihrer Ahnen. Ihr sehnlichster Wunsch: im nächsten Leben Ratte zu sein.

∞ **5** Sicher hast du auch schon die Äußerung gehört: „Solange die Inder ihre Lebensmittel an Ratten und heilige Kühe verschwenden, spende ich nicht für die Entwicklungshilfe."
a) Hältst du den Ausdruck „verschwenden" für gerechtfertigt?
b) Wie beurteilst du die ganze Äußerung?
c) Was müßte man tun?

6 Sage mit eigenen Worten, was das Gedicht des schwarzen Schriftstellers M. F. Dei-Anang (oben) ausdrückt.

Die heiligen Ratten von Deshnoke

Menschen pro Krankenbett

2500 Äthiopien

2000

Indien

1500 Indonesien

1000 Togo

Dahomey
Ghana

Jordanien
Lesotho

500

Chile

100 BRD

Teufelskreis der Armut (3): Viele Kranke – zu wenige Ärzte

□ Ein Arzt der Missionsstation Dessie nördlich von Addis Abeba befährt mit seinem Kleinbus regelmäßig die Allwetterstraße nach Asmara, um die Leprakranken in den Dörfern am Weg zu betreuen. Ihm fällt die große Zahl von Augenkranken auf, die zu ihm drängen. Er behandelt sie. „Es dauerte gar nicht lange, bis in jeder unserer Ambulanzen täglich bis zu 50 Tuben Augensalbe an trachomerkrankte Augenpatienten ausgegeben wurden. Bald behandelten wir in den auswärtigen Lepra-Kontrollstationen neben 2400 Aussätzigen annähernd 400 neue Patienten im Monat, die alle wegen eines Augenleidens Hilfe bei uns suchten. Doch was waren schon 400 neue Augenpatienten pro Monat, die alle nur mehr oder weniger zufällig den Weg in unsere Ambulanzen zur Behandlung gefunden hatten. Was bedeutete diese Zahl schon im Blick auf die augenleidende Gesamtbevölkerung in einer Provinz mit 3 Millionen Einwohnern, von denen bis zu 90% von Trachom befallen sind? Fanden wir doch selbst in entlegenen und ganz dünn besiedelten Gegenden bei einem einzigen kurzen Besuch neben vielen anderen Augenleidenden allein 146 trachomerkrankte Schüler völlig ohne Hilfe." (15)

Der Erreger des Trachoms (ägyptische Körnerkrankheit) ist ein Virus. Er wird besonders durch Fliegen übertragen. Auf der Innenseite der Augenlider des Erkrankten bilden sich körnige Knötchen. Es entsteht eine Bindehautentzündung. Schließlich kommt es zur Verkürzung und Einwärtsstellung der Lider, die sich dann nicht mehr voll schließen lassen. Die nach innen gekehrten Wimpern reiben auf der Hornhaut. Diese entzündet sich und wird schließlich so trübe, daß kein Licht mehr ins Auge dringt. Unhygienische Verhältnisse begünstigen die Ausbreitung der Krankheit: In den Orten Äthiopiens mit guter Wasserversorgung sind 42% der Bevölkerung an Trachom erkrankt. In den Dörfern ohne Wasserversorgung sind es bis über 90%.

Die „typischen" Tropenkrankheiten, Malaria und Schlafkrankheit, sind heute fast bedeutungslos. Dagegen haben sich die weniger auffälligen Krankheiten, die durch Würmer und andere Parasiten verursacht sind, weit ausgebreitet. Sie schwächen den Menschen und können zum Tode führen.

∞ **1** „Das Trachom kann glücklicherweise schon mit den einfachsten Mitteln behandelt und geheilt werden. Doch wer von den Bedürftigen kann sich schon privat die teure Terramycin-Augensalbe kaufen, von der hier eine Tube fast 3 Mark kostet." – Wie hängen also Krankheitsverlauf und soziale Lage des Betroffenen zusammen?

Ohne ärztliche Hilfe würde dieses Kind erblinden.

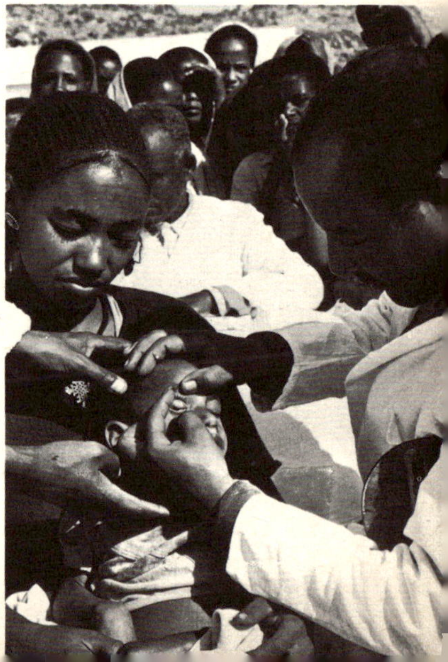

2 In einem indischen Krankenhaus litten 32% der im Lauf eines Jahres eingelieferten Kinder an TBC oder PCM. (Siehe Seite 140.) Erkennst du auch bei diesen Krankheiten einen Zusammenhang mit der wirtschaftlichen Situation?

Über die ärztliche Versorgung in den Entwicklungsländern geben folgende Berichte ein Bild:
Ein Arzt aus Nowrangapur, Indien: „Bei unserem Raummangel wissen wir gelegentlich nicht mehr, wohin mit den Neugeborenen. Sämtliche 12 Babykörbchen sind besetzt. Es gibt dann wirklich nur einen Ausweg: Die Babys kommen in eine Schublade der Wickelkommode. Unter den Betten findet man die Vorräte der Patienten und ihrer Angehörigen; Töpfe, Feuerholz und – die Großmutter oder ein spielendes Kind. Kinder liegen auch oft mit den Kranken im Bett." (16)
Eine Ärztin aus Bumbuli, Tansania, über ein aufgenommenes Kind: „Es wog mit zwei Jahren nur 11 Pfund und hatte Keuchhusten. In einem Jahr ist es um 20 cm gewachsen, hat 15 Pfund zugenommen und lernt Deutsch und Suaheli sprechen."
3 Studiere die „Maßstäbe ärztlicher Versorgung" an den Rändern dieser beiden Seiten und erkläre sie.

4 **Kindersterblichkeit im ersten Lebensjahr pro 1000 Lebendgeburten.** Vergleiche.

Schweden	11	Italien	29	Chile	100	Pakistan	130
BRD	23	Bolivien	89	Ägypten	116	Sierra Leone	147

∞ 5 In Imesi, Westnigeria, starben bei der Geburt oder im ersten Lebensjahr auf je 1000 Überlebende im Jahr 1957 noch 373 Kinder. 1962, nachdem eine Klinik gebaut worden war, waren es noch 92 Sterbefälle auf je 1000 Überlebende. Vergleiche. Was bedeutet die Verbesserung der Säuglingsmedizin für die Bevölkerungsentwicklung? Diskutiert die Folgen.

Kranke warten vor der Klinik

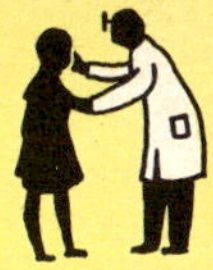

Menschen pro Arzt

Äthiopien

60000 —

50000 —

40000 —

30000 —
Dahomey
Indonesien

Lesotho
20000 —
Togo

Ghana
10000 —

Indien
Jordanien
Chile
1000 —
BRD

Teufelskreis der Armut (4): Ungerechte Besitzverteilung

□ In dem Dorf Rancho Lara in Venezuela leben 660 Familien ohne jeden Landbesitz. Daneben gibt es eine Anzahl von Conucos, Besitzer kleiner Parzellen, die sich kümmerlich vom Ertrag ihrer winzigen Äcker ernähren. In unmittelbarer Nähe des Dorfes liegen drei Haciendas mit je 1200 bis 3000 ha Nutzland.

Fast überall in Südamerika herrscht dieser Gegensatz: hier reiche Grundbesitzer, dort ärmste Kleinbauern oder Landarbeiter. Dem Peon, das ist der Dorfbewohner ohne Landbesitz, fehlt nicht nur das Geld für den Erwerb von Grund und Boden. Er kann in der Regel auch nicht lesen und schreiben. So bleibt er hilflos. An einen besseren Schulabschluß, der ihm erlauben würde, etwas anderes zu werden als wieder nur Landarbeiter wie sein Vater, darf er normalerweise nicht denken. So „bestimmt in den meisten Ländern Latein-Amerikas der Grundbesitz . . . den sozialen Status auf dem Lande und spaltet die Landbevölkerung in zwei scharf voneinander getrennte Schichten."

Die ungleiche Verteilung von Besitz und Lebenschancen charakterisiert die meisten Entwicklungsländer. Das wirtschaftliche Geschehen wird von der dünnen Schicht der Besitzenden bestimmt. Das kulturelle Leben spielt sich im wesentlichen ohne die Armen ab. Auch an den politischen Entscheidungen haben die großen Massen der Unbegüterten kaum Anteil, selbst dort, wo demokratische Regierungsformen ihnen die Teilnahme an Wahlen ermöglichen. Die Armen stehen am Rande der Gesellschaft. Sie bestimmen nicht mit – es wird über sie bestimmt.

1 „Hacienda" ist in Latein-Amerika die Bezeichnung für eine Großfarm. Nimm an, die Flur einer 2500 ha großen Hacienda habe einen quadratischen Grundriß. Berechne die Seitenlänge. Vergleiche mit der Größe eines deutschen Bauernhofes.

2 Nenne die zwei Schichten der lateinamerikanischen Landbevölkerung. Aus welcher Schicht kommen normalerweise die Politiker, Generale, Geschäftsleute, Künstler, Wissenschaftler, Techniker?

3 Kommentiere die Aufteilung des landwirtschaftlichen Grundbesitzes (Diagramm).

4 Rechne: Wieviel Prozent aller landwirtschaftlichen Betriebe sind weniger als 20 ha groß? Wieviel Prozent der Bodenfläche wird von ihnen bearbeitet? Welchen Prozentsatz machen die Großbetriebe aus? Wieviel Prozent der Nutzfläche bearbeiten sie? (Die Zahlen, die dem Diagramm zugrundeliegen, stammen aus dem Jahr 1960. Seither hat sich an der Grundbesitzverteilung in vielen Ländern Lateinamerikas kaum etwas geändert.)

Der landwirtschaftliche Grundbesitz in Lateinamerika

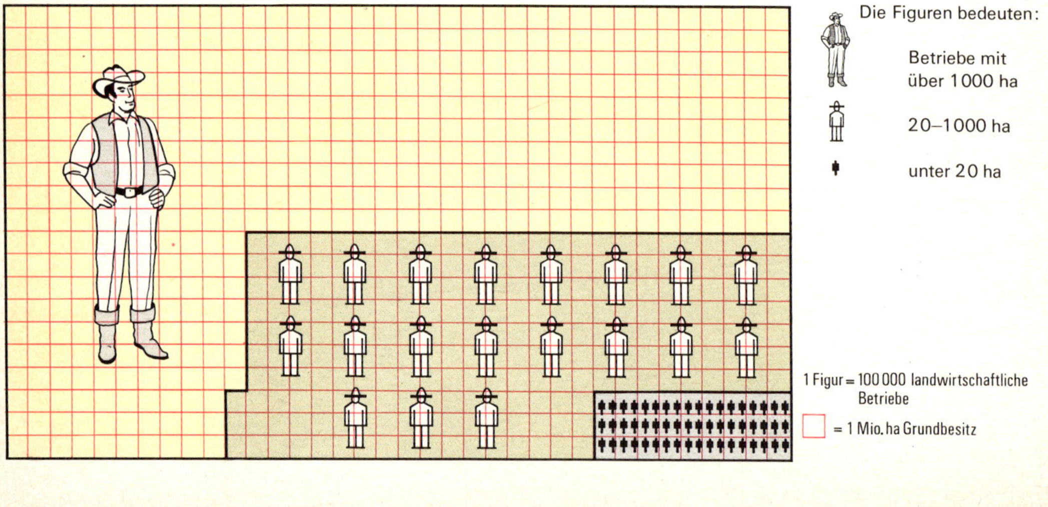

Das Herrenhaus einer Hacienda

Man erzählt vom Herrscher eines Entwicklungslandes, er habe von Entwicklungshilfe-Geldern, die für sein hungerndes Volk bestimmt waren, eine goldene Badewanne gekauft. Ob die Geschichte stimmt, mag offenbleiben. Eines zeigt sie deutlich: Wenn es nicht gelingt, die Verteilung von Rechten und Pflichten, von Annehmlichkeiten und Lasten in den Entwicklungsländern gerechter zu machen, wenn die Entwicklungshilfe nicht die Lage des „kleinen Mannes" zu bessern vermag, bleiben alle Versuche, die Entwicklung dieser Länder zu fördern, letztlich ergebnislos.

□ Über den Weg zu einer gerechten sozialen Ordnung in den Entwicklungsländern gibt es verschiedene Auffassungen. CARLOS FUENTES, ein südamerikanischer Sozialrevolutionär, sagt: „200 Millionen Menschen leben praktisch als Sklaven. Ihr fragt nun: Ist eine Revolution notwendig? Die Antwort ist einfach: Alle unsere bisherigen Bemühungen den reichen Herren gegenüber haben gezeigt, daß sie zur Beseitigung der ungerechten Zustände nicht taugen. Fragt den Bauern von Guatemala, wer die Hungerlöhne zahlt, wer die Bergwerke und die Erdölquellen besitzt. Fragt die Leute, die in den Elendsvierteln von Buenos Aires leben, in den Slums von Rio, in den Abfallgruben von Santiago, ob sie Angst vor der Revolution haben. Diese Bettler, diese Ausgestoßenen werden euch antworten, daß sie nur Angst haben vor ihren jetzigen Unterdrückern. Aber Lateinamerika kennt jetzt seinen Weg. Niemand wird diese 200 Millionen Menschen aufhalten." (17) Dagegen sagt PAPST PAUL VI. in seiner Entwicklungsenzyklika „Über den Fortschritt der Völker" (POPULORUM PROGRESSIO) im Jahr 1967: „Es gibt gewiß Situationen, deren Ungerechtigkeit zum Himmel schreit ... Trotzdem: Jeder revolutionäre Aufstand – ausgenommen im Fall der eindeutigen und lange dauernden Gewaltherrschaft, die die Grundrechte der Person schwer verletzt und dem Gemeinwohl des Landes schwer schadet – zeugt neues Unrecht, bringt neue Störungen des Gleichgewichts mit sich, ruft neue Zerrüttung hervor. Man darf ein Übel nicht mit einem noch größeren Übel vertreiben." (18)

∞ **5** Diskutiert die beiden Auffassungen. Gibt es außer dem bloßen Apell an die Verantwortung der Besitzenden und außer der Revolution noch andere Wege zur größeren sozialen Gerechtigkeit?

Zwei Entwicklungsprojekte

☐ **Technisches Institut Butwal.** An der Grenze zwischen Indien und Nepal sind die indischen Händler, die Zucker und andere Nahrungsmittel, Baumwolle und Jute, Maschinen und Geräte aus dem Tiefland bringen, alltägliche Gäste. Bis vor wenigen Jahren war die nahegelegene nepalesische Stadt Butwal ihr Reiseziel. Dort übernahmen nepalesische Träger die Waren und transportierten sie weiter, hinauf in die Berge. Seit auch in Nepal Straßen gebaut wurden, fahren die Lkws aus Indien direkt hinauf ins Bergland. Die Folge für Butwal: Die Träger und Spediteure wurden arbeitslos. Auch die Einnahmen der Wirte und der Händler gehen zurück. Butwal droht zu verarmen.

In dieser Lage beschloß ein norwegischer Ingenieur, zusammen mit einer nepalesischen Missionszentrale ein technisches Institut aufzubauen. Es sollte junge Männer in verschiedenen Berufen ausbilden und die Wirtschaft des ganzen Gebietes wieder beleben.

Heute hat das Technische Institut Butwal eine Tischlerei, eine Metallverarbeitungswerkstatt, eine Kfz- und eine Elektrowerkstatt, in denen Europäer mit Nepalesen zusammenarbeiten. Eine Sperrholzfabrik und ein Wasserkraftwerk sind angeschlossen. Das Institut beliefert Butwal und die Umgebung. Es repariert Maschinen und Geräte. Außerdem

- gibt es den Reis- und Ölmühlen, den Tischlereien und Sägewerken der Umgebung technische und kaufmännische Beratung,
- untersucht es, welche Erzeugnisse am dringendsten benötigt werden,
- hilft es Arbeitern, die einen eigenen Betrieb eröffnen wollen,
- berät es Dörfer beim Straßen- und Brückenbau,
- baut es ein Stromverteilungsnetz für Betriebe und Wohnungen,
- beliefert und fördert es das holzverarbeitende Gewerbe und den Wohnungsbau.

Einen deutschen Arbeiter würde die Einrichtung des Instituts auf den ersten Blick nicht sehr überzeugen. Fast alle Maschinen sind gebraucht, manche sind 30 bis 40 Jahre alt. Die Nepalesen begrüßen das. Die Maschinen sind unkompliziert, anspruchslos, leicht zu handhaben und zu reparieren.

Der Kompressor muß zur Baustelle des Kraftwerks über Pässe und gefährliche Schluchten transportiert werden.

Ausbildung in der Tischlerei, vorwiegend an Gebrauchtmaschinen

Die Lehrlinge, die am Institut ausgebildet werden, kommen aus ganz Westnepal. Die Nachfrage ist so groß, daß nur etwa jeder zehnte Bewerber einen Ausbildungsplatz bekommt. Zum Institut gehört ein Wohnbereich, in dem die Lehrlinge zusammen mit den europäischen Familien leben. Die Frauen der Europäer helfen ihnen beim Waschen und Kochen. Sie führen die Jungen in den Haushalt und in die Gesundheitspflege ein. Im Zusammenleben mit den europäischen Familien lernen die jungen Menschen neue Sitten und Gebräuche kennen und sind gezwungen, über ihre Traditionen nachzudenken. Zwanzig Prozent der Lehrlingsvergütung werden als Sparbetrag bis zum Abschluß der Ausbildung einbehalten. Nach ihren vier Lehrlingsjahren haben die jungen Gesellen Gehaltsansprüche, die um 100 bis 150% über denen der nicht ausgebildeten Arbeiter liegen, dazu ein Startkapital für die Gründung eines eigenen Betriebes. 155

Organisationsschema des Technischen Instituts Butwal

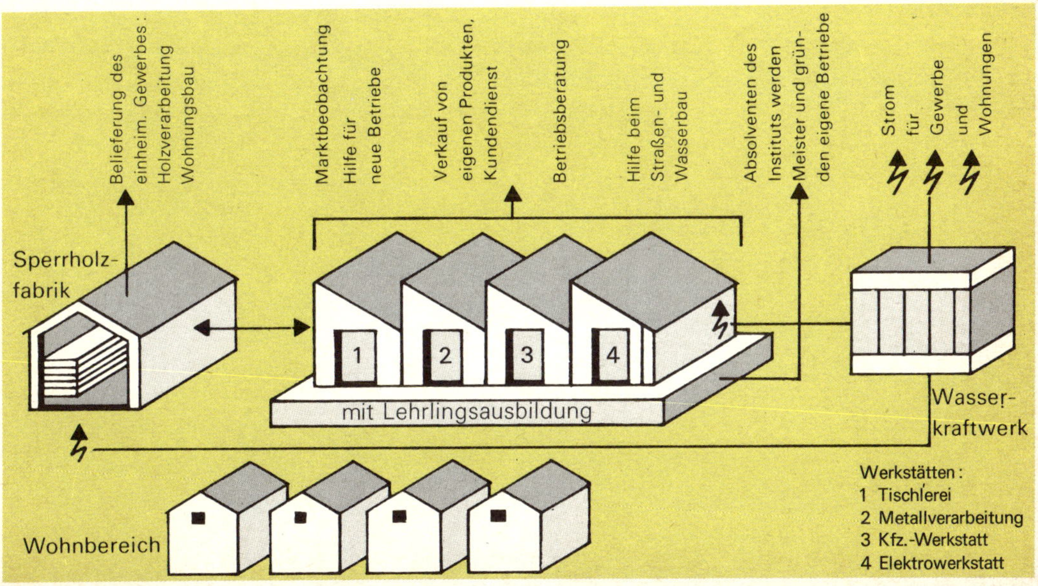

Die Bilanz des Instituts sieht heute so aus: Die Grundstücke sind von der nepalesischen Regierung pachtfrei zur Verfügung gestellt. Startbeträge von 445000DM und 120000DM stellten „Brot für die Welt“ und die norwegische Regierung zur Verfügung. Viele Maschinen sind geschenkt. Die Gehälter der europäischen Mitarbeiter werden von europäischen Hilfsorganisationen bezahlt. Aus dem Verkauf seiner Erzeugnisse und aus Reparaturarbeiten erzielt das Institut heute schon einen Gewinn, der es ihm ermöglicht, sein Stromverteilungsnetz weiter auszubauen und die Beratungstätigkeit auszudehnen.

1 Suche im Atlas die nepalesische Hauptstadt Katmandu. Butwal liegt südlich davon.

∞ **2** Erläutere, wie die Notlage Butwals mit dem modernen Verkehr zusammenhängt. Du erkennst hier ein allgemeines Prinzip: Häufig brachten die moderne Technik und die abendländische Zivilisation den Entwicklungsländern nicht nur Lebenshilfen, sondern auch neue Probleme.

3 Kommentiere die Organisationsskizze auf S. 155. Wie fördert das Institut die Wirtschaft des Gebietes?

∞ **4** Überlege: Was machen die Absolventen des Instituts, wenn sie in ihre Dörfer zurückkehren? Wie beeinflussen sie die wirtschaftliche, soziale und kulturelle Entwicklung des Gebiets?

□ **Centro Gumilla.** Die Bewohner des Dorfes Rancho Lara in Südamerika sind arm (vgl. S. 152). Schuld daran sind nicht nur die Grundbesitzverhältnisse, sondern auch die unerträglichen Marktbedingungen. Die Zwischenhändler – die Leute nennen sie „Schrauben“ oder „Polypen“ – bezahlen niedrigste Preise für die landwirtschaftlichen Produkte, verkaufen sie in der Stadt aber mit 100 bis 300% Gewinn. Für Darlehen zahlt der Peon beim Geldverleiher bis zu 80% Zinsen im Monat. Das alles erscheint so ausweglos, daß sehr viele Landbewohner in Südamerika die Hoffnung auf ein besseres Leben aufgegeben haben. Alle Anstrengung, aus dieser Verkettung der Armut herauszukommen, scheint ihnen vergeblich. Sie haben es aufgegeben, sich anzustrengen, und lassen sich treiben. Anders die Bewohner von Rancho Lara. Sie haben sich der „Cooperationsbewegung Centro Gumilla“ angeschlossen. Dieses Entwicklungsprojekt wird aus Mitteln der Caritas, aus nordamerikanischen Spenden und vom Staat Venezuela finanziert. Amerikanische Peace-Corps-Helfer (Friedens-Korps) haben einen wesentlichen Anteil. Hauptziel des Projektleiters ist es, die Peones aus der Untätigkeit zu reißen, sie zur Selbsthilfe und zu wirtschaftlicher Zusammenarbeit zu befähigen. Die Peones wissen, daß sie ohne Darlehen nicht zu ordentlichen Wohnungen kommen, kein gutes Saatgut und keine Düngemittel kaufen, keine Krankheit überstehen können. Ihnen ist auch klar, daß sie von einer Bank kein Geld bekommen würden. Sie haben ja keine Sicherheit anzubieten. Der Projektleiter versucht, sie zu überzeugen, daß nur ein einziger Weg bleibt, wenn sie sich nicht den ausbeuterischen Geldverleihern ausliefern wollen: Sie müssen sich zusammenschließen zu Spar- und Darlehensgenossenschaften.

Der Versuch scheint zu gelingen. Fast alle Peones von Rancho Lara sind Mitglieder der Genossenschaft. Im Umkreis von Barquisimeto (eine Stadt 100 km westlich von Caracas) gibt es im Rahmen des Projekts Centro Gumilla schon 80 solcher Genossenschaften. Sonntags von 9.30 bis 11.30Uhr zahlen die Genossenschaftsmitglieder in kleinen und kleinsten Beträgen ihre Spargroschen ein. Donnerstags werden die Kreditanträge geprüft. Im ersten Jahr der Mitgliedschaft gibt es noch keine Darlehen. Im zweiten Jahr kann man einen Kleinkredit bis zu doppelter Höhe der Spareinlage bekommen. Die Spareinlage wird mit 6% verzinst, für

In Hütten aus Wellblech- und Kanisterresten, ohne jede sanitäre Einrichtung, hausen Menschen am Rande der Städte.

Die Genossenschaften um Barquisimeto in Venezuela

die Darlehen muß man 1% Monatszins bezahlen. Für jeden Kredit muß ein Bürge aus dem Kreis der Genossenschaftsmitglieder gestellt werden. Das Centro Gumilla berichtet, daß in den Genossenschaften bisher alle Zinsen und Tilgungen bezahlt wurden. Für die Gewährung von Darlehen gibt es eine Rangfolge: Krankheit, Todesfall, Reparatur des Hauses, Anschaffungen. „Im Versammlungsraum der Genossenschaft ist jeweils eine Liste ausgehängt, die über Einzahlungen, Kontenstand und Kreditnahme der einzelnen Mitglieder Auskunft gibt; auch die Bürgen sind vermerkt. Es herrscht damit volle Transparenz (= Durchsichtigkeit) über die finanzielle Lage, die getroffenen Entscheidungen und das Verhalten von Einzelmitgliedern hinsichtlich der Übernahme von Bürgschaften.“ (19)
Die Genossenschaft gibt auch der Gemeinde Kredit für den Bau oder die Reparatur des Schulhauses und für die Bezahlung des Lehrers. Sie kauft Schulbücher ein und verkauft sie ihren Mitgliedern zum Selbstkostenpreis.
Der Anfang wirkt weiter: Viele Peones lernen jetzt lesen und schreiben, damit sie sich vom Gang der Dinge in der Genossenschaft überzeugen können. Sie nehmen auch an den Kursen für Buchführung teil. Das alles kommt ihrer eigenen Landwirtschaft zugute.
Einige Genossenschaften sind dazu übergegangen, die Dinge des täglichen Bedarfs im Großhandel zu kaufen und in einem Genossenschaftsladen ihren Mitgliedern ohne jeglichen Preisaufschlag anzubieten. Jede Familie zahlt zur Deckung der Unkosten 2 Bolivar wöchentlich. (1 venezolanischer Bolivar entspricht etwa 0,60 DM.)
Einige Dörfer beginnen jetzt, die Erzeugnisse der eigenen Landwirtschaft zu sammeln und

durch die Genossenschaft auf den Markt zu bringen. So wird beim Verkauf der Zwischenhändler ausgeschaltet. Es gibt Schwierigkeiten, denn das Geld für die Transportmittel fehlt. Eine zum Centro Gumilla gehörende kleine Insel hat ein vom Zoll aufgebrachtes Schmugglerschiff geliehen bekommen. Mit diesem Boot bringen die Genossenschaftsangehörigen Langusten auf den Markt nach Caracas. Erlös: 20–21 Bolivar pro Kilogramm. Der Zwischenhändler bezahlte für die gleiche Menge bisher 5–6 Bolivar.

Der Gesundheitszustand der Landbevölkerung ist schlecht, weil das Geld für die viel zu teuren Arzneimittel fehlt. Deshalb gründete das Centro jetzt einige Pharmazie-Genossenschaften, die – ähnlich wie Krankenkassen – die Beschaffung von Heilmitteln ermöglichen. Andere Genossenschaften (z. B. eine Bestattungsgenossenschaft) schließen sich an.

Die Landbewohner im Bereich des Centro Gumilla sind nach wie vor arm. Aber sie sehen eine Möglichkeit, ihr Leben zu verbessern. Das gibt ihnen Hoffnung und die Kraft, an einem Projekt für eine bessere Zukunft mitzuarbeiten.

5 a) Studiere das Organisationsmodell der Genossenschaften im Centro Gumilla. Erläutere, welche Vorteile eine Genossenschaft zum gemeinsamen Aufkauf von Gütern (Konsumgenossenschaft), welche Vorteile eine Absatzgenossenschaft bietet. b) Stelle denkbare Statuten (Grundsätze, Regeln) einer Pharmazie-Genossenschaft zusammen.

6 Du hast gesehen, daß der „Teufelskreis der Armut" viele Glieder hat. Untersuche bei den Projekten Technisches Institut Butwal und Centro Gumilla, ob sie nur an einem oder gleichzeitig an mehreren Gliedern des Teufelskreises ansetzen. An welchen?

∞ **7** Wie beurteilst du Entwicklungsvorhaben, die versuchen, auf möglichst vielen Ebenen der Not gleichzeitig anzusetzen, gegenüber solchen, die sich auf die Behebung nur eines Notstandes beschränken? Begründe deine Meinung.

∞ **8** Wie beurteilst du die Chancen, durch Entwicklungsprojekte wie das von Butwal und Centro Gumilla die Bevölkerung der Entwicklungsländer stärker an den wirtschaftlichen und gesellschaftlichen Entscheidungen in ihren Ländern teilhaben zu lassen?

Genossenschaften im Centro Gumilla, Venezuela

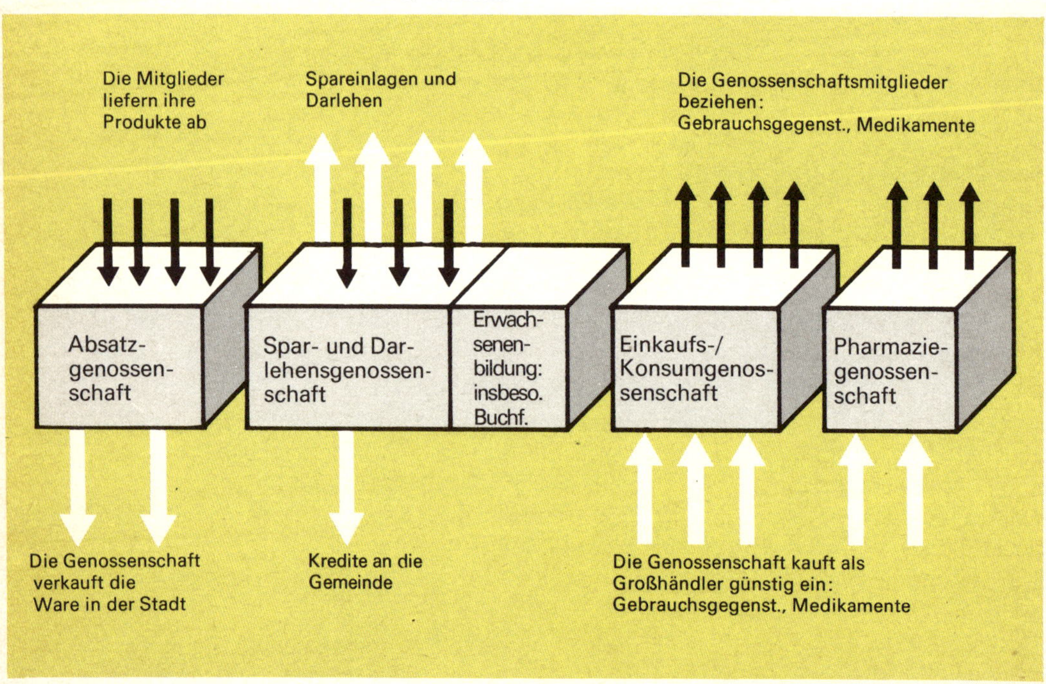

Sachverzeichnis

Orte und Staaten

Quellennachweis

1 Landeszeitung für die Lüneburger Heide, Nr. 209, 1973.

2 Süddeutsche Zeitung Nr. 172. München 1973.

3 Der Spiegel 1960

4 Der Spiegel 1959

5 Der Spiegel 1960

6 Der Spiegel 1969

7 Der Spiegel 1969

8 Manuskript Bayerischer Rundfunk

9 Frankfurter Allgemeine Zeitung, Sept. 1970.

10 Schinz, A.: Berlin, Stadtschicksal und Städtebau. S. 237 f. Braunschweig 1964.

11 Schulz, T.: Zum Beispiel Eppsteiner Straße 47. Wohnungskampf, Hausbesetzung, Wohnkollektiv. Kursbuch 27, Planen Bauen Wohnen. Berlin: Kursbuch Verlag/Wagenbach 1972. S. 85–97.

12 Kein Platz für Flughäfen. In: Das Beste aus Reader's Digest. Stuttgart: Verlag Das Beste 7/1973. S. 143.

13 Binder, G.: Deutschland seit 1945. Stuttgart: Seewald-Verlag 1969. S. 214.

14 Reding, J.: Weltmarkt Hunger. Baden-Baden 1969. S. 198.

15 Schmoll, D.: Augenbetreuungsdienst für Äthiopiens Landbevölkerung. In: Blindheitsverhütung in Äthiopien. Bericht der Christoffel-Blindenmission o. J. S. 3.

16 ‚Brot für die Welt' hilft Kranke heilen. Stuttgart: Hauptgeschäftsstelle des Diakonischen Werkes 1971. S. 22.

17 Rund um die Projekte. Bonn: Deutscher Entwicklungsdienst o. J.

18 Über den Fortschritt der Völker. Die Entwicklungsenzyklika Papst Pauls VI. Freiburg: Herder Verlag 1967. S. 162 f.

19 Dams, T.: Centro Gumilla, im Einzugsbereich von Barquisimeto. In: Bensheimer Preis für Internationale Zusammenarbeit 1970. Bensheim-Auerbach: Kübel-Stiftung 1970.